识别中外古建筑

李金龙 著

上海书店出版社
SHANGHAI BOOKSTORE PUBLISHING HOUSE

目 录

中国古建筑部分 / 1

一、古建筑的起点——远古建筑 / 2

二、古建筑的基础——台基 / 7

三、古建筑的骨架——梁柱构架 / 20

四、古建筑的骨架——斗栱 / 43

五、古建筑的骨架——雀替 / 59

六、古建筑的骨架——柱础 / 65

七、古建筑的冠冕——屋顶 / 72

八、古建筑的冠冕——屋脊装饰 / 85

九、古建筑的冠冕——瓦与瓦当 / 99

十、古建筑的装修——门 / 109

十一、古建筑的装修——窗 / 122

十二、古建筑的装修——栏杆 / 131

十三、古建筑的装修——罩 / 144

十四、古建筑的装修——天花 / 150

十五、古建筑的装修——彩饰 / 157

十六、古建筑的墙与地 / 177

十七、古建筑的守护者——石狮 / 186

十八、古建筑的摩天者——塔 / 204

十九、古建筑小品——幢 / 218

二十、古建筑小品——牌楼 / 221

二十一、古建筑的芸芸众生——民居 / 228

外国古建筑部分 / 257

二十二、古埃及建筑 / 258

二十三、古希腊建筑 / 283

二十四、古罗马建筑 / 301

二十五、拜占庭建筑 / 331

二十六、早期基督教建筑 / 349

二十七、罗马风建筑 / 352

二十八、哥特式建筑 / 364

二十九、文艺复兴建筑 / 405

三十、巴洛克式建筑 / 422

三十一、古典主义建筑 / 436

三十二、浪漫主义建筑 / 457

三十三、折中主义建筑 / 462

附录：有关建筑的基本概念 / 468

参考文献 / 475

后记 / 478

中国古建筑部分

一、古建筑的起点

远古建筑

50万年前，北京周口店的"北京猿人"所居住过的天然岩洞应该是人类最早的"住宅"之一。虽然岩洞无论大小均不能认作为"建筑"，但其被当作住所使用时，它的功能与现在的建筑并没有本质的区别。今天，黄土高原上人工建成的窑洞不仍是民居中一种别具特色的建筑吗？

距今六七千年前，我国广大地区已进入氏族社会，先祖们的住房已从对自然的利用演进到对自然的改造。从已发现的数以千计的建筑遗址来看，大规模的建筑活动已开始，建筑文明的序幕已被拉开。由于各地的气候、环境、材料等条件的不同，营建方式亦多种多样，其中最具代表性的建筑遗址有两类：一类是南方长江流域多水地区的干栏式建筑（图1-1）；另一类是北方黄河流域的木骨泥墙房屋（图1-2）。

图 1-1

图 1-2

　　浙江余姚河姆渡村的一些史前建筑经 C-14 测定，有些已达 6900 年的历史。在遗址中，有排列整齐的一排排木桩和板桩，沿着山坡呈扇形展开。许多木构件上有榫头和卯口，已采用榫卯接点的技术。还有不少企口板，使板材接口严丝合缝（图 1-3）。在新石器时代能做到这些确实是一件非常伟大的事，因为这些技

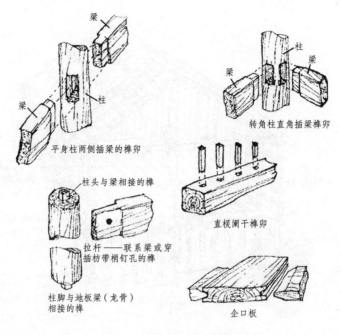

梁

柱

梁

平身柱两侧插梁的榫卯

柱

梁

转角柱直角插梁榫卯

柱头与梁相接的榫

拉杆——联系梁或穿
插枋带梢钉孔的榫

直棂阑干榫卯

柱脚与地板梁（龙骨）
相接的榫

企口板

图1-3

术至今还被木工行业广泛使用。这也是史前木构建筑中最早的榫卯和企口技术。通过考古工作者的努力，使世人得知当时的建筑为底层架空的干栏式建筑，这种建筑适用于南方多雨水、多虫兽的环境。其中最大的干栏建筑面阔23米、进深7米、前廊深1.3米，适合众人聚会和供大家族居住。专家认为这类干栏建筑来源于最早的巢居形态。《庄子·盗跖篇》中说："古者，禽兽多而人少，于是民皆巢居以避之。昼拾橡栗，暮栖木上，故命之曰有巢氏之民。"中国古代传说建造房屋的神祇是"有巢氏"。河姆渡村的先民是否为"有巢氏"的后代已无法考证，但他们的干栏建筑从形式到技术均对以后中国古建筑的发展提供了特有的基础。

西安郊区的半坡村的史前建筑遗址已有5000余年的历史。遗址上的建筑有平地建筑（图1-4）或半穴建筑（图1-5）。《易·系辞》中谓："上古穴居而野处。"在生产力非常低下的史前时期，因北方的气候、环境等因素，采用穴居无疑是聪明之举。专家考证，最早作为住所的人工挖穴为竖穴（图1-6）。竖穴中直立有带枝杈的树干供人上下，并用带坡穴盖为屋顶。竖穴虽有冬暖夏凉的明

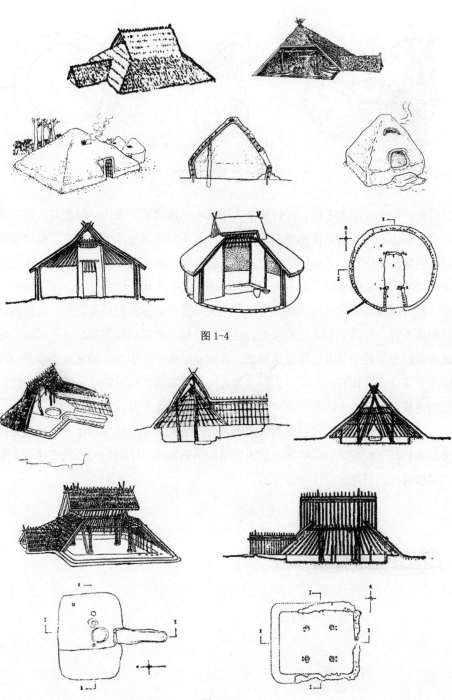

图 1-4

图 1-5

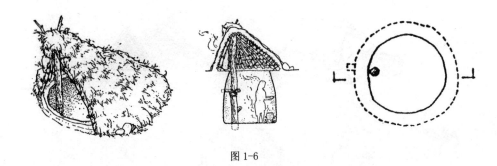

图 1-6

显好处，但毕竟出入不便，以后被半穴建筑和平地建筑所取代。但在商、周奴隶社会时期还有供奴隶居住的竖穴建筑存在，这不是建筑技术的倒退，而是阶级等级和阶级压迫所致。半坡村的史前遗址的建筑平面有矩形和圆形等形式，无论是平地或半穴建筑的屋顶、屋身均用木骨泥墙构成。木构无榫卯技术，全用兽皮绑扎。屋内地面与立木柱穴周围土质均用火烧结变硬。屋内有烧火坑穴，以便煮食与阻兽入侵，屋顶上有孔以利采光、通风、排烟。木骨间筑泥墙，可避风雨。此时期似已出现悬山与歇山等屋顶形式，并影响于后世。不少半坡建筑的墙面与地面平整光洁，并抹有白灰面，表明此时先民也有审美的精神需求。最大的木骨泥墙的建筑面积已达 150 余平方米，如此面积至今亦算大屋。

远古时期，由北方穴居发展而来的木骨泥墙的平地建筑与由南方巢居演变而来的木构架干栏建筑，是中国古建筑发展的两只翅膀。以后历朝历代的建筑发展均难脱离这两只翅膀的带动与笼罩。

二、古建筑的基础

台　基

中国古代木构建筑的单体构成，一般都由三个部分组成，这三部分从下向上依次为台基、屋身、屋顶。

中国古建筑的台基部分在其数千年的发展过程中形成两大系列：一、方形台基；二、须弥座。前一种为中国土生土长的台基，后一种则是受佛教文化影响的产物。无论是方形台基或须弥座均由两部分构成，即基身和台阶。基身直接承托屋身，台阶供人上下。

中国古建筑对台基的使用不仅历史悠久，而且范围亦十分广泛，上自宫殿，下至民宅，都可见到它的存在。这现象自然与使用台基的种种好处有关。从实用性的角度看，台基的一大功能是防潮隔湿：高于室外地坪的基身，其主要部分是用多层夯土或夯土层与碎砖瓦石块层交互重叠、夯筑而成，这种做法可以有效地阻止地下水分的上升。基身与室外地坪间的落差减少了地面水侵入室内的可能性，从而保证建筑的室内有一个较为干燥的环境。既适合于人们的居住和使用，同时也保护了台基上的木构架，使木构架不会因水的侵蚀而腐烂。台基在结构上有承重作用。用上述方式筑成的基身实际上是一个庞大的块状基础。它较原来的自然地坪有着较好的力学性能，可以更好地承担上部的重荷，防止不均匀沉降的发生。另外，中国古建筑在台基的使用上还有积极的美学意义，因为这显然可以避免大屋顶建筑在视觉上易产生的头重脚轻的失衡感。

韩非子在其著作中说"尧堂高三尺"、"茅茨土阶"。这儿的堂即是台基，而且是夯土台基。他向我们描绘了一幅远古时期依稀可见的建筑图景。

商代遗留给我们大量的甲骨文中有不少有关当时建筑形态的信息记录，如合、佘等字，表明了台基和干阑构架的存在。对河南安阳殷墟的考古发掘，向我们展示了商代建筑应用台基的实物佐证。当时的台基为夯土筑成，非常坚实而且边沿整齐。台基高度近 1 米，其最大的长度达 80 余米，小的长度也达 20 米左右，宽度一般为 14 米余。台基的平面形式有长方形、长条形、凹形等。可以说，至少在商代，中国古建筑对台基的使用已初具规模。

由于台基的建造在生产力低下的时代是一件工程量很大且技术要求复杂的工作，所以有无台基和台基的高矮很自然地成了人们身份、地位的标志。统治阶级为了显示自己的权势，尽可能地发掘台基在建筑造型上的意义。《周礼考工记》记载："殷人重屋。堂修七寻，堂崇三尺。"而周人的明堂，则是"堂崇一筵"。一筵等于九尺，这种台基高度的变化显示出人们对台基造型的象征意义的重视，使用九尺高的台基，所考虑的当然不仅是防潮隔湿的作用了。

《礼记》说"天子之堂九尺，诸侯七尺，大夫五尺，士三尺"。正是这种规定，在礼崩乐坏的春秋战国时代，成了刺激人们任意提高台基的因素。在这个历史时期里，建造高台建筑的风气盛行。考古发掘后探明，当时许多诸侯的宫殿中都有大量的高台建筑。如秦咸阳宫殿遗址，其台基高度达到 6 米，约为当时的 26 尺。多数高台上的建筑本身还自备有台基，这更显主人高高在上之气势，此手法一直影响到清。如明、清故宫中的太和殿、中和殿、保和殿本身都有须弥座台基，但它们还共同站在一个三层须弥座构成的高台上。

随着秦朝统一大帝国的建立，营造高台建筑的风气被遏制了。秦朝的长城和兵马俑等均显示了那个时代的非凡气势，秦朝的建筑亦不例外。在阿房宫遗址上，一个最大的夯土台基竟长达1千米余。

　　在汉朝，夯土台基虽还被广泛使用着，但砖筑台基开始出现了。砖筑台基是在夯土台基的周边下部砌砖，上部四周为阶条石，基面还施方砖或方石，台基转角处置角柱（图2-1、7）。砖筑台基的坚固性或美观性均优于夯土台基。从汉阙上还可看到当时方形台基有诸多变化，如反斗式的（图2-4）、带柱跗的（图2-2、3）等等。台基周边还施以各种纹样，如刻有三道横线的（图2-5），雕有钱纹的（图2-6）等等。这些手法为以后各朝代建筑所未见。许多汉代砖筑台基的四周边刻画有垂直矮柱状的柱跗形象，亦是其时代特征（图2-5）。此类柱跗形象其实是干栏式建筑的一种装饰性缩影。

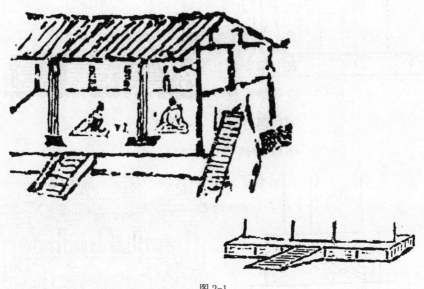

图2-1

　　汉朝的方形台基上盛兴二阶制，即在正堂台基前设有两个供上下的台阶（图2-7）。左阶：又称东阶或阼阶，供主人用；右阶：又称西阶或宾阶，供客人用。二阶制在唐宋亦有沿用（图2-8），直至明、清的宫殿建筑，还可见到二阶制的残余痕迹（图2-9）。

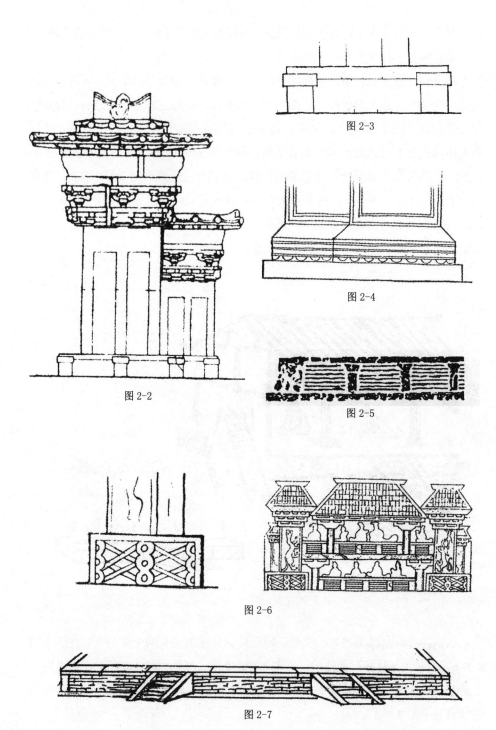

图 2-3

图 2-4

图 2-5

图 2-2

图 2-6

图 2-7

图 2-8

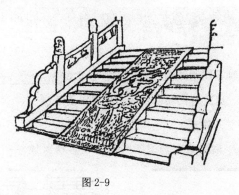

图 2-9

汉代有的方形台基高度较低，以至于可以不用台阶（图 2-10）。也有不用台基的多层建筑（图 2-11）。

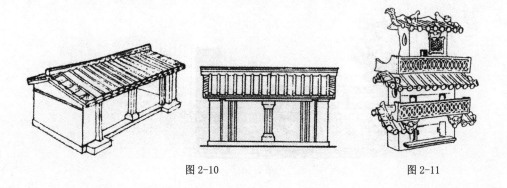

图 2-10   图 2-11

　　南北朝的方形台基有一大一小两层重叠的（图2-12），也有类似高台式的（图2-13），还有继承汉代形式，即基身带有柱跗造型的（图2-14）。

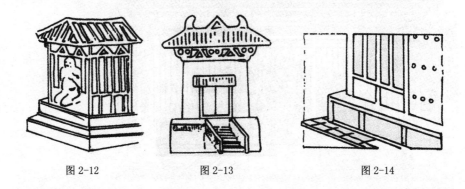

图 2-12　　　　　　　　　图 2-13　　　　　　　　　图 2-14

　　唐朝方形台基的周边有时刻有连续的壸门，这显然是受了佛教文化影响的结果（图2-15）。

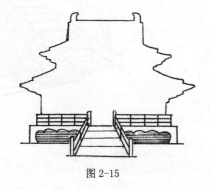

图 2-15

　　唐朝的基身上也有柱跗，柱跗间的处理有各种图案，这显然是用于高等级建筑上的（图2-16）。

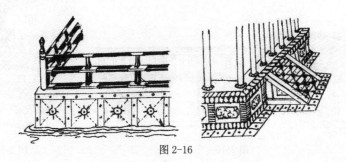

图 2-16

从宋朝《营造法式》一书中，我们可以知道宋朝方形台基的基本面貌：台基的转角处用角柱（图2-17），角柱上为角石，角石顶面上常雕有圆雕的龙、凤、狮子等物（图2-18），角石旁侧沿着台基口有压栏石（阶条石）（图2-19）；正面有踏道（台阶）（图2-20），踏道的两侧有层层凹入之象眼。

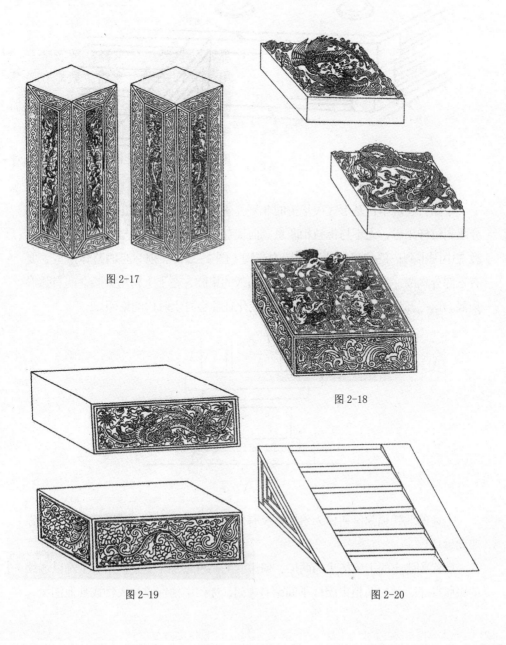

图 2-17

图 2-18

图 2-19

图 2-20

明、清两代的方形台基比宋代的朴素了许多，角石顶面上无圆雕，台阶两侧的象眼平整，或仅刻有浅浅的两层线条（图2-21）。

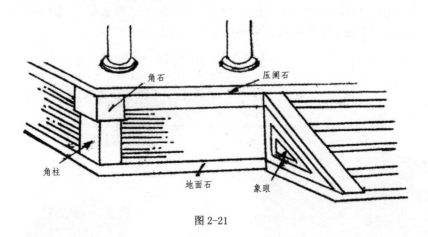

角石

压阑石

角柱

地面石

象眼

图 2-21

中国古建筑中台基形式最华美的非须弥座莫属。须弥座无论从名称或其一部分雕刻纹样来看，无不与佛教相联系。而现存于云岗石窟中最早的须弥座也是佛教在中国得到广泛传播的北魏时期的产物（图2-22）。须弥座的整体造型主要有三部分构成：上下两端的枋，中间为凹入的束腰，在上下枋与束腰之间有弧形枭混。这三部分的一些结构性和装饰性变化往往会打上时代的烙印。

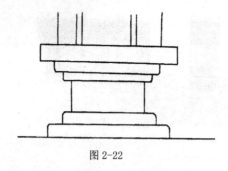

图 2-22

上述的北魏须弥座通体为素地，没有任何装饰纹样，它成了以后各朝代须弥座的母体。

唐代须弥座的上下枋也为两层，但束腰的高度增加了，还在束腰上饰以连续的束腰柱子，并在两根束腰柱子间刻有壶门，壶门中往往雕有人物或其他图案。

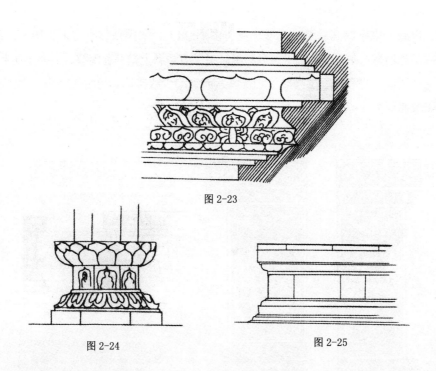

图 2-23

图 2-24

图 2-25

唐代也有两层束腰的须弥座（图2-23）。唐代在枭混上常雕以莲瓣纹，一般上为小莲瓣，下为被处理成前后两个层次的合莲瓣（图2-24）。唐代的枭混有素地的（图2-25），也有将枭混造型去掉的等等变化。从唐代起，除了素地枭混外，枭混上的装饰纹样只用莲瓣纹，这也成了以后各朝代的一个制度。在一些纪念性建筑小品上，唐代须弥座的上枋常被省略，这也是唐代须弥座的一个时代特征（图2-24）。

宋代须弥座由于常用多层束腰，枋也增加到三层或更多。上枋往往雕有宽大的卷花草等，细腻而有力度（图2-26）。此外，云纹、水纹、万字纹、动物纹等也是枋上常用的装饰主题。当然，素地枋在宋代也并不鲜见。从宋画中还可见到有的须弥座虽只有一层束腰，但下枋被极大地增厚，增厚部分用砖砌筑，并辅有角柱，实际上是在底层又加了一个方形台基（图2-27）。宋代须弥座在下枋下加了一层圭角，这一手法也被以后的朝代所继承。在宋代多层束腰的须弥座上，每层束腰的高度是不等的，但必有一层束腰会显著地高于其他各层，以在构图上起主导作用。宋代的束腰部分亦用束腰柱子，两根束腰柱子间也雕有壸门及壸门中的人物和其他图案。在宋代的须弥座上，有些束腰变垂直型为向外扩张的弧线

状，以减少束腰增高后造成的瘦弱感（图2-28）。宋代须弥座的束腰增多，枭
混亦同时增多。在一般情况下，多层枭混中仅有两层上刻有莲瓣纹，上为小莲瓣，
下为合莲瓣。也有在三层枭混上均饰以莲瓣纹的少数实例。与唐代相比，宋代的
莲瓣纹略显清瘦。

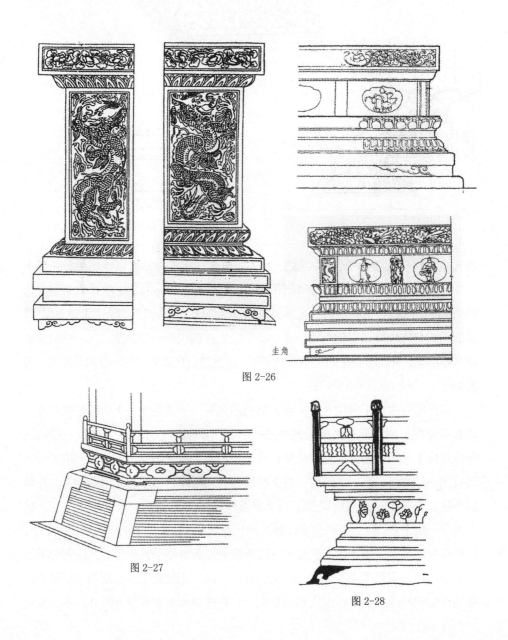

圭角

图 2-26

图 2-27

图 2-28

辽代须弥座的上枋较薄，枭混均为素地，但叠涩（线脚）特多（图2-29）。南宋须弥座的造型有些被大刀阔斧地进行了简化处理（图2-30）。金代须弥座上的壸门亦另具一格（图2-31）。

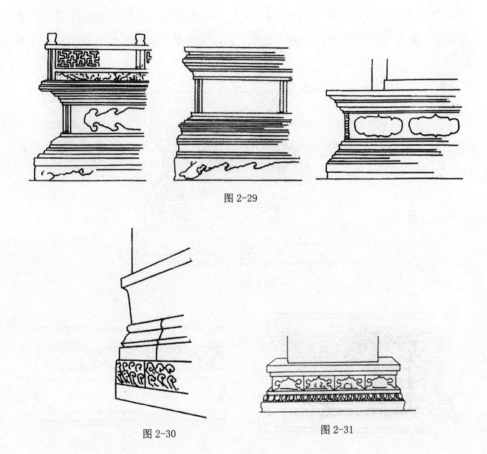

图 2-29

图 2-30

图 2-31

从元代起，直至明、清，须弥座除了少数例外，又恢复到一层束腰、二层枋、二层枭混的早期形态。与唐、宋相比，元代开始将束腰的高度降低，束腰上不用束腰柱子和壸门等造型，明、清两代亦如此仿效。元代的上枋有时也被处理成很薄的形态。

明、清两代须弥座的上下枋厚度一致，上下枋上雕饰的往往是细碎的夔纹或西番莲等。在束腰的转角部分基本使用椀花结带做装饰。明、清两代的上下枭混均被雕以形态非常丰满肥厚、装饰性很强的莲瓣纹，时称八达马（图2-32）。

明代须弥座的造型有变体处理手法（图2-33）。清代有些枭混被处理成流动曲
线状的欧式枭混，显示了外来文化的影响（图2-34）。明、清时也有将下枋下
的圭角极大地增高增大，以适应相应的空间造型需要（图2-35）。明、清时的
须弥座台基也有用角柱者（图2-34、36）。一些仅做高台用的须弥座因上无建
筑覆盖，故在上枋周沿围有一圈"螭首"，须弥座面上的雨水经由螭口排出（图
2-37）。

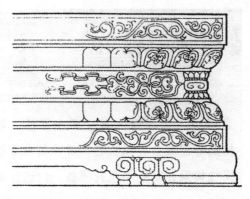

图2-32

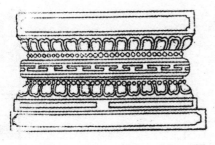

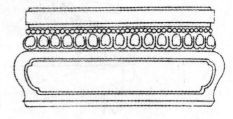

图2-33

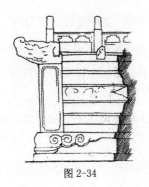

图2-34

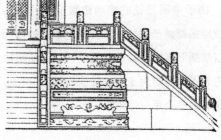

图2-35

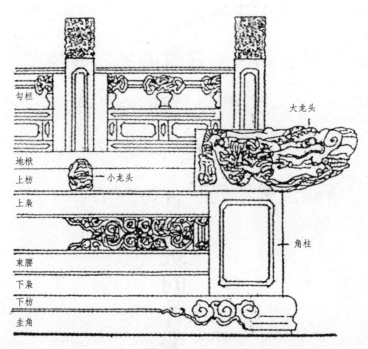

勾栏

大龙头

地栿

上枋 —— 小龙头

上枭

角柱

束腰

下枭

下枋

圭角

图 2-36

图 2-37

自须弥座使用于中国古建筑的台基部分时,它就成了台基中最高等级的符号。因此,在封建社会中,须弥座只能使用于高等级的宫殿、寺院、道观等以及一些纪念性建筑上。在封建社会中,须弥座被打上了深深的等级烙印。

三、古建筑的骨架

梁柱构架

台基以上为屋身，其主要由梁柱、墙垣、隔扇等组成，尤以梁柱构架为屋身之骨架。梁柱构架在功能上承托屋盖，以遮日避雨；还可与墙垣、隔扇等一起围合分割空间，在水平方向上与外界隔开，减少外界对屋内的干扰，以利屋主的活动和休息。

由于中国所处的地理位置及气候条件，多数地区都盛产木材。本着就地取材的便利，所以从新石器时代以来的数千年间，从宫室到民宅无不以木材为主要的建筑材料，这是中国古建筑的一个用材特点。

中国古建筑以木构架结构方式为起点，在长期的探索发展过程中，创造了与这种结构相适应的各种平面和立面样式。从原始社会末期起，一脉相承，形成了中国古建筑的独特风格。中国古建筑的木构架有抬梁式（图3-1）、穿斗式（图3-2）、井幹式（图3-3）三种不同的结构方式，其中抬梁式使用范围较广，也更有代表性，在三者中居于首位。

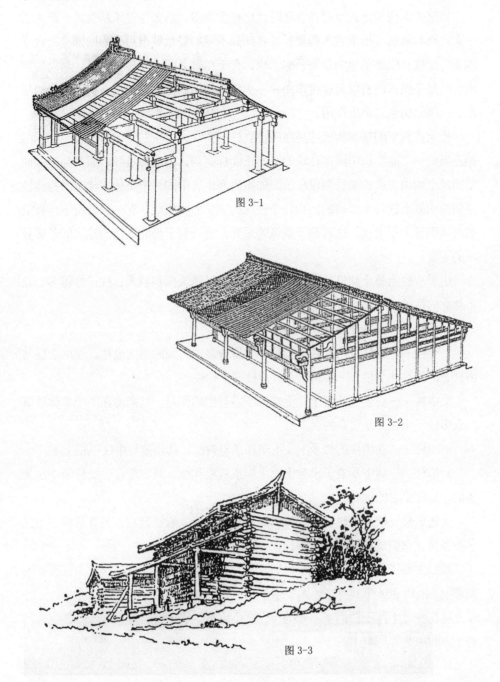

图 3-1

图 3-2

图 3-3

（一）抬　梁　式

抬梁式木构架方式至迟在春秋时代已初步完备，后来经过不断提高，产生了一套完整的做法。抬梁式木构架按其各部分不同的受重情况可分为四部分：直立承重的是柱；横卧承重的是梁、檩、椽；介于二者之间，以传布重量、帮助屋顶出檐的是斗栱；还有仅起连接作用并不承重的是枋。如果是使用斗栱的高等级建筑，一部分枋也起承重作用。

抬梁式构架的基本构成法是在四根立柱的顶端，以左右二梁与前后二枋相围相连组成一"间"。中国古建筑的每间正面称面阔，内向称进深。面阔与进深的空间尺度均由左右或前后两根柱子间的距离而定。中国一个单体古建筑的整体性空间面积就由这几个面阔的间和几个进深的间总面积组成。在一般情况下，建筑的面阔明显大于进深，这有利于建筑的采光，也有利于坐北朝南的建筑的冬暖夏凉的需要。

由于立柱为整个建筑的主要承重部分，所以建筑面积越大，柱子亦越多，众多林立的柱子因所处位置不同可分为五类：

1. 檐柱——屋身部分最外一周柱子均是。

2. 金柱——檐柱以内的柱子均是，在屋身最内一周的是内金柱，在内金柱与檐柱之间的是外金柱。一般情况下，金柱高于檐柱。

3. 中柱——在金柱位置上，上端部顶着脊檩的即是，其高度在一个单体建筑的众多柱子中往往是最高的。

4. 山柱——在檐柱的位子上，上端部顶着脊檩，其高度与中柱不相上下。

5. 瓜柱——其下端着于横梁上，上端顶着梁和檩，其高度在各类柱子中是最矮的，童柱是它的别名。

上述五种立柱虽身材有高有低，但均肩负重任，傲然挺立。另有两种小个柱子不多见，它们是蜀柱和垂花柱。

蜀柱主要用在栏杆上，站于盆唇顶着寻杖，受力较小（图3-4）。在唐朝的阑额上方有时也能见其身影（图3-5）。

垂花柱是上挂于枋而下不着地，完全不承重。它主要出现在一些四合院大门的上方和少数牌坊上（图3-6）。

图 3-4

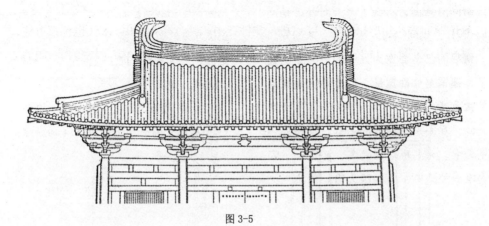

图 3-5

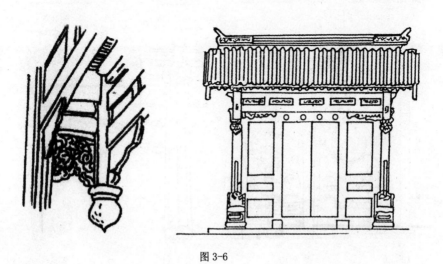

图 3-6

柱子的造型处理有两类基本样式：一类为上细下略粗之直柱（图 3-7），这类柱子的造型符合力学上的承重原理，也符合树木生长的自然法则。直柱在古建筑上最为多见。另一类为两端稍细，中间略略凸起或上部三分之一处开始向内逐步收分的梭柱（图 3-8、9、10），这类柱子的造型能抵消较长的垂直线引起向内凹陷感的视觉误差。由于同样原因，古人有时将角柱直径加大，以抵消角柱在明亮天空衬托下会引起瘦弱感的视差。

中国古建筑上立柱的截面绝大多数为圆形，异形者较少。战国、秦代有方柱，是那个时代的符号，汉代还出现了束竹柱和人像柱等，但不多见。汉代有不少立柱的截面为八角形（图 3-7），这种八角柱在南北朝时亦有沿用。宋代也有束竹柱，其例甚少（图 3-11）。宋代还有木质雕龙柱（图 3-12），明、清雕龙柱多为石质的。

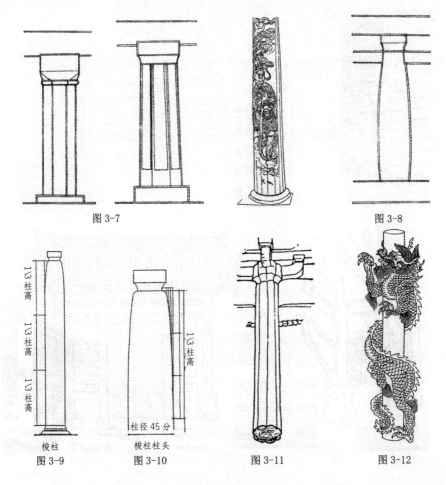

图 3-7　　　　　　　　　　　　　　　　　　　　　图 3-8

梭柱　　　　梭柱柱头
图 3-9　　　图 3-10　　　　　图 3-11　　　　　图 3-12

明、清时有一种变异的方柱，即方柱的四角内凹，称梅花柱。明代以前的直柱或梭柱的柱头部分有覆盆状的卷杀，而明、清两代的柱头是平直的。

历代的柱高与柱底直径的比例关系是不一样的。以檐柱为例：唐、宋、辽、金为1：9，元、明为1：9~1：11，清为1：10。

在唐朝的一些高等级建筑上，有檐柱与金柱等高的现象（图3-13），而其余各朝代的金柱基本均高于檐柱，这是由中国大屋顶的基本造型特点所决定。另外，唐、宋、辽、金、元时的一些高等级建筑的中间檐柱低，向外两侧的檐柱不仅逐渐增高，还逐渐向内向里倾斜，这是"侧脚生起"的手法，为唐、宋、辽、金、元时特有的建筑造型语汇（图3-13、14、15、16、17、18、19、20）。宋代的《营

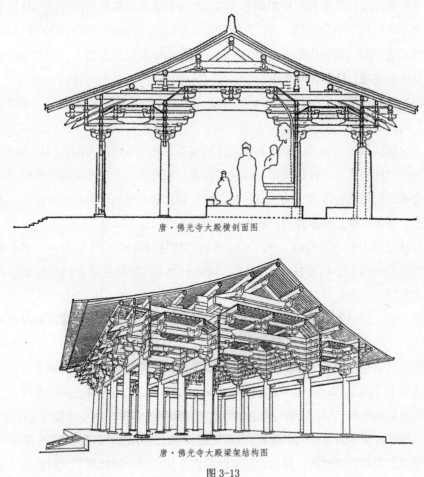

唐·佛光寺大殿横剖面图

唐·佛光寺大殿梁架结构图

图3-13

造法式》明确规定"生起"的具体尺寸为："若（面阔）十三间殿堂，则角柱比平柱（中间的檐柱）高一尺二寸，十一间升高一尺，九间升高八寸，七间升高六寸，五间升高四寸，三间升高二寸。"

古建筑正面檐柱的柱距随着时代的不同亦有所变化。从汉代画像砖和陪葬明器来看，当时柱距有等分的，也有中间明间的柱距较宽，其他各间柱距略小而相等的，还有一部分柱距变化不规则的。唐代建筑明间的柱高与柱距的一般比例为8∶10，以后各代明间高宽关系模仿此比例的为数不少。唐代每间面阔的柱距变化有三种手法：一、中间明间柱距最阔，最外侧两间柱距最窄，其余各间面阔相等；二、中间明间柱距最大，其余各间柱距略小于明间而相等；三、除了最外侧两间柱距最小外，其余各间柱距相等。从各种资料来看，唐代每间面阔的柱距变化以上述第二种手法为多见。宋、元两代每间面阔的柱距变化亦模仿唐代已用过的三种手法。明、清两代每间面阔的柱距一般为中间明间柱距最大，两侧每间柱距向外依次递减，柱距逐渐缩小。

在抬梁式建筑上，为了室内空间的需要，檐柱和金柱在平面安排上有一种"减柱法"的应用。

"减柱法"起于辽代。金代为了减柱的需要，喜用截面巨大的内额枋横跨二至三间的空间距离。元代建筑用减柱法最普遍，似已成为大小建筑的共同特点。明、清两代的高等级建筑不使用减柱法，檐柱和金柱的排列，前后左右都在一条直线上，不多不少，整整齐齐，犹如军阵（图3-23）。

减柱法减去的均为金柱，剩下的金柱有与檐柱对齐的（图3-24），也有根据室内空间的需要，将金柱自由安排的（图3-25）。减柱法最大的好处是室内空间的利用自由而充分。

辽、金、元三代是减柱法的普遍使用时期，明、清两代的小型建筑有时也用减柱法。

梁的功能是承受由上面檩条转下的屋顶重量。梁是顺着进深方向架子二立柱顶端或架于斗栱之上。最底下的是大梁（又称大柁），大梁上再立两根瓜柱，瓜柱顶端再架被称为二梁（又称二柁）的横梁，根据建筑规模的大小，逐步向上架梁。大梁无疑是各梁中最主要的承重者。古人习惯将梁上所承檩的总数呼作"X架梁"，如各架梁上共承五根檩条，那么这现象就称作五架梁。一般情况下，前面数字越

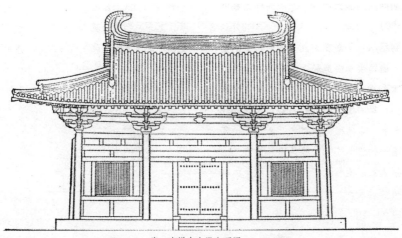

唐·南禅寺大殿立面图

图 3-14

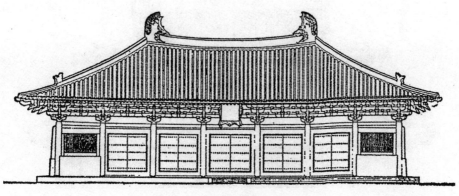

唐·佛光寺大殿立面图

图 3-15

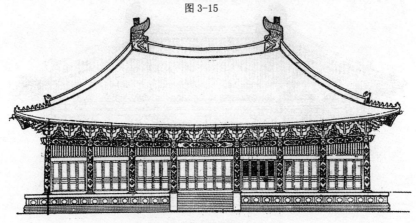

宋《营造法式》立面处理示意图

图 3-16

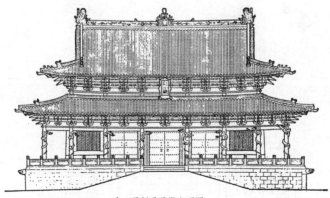

宋·晋祠圣母殿立面图

图 3-17

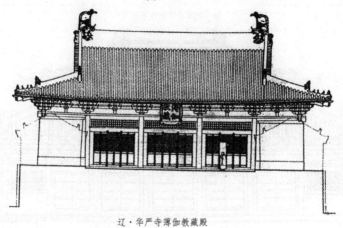

辽·华严寺薄伽教藏殿

图 3-18

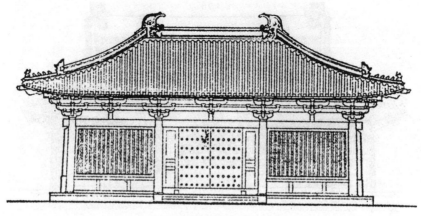

辽·独乐寺山门正立面

图 3-19

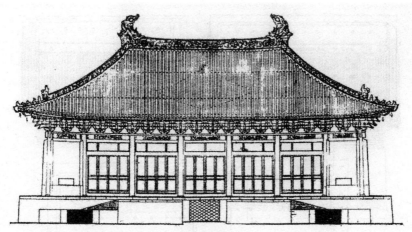

元·永乐宫三清殿立面图
图 3-20

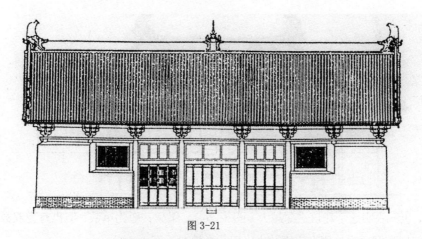

图 3-21

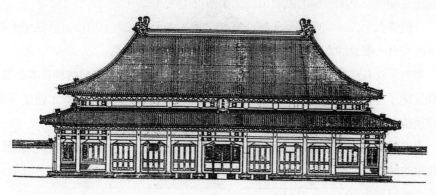

图 3-22

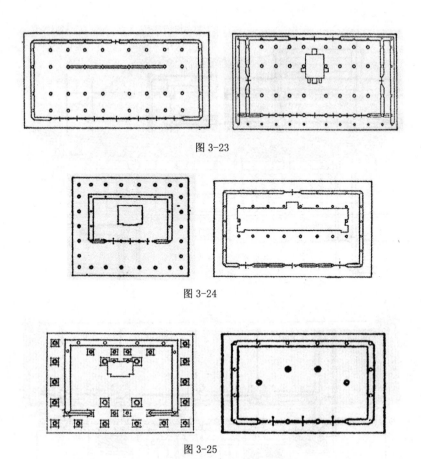

图 3-23

图 3-24

图 3-25

大，也就表明这个建筑进深越大（图 3-26）。梁架一般为单数，但也有为双数的，如使用卷棚顶或单侧带廊的就会出现此类情况（图 3-27）。

一般情况下，梁的两端架于柱头或斗栱上，由于金柱高于檐柱，所以架于檐柱上的梁有一端会插入金柱内（图 3-29）。其变化非常丰富。

梁的形状有直梁（图 3-28）和弯曲、弧度多变的月梁（图 3-29）两种基本类型。元朝发明了不水平放置的斜梁（图 3-30），使金柱身上不再插梁。元朝还创造了穿插枋，以增强檐柱和金柱间的结构稳定性。

梁的截面的高宽之比各朝代是不同的，总的规律是由"单薄"向"厚实"发展。唐代梁的截面的高宽之比为 2∶1，宋代的为 3∶2，金代与元代的多数接近圆形，清代官式规定为 10∶8 或 12∶10。

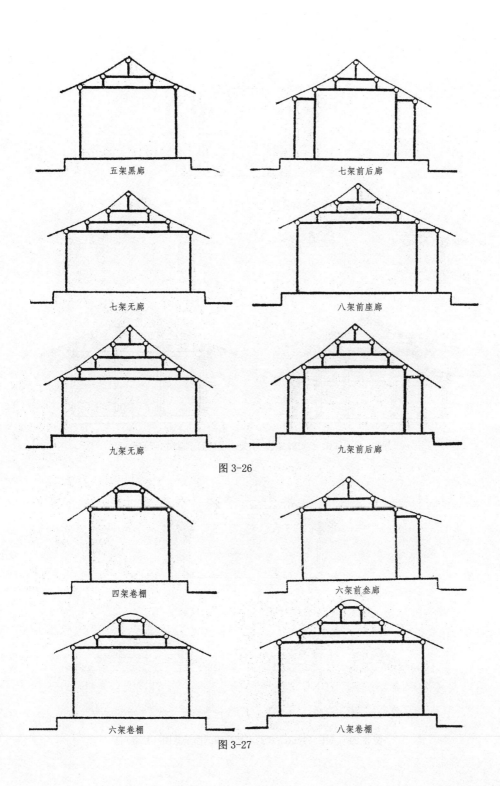

五架黑廊

七架前后廊

七架无廊

八架前座廊

九架无廊

九架前后廊

图 3-26

四架卷棚

六架前叁廊

六架卷棚

八架卷棚

图 3-27

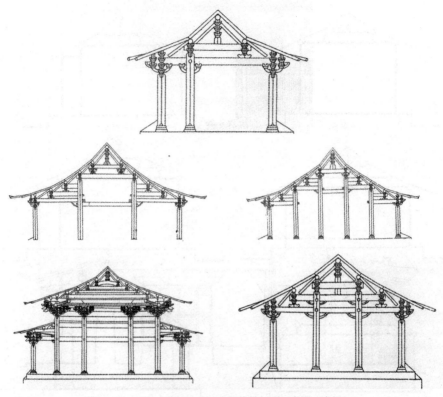

图 3-28　（宋《营造法式》木架构横剖面示意图〔直梁〕）

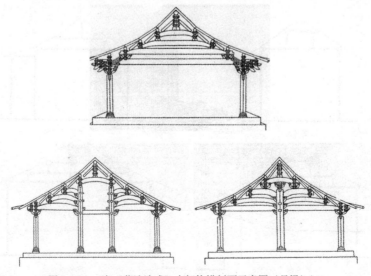

图 3-29　（宋《营造法式》木架构横剖面示意图〔月梁〕）

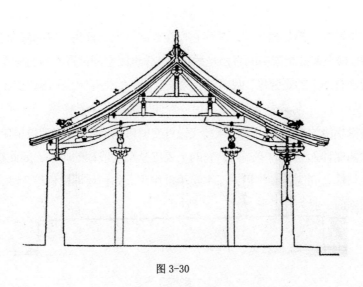

图 3-30

　　古人称瓜柱的垂直高度为举架，称横梁顶端向内到瓜柱所在处的水平向距离为步架。步架与举架的空间构成关系有"步架向内叠减，举架向上叠增"的现象（图 3-31）。此结构现象也是构成中国古代大屋顶的向下弧面曲线的关键因素。这种结构方式始于唐。在唐以前各步架等距，各举架亦等高，故造成屋顶斜面平直。从唐代始，朝代愈后此手法愈强化，到清代时步架向内水平距离越向中心越短，而举架向上垂直距离越向上越高，使步架与举架的剪刀差距离增至最大状态，故使屋顶造型也变得越发高大而陡峭。也有各步架等距不变，而举架向上叠增的例子（图 3-32）。

　　檩是横向架子柱梁组合的交接点上。檩的截面有长方形和圆形两种基本样式。檩因所处空间位置不同亦有不同的名称，架于山柱或中柱（或相应位置）上的是脊檩；架于金柱（或相应位置）上的是金檩；架于檐柱上的是檐檩（图 3-33）。

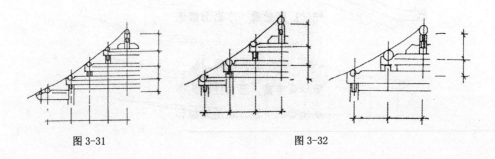

图 3-31　　　　　　　　　　　　　　　　图 3-32

椽的位置处于檩与檩之间，并与它们在方向上形成直角。椽的截面有方或圆两种造型。椽在梁柱构架中的直径是最小的。椽也因空间位置不同而有不同称谓，有一端架于脊檩上的是脑椽，两端架于两根金檩上的是花架椽（因位置还可分上、中、下等称呼），一端架于金檩上，而另一端伸出檐檩外的是檐椽。前端向上翘起，后端与檐椽相接的是飞椽（图3-34），飞椽可使檐口朝上翘起，唐朝最早使用飞椽。

枋的两端伸入立柱的上端内，它的上表皮紧贴梁或檩的腹部，因此枋在功能上只起柱与柱之间的连接作用，而不起承重作用。如枋与斗栱相组合时，枋也承重。枋的剖面一般为长方形。

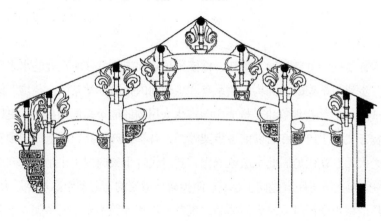

图 3-33

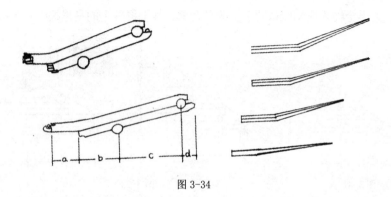

图 3-34

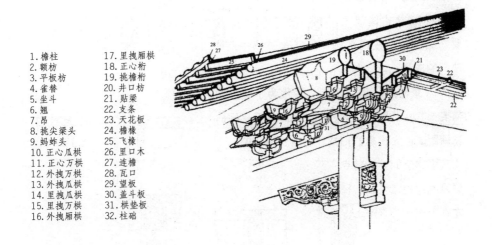

1. 檐柱
2. 额枋
3. 平板枋
4. 雀替
5. 坐斗
6. 翘
7. 昂
8. 挑尖梁头
9. 蚂蚱头
10. 正心瓜栱
11. 正心万栱
12. 外拽万栱
13. 外拽瓜栱
14. 里拽瓜栱
15. 里拽万栱
16. 外拽厢栱
17. 里拽厢栱
18. 正心桁
19. 挑檐桁
20. 井口枋
21. 贴梁
22. 支条
23. 天花板
24. 檐椽
25. 飞椽
26. 里口木
27. 连檐
28. 瓦口
29. 望板
30. 盖斗板
31. 栱垫板
32. 柱础

　　贯穿檐柱头部的枋又称阑额（额枋），阑额上表皮还紧贴一枋，谓之普柏枋。阑额与普柏枋的组合及形态变化亦有种种时代特征。

　　唐朝只用阑额，而无普柏枋。唐朝阑额的断面为长方形，至角柱不出头（图3-35）。宋代的《营造法式》规定在平座上才用普柏枋，因此宋代檐柱上也只用阑额，而无普柏枋（图3-36）。中国古建筑中最早在阑额上加普柏枋的是辽代建筑（图3-37），辽代的普柏枋扁而宽，与阑额一起构成了 T 字形的断面，至角柱出头垂直截去。辽代也有不用普柏枋的例子（图3-38）。金代的普柏枋比辽代的要厚，至角柱出头垂直截去；但阑额出头后有斜截的或有些曲线变化的（以后朝代亦如此）；还有两层额枋的情况（图3-39）。南宋的普柏枋最显扁平，而阑额的断面两侧鼓起又最显肥胖，此谓琴面枋，为南宋独有（图3-40）。元代的普柏枋与阑额的断面仍为 T 字形，但似乎有互补现象：普柏枋厚了，阑额就"瘦"（图3-41）。明代的普柏枋首次比阑额狭窄，而阑额在截面比例上也比以前历代的要大而厚实（图3-42）。清代的阑额和普柏枋基本步明代的后尘（图3-43）。但清代也有自己独特的处理手法：最上为普柏枋，其下为大额枋，再下为薄薄的由额垫板，最下为小额枋，层层叠叠，丰富而繁琐（图3-44）。

　　普柏枋从无到有、从大变小。阑额基本上是由小变大、由简单变丰富。至角柱出头亦是从无到有，形式从简单到丰富。这是阑额和普柏枋的基本演变规律。

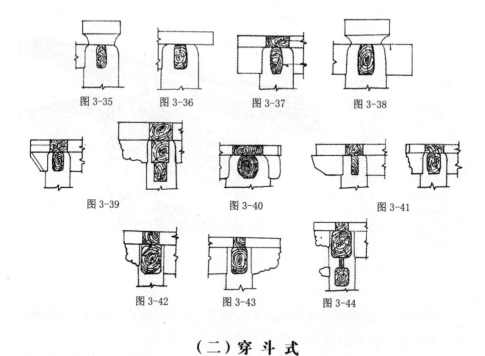

图 3-35　　　　图 3-36　　　　　图 3-37　　　　图 3-38

图 3-39　　　　　　图 3-40　　　　　　图 3-41

图 3-42　　　　图 3-43　　　　图 3-44

（二）穿 斗 式

穿斗式木构架也是沿着进深和面阔方向立柱，但进深方向柱的间距较密，柱直接承受檩的重量，不用架空的抬梁，而数层"穿"贯通各柱，组成一组组的构架。它的主要特点是用较细小的柱与"穿"（枋），做成相当大的构架。这种木构架至迟在汉朝已相当成熟，流传到现在，为中国南方诸省的民间建筑所普遍采用。也有在房屋两侧的山墙面用穿斗式，而中央诸间用抬梁式的混合结构法。

（三）井 幹 式

井幹式木构架是用天然圆木或方形、矩形、六角形断面的木料，层层累叠，构成房屋的壁体。商朝后期陵墓内已使用井幹式木椁，可知此结构法应产生于这之前。此后，周朝到汉朝的陵墓曾长期使用上述木椁。汉初宫苑内还有井幹楼。至于井幹式结构的房屋，据汉代西南地区少数民族的随葬铜器所示，其可直接建于地面上，也可建于干栏式木架之上。现在除少数森林地区外已很少使用这种井幹式建筑了。

在上述三种木构架形式以外，西藏、新疆等地区还使用密梁式平顶结构。

（四）古建筑的基本立面与平面

由于中国古建筑的承重问题全由梁柱构架和台基解决，屋身的墙垣只起隔断作用而并不承重，因此屋身部分的门、窗、墙垣等均可大虚大实、大开大合地自由安置，与现代建筑有异曲同工之妙。

中国古建筑的立面造型以追求端庄稳重为主，在构图上强调中轴对称，所以一个建筑物的通面宽的间数绝大多数为单数。一个建筑物的间数无论多少，中间为明间，独一无二，明间的两侧为次间，次间向外为梢间（图3-45），梢间再向外为末间，末间外为尽间，到尽间已是面宽为九间的很大型的建筑物了。遗留至今面宽最大的单体古建筑是清代的太和殿（图3-21、46），其通面宽为十一间。尽间是最后的间名称，尽间外还有间则无名，无名反为最有名，面宽十一间是国

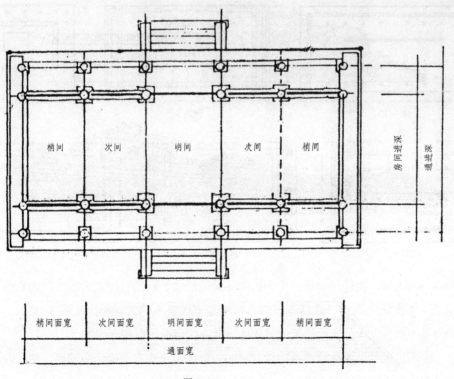

图 3-45

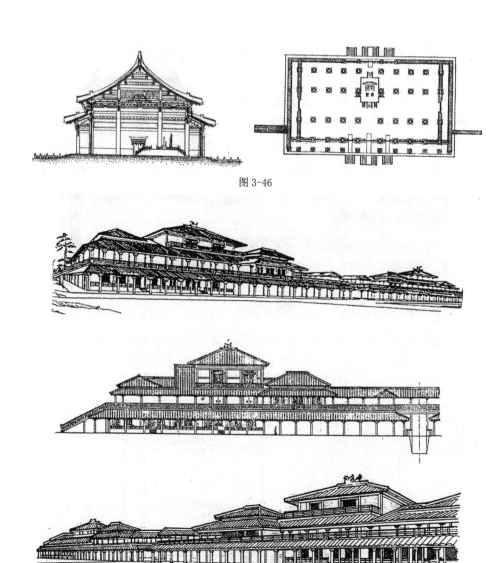

图 3-46

图 3-47

内唯一的孤例，物以稀为贵。但宋代的《营造法式》规定有面宽为十三间的单体建筑，如将清代最大、最高等级的太和殿与秦代复原的宫殿相比（图3-47），简直是小巫见大巫，宫殿建筑的单体体量从古代至近代似在逐步缩小。

中国古代除了单体建筑是中轴对称的，群体组合也有明确的中轴线，从宫殿到民居均基本如此（图3-51），除了明、清的古典园林以外（图3-51）。

中国古代建筑的群体组合的总体平面，至少在西周已形成了四合院的布局，一直沿袭至清代，总的变化不大，此布局有很强的延续性和稳定性。由于木构架单体建筑具有一定的开放性，故群体组合时古人采用较为封闭的四合院式布局，也算是一种平衡与补充吧。

汉时宫殿建筑组合多采用回廊式，主体建筑置于中心，四周用低于主体建筑的廊围起（图3-49）。此手法也是商代宫殿建筑的历史回音（图3-48）。唐代还将几个主体建筑非常紧凑地安排在中轴线上，四周亦用廊围起（图3-50）。

宋、辽、金各代的大建筑群里，继承了唐代的一些手法，主要强调中轴线与左右均齐对称的布局，主体建筑前后排比在中轴线上，两侧或四周采用廊庑围合。金代还有将前后排比的主体建筑间用直廊连起来的手法。

元、明、清各代的建筑群体组合，也是用强调中轴线与左右对称，两侧或四周用墙或廊围起来的布局，基本没有跳出四合院的思维定势。无论宫殿、庙宇或民居，总体平面均如此这般，并没有质的变化。

从秦代到明代，中国封建社会基本是用长城围起来的一个大四合院，体现了守住土地的农耕思想。

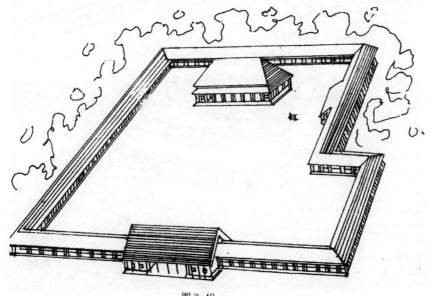

图3-48

古
建
筑
的
骨
架

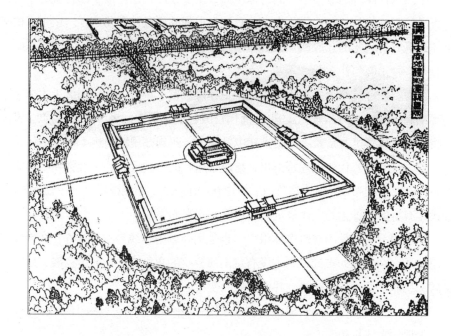

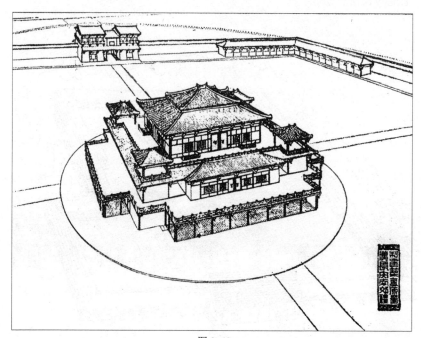

图 3-49

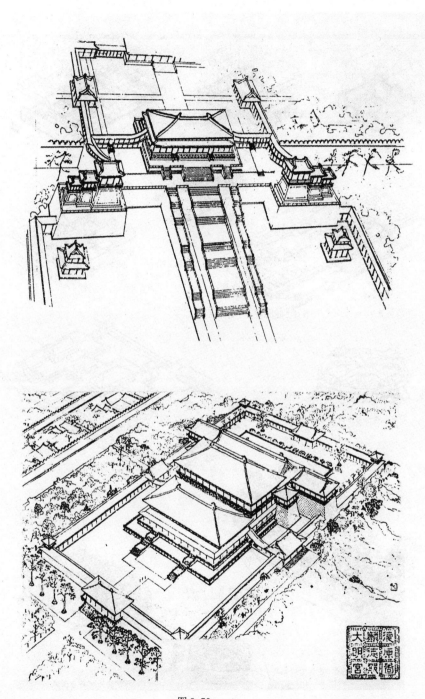

图 3-50

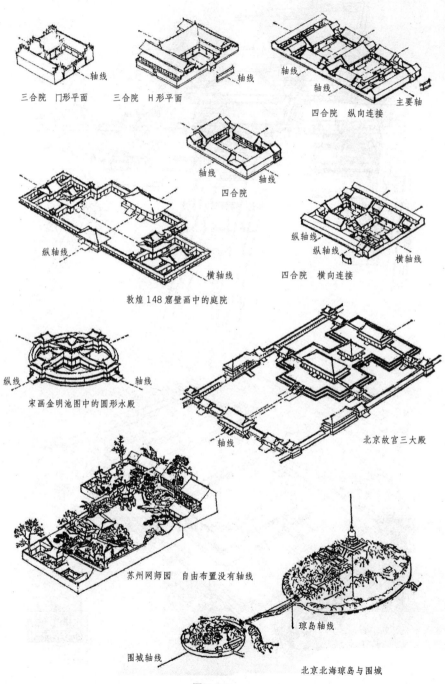

三合院　门形平面　　三合院　H形平面　　　　四合院　纵向连接

轴线　　　　　　　　　　　　轴线　　　　　　轴线　　　　　　主要轴
　　　　　　　　　　　　　　　　　　　　　　　轴线

轴线　　　轴线

四合院

纵轴线　　　　　　　　　　　　　　　纵轴线
　　　　　　　　　　　　　　　　　　　纵轴线　　　横轴线

横轴线　　　四合院　横向连接

敦煌148窟壁画中的庭院

纵线　　　　　轴线

宋画金明池图中的圆形水殿

轴线　　　　北京故宫三大殿

苏州网师园　自由布置没有轴线

琼岛轴线

围城轴线

北京北海琼岛与围城

图 3-51

四、古建筑的骨架

斗　栱

　　斗栱是中国古代木构架建筑特有的结构件，也是中国古代建筑造型中最具典型特征的部分，曾对东亚和东南亚各国的古代建筑产生过深远而广泛的影响，在世界建筑史上独树一帜。

　　斗栱是由方斗和曲栱层层累叠伸挑而成，斗栱是合理的功能、巧妙的结构和富有个性的造型三者自然融合的典范，也是东方美学神韵在建筑上的体现。

　　斗栱主要集中在古代高等级建筑的柱头、枋、梁等承重部分。

　　斗栱在梁下可增加梁身在同一净跨下的荷载力，在檐下可助出檐加大，并将整个屋顶的重量层层传递到柱上。

　　中国南方属温带和亚热带气候，年降雨量较大，为保护墙面和解决夏天炎热的日照，因此出檐需较大。在南方至今仍可看到在许多穿斗式木构架民居上，将穿自然地伸出檐柱以挑住上方的檐部，帮助加大出檐（图4-1）。斗栱就是因这种功能上的需要和利用木质材料的性能而发展起来的，并在古代匠师的实践中逐步完善，无神秘性可言。

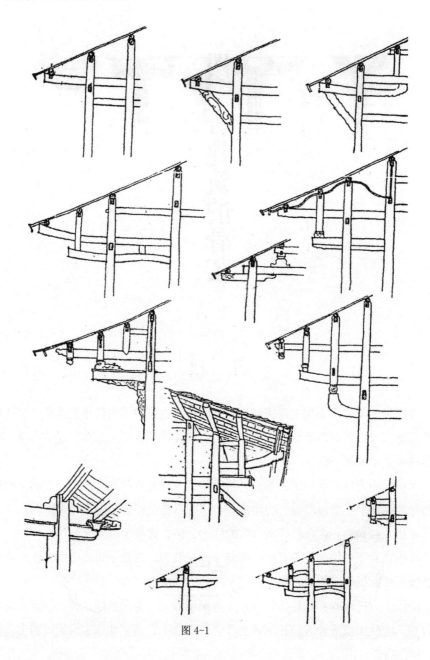

图 4-1

斗栱虽不神秘，但它的构造也具有一定的复杂性，古代曾有人将斗栱很形象的比喻为"勾心斗角"。斗栱是一个发展了几千年的建筑文化现象，而非简单事物。世上再复杂的事物，都有其最基本的元素和构成规律。斗栱的构成元素主要为斗、栱、昂、枋、要头等五部分。这五部分蕴藏着丰富的时代信息，也是判断和再现中国历代古建筑的重要坐标。另外，由人字拱演变成的驼峰等构件也有追寻历史踪迹的作用。

（一）斗

斗为一立方形的上有槽口下有斜线收分的木块。斗栱最早的形象见于周代青铜器"毁（簋）"器足上的大斗（图4-2）。大斗是一朵（宋称一攒）斗栱中最基础、最重要也是最大的斗。其他的斗、栱、昂、枋等均架于其上，由它承托，并承受着最大负荷。大斗的截面一般为正方形。唯宋代的大斗（宋称栌斗）才有截面为圆形、多瓣形（图4-4）和讹角形等多种形式，有点另类。汉代的大斗在整体比例上为历代最大，并有平盘斗（无斗口）和槽口斗（有一字槽口和十字槽口），槽口的存在是为了咬合架子斗上的栱而设。无槽口的大斗仅为汉（图4-3）与南北朝才有的时代语汇。

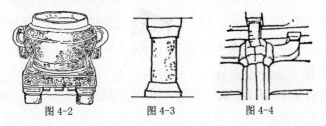

图4-2   图4-3   图4-4

大斗直接坐于柱头、阑额、梁等处，其他远小于大斗而数量众多的斗则坐于栱头上。斗因位置不同亦有不同的名称，基本分斗和升两大类。斗处于斗栱的里外方位，升处于左右方位。每个时代除大斗外，斗、升的体积是一致的，但名称很多。斗的槽口两侧称斗耳，其下称斗平，再下收分的称斗欹。斗欹有斜直线型或内凹型两种。斗的这三部分的比例在宋代被定为4：2：4，以后的朝代亦基本如此，没有明显变化。宋代的斗底略宽于斗口，而清代的斗底与斗口等宽，但历代大斗的斗底均明显宽于斗口。汉至唐代，有时在斗底下垫一皿板，此手法为其他朝代所不见（图4-8）。

汉代柱头上也有不用大斗，而用类似古希腊漩涡状的爱奥尼柱帽（图4-5），中西两大古国的文明交流由此可见一斑。

图 4-5

（二）栱

栱是一中间直、两头向上弯曲的弓形木条。栱身嵌入在斗口内，其两头上端还承托着斗。栱是斗栱加大承重空间范围的重要构件。一朵斗栱内的栱的长度是不一样的，一般由下至上逐渐变长。因此整朵斗栱的基本形状是上大下小的倒三角状。栱因位置不同亦有复杂的名称变化，一般称前后向的为翘，左右向的为栱。汉代斗栱大多数只有栱而无翘，或至多仅一翘。

栱的现存遗物以汉代为最早，已有矩形、曲线和折线的栱，此外还有龙首翼身栱和曲线与折线混合组成的栱，还有将直木条从短到长向上累叠，把斗与栱的形态模糊在一起了（图4-6、7）。汉代甚至还有将一斗三升雕制成怪兽状，充满了浪漫主义色彩和对外来文化的融合（图4-8）。大概到了唐代才统一栱的式样。宋代对各种栱的长度、卷杀等已有详细规定，而且规定了栱、昂等构件的用材制度。宋代将栱的截面定为单材，并将"材"的高度划分为15分°，宽度为10分°，作为建筑尺度的衡量标准。再以上下栱间距离称为"契"，高6分°，单材上加契谓之"足材"，高21分°，如耍头等构件用之。

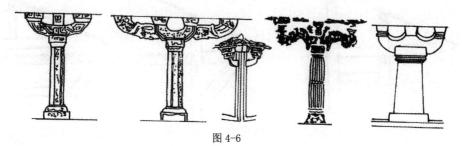

图 4-6

图 4-7

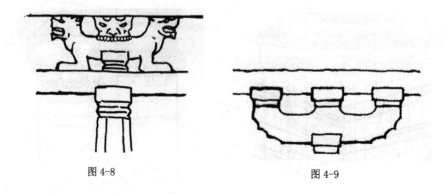

图 4-8   图 4-9

宋代的《营造法式》中按建筑等级，将材分为八等：

一等材：高 9 寸，厚 6 寸，用于九间或十一间大殿。

二等材：高 8.25 寸，厚 5.5 寸，用于五间或七间大殿。

三等材：高 7.5 寸，厚 5 寸，用于三间或五间殿、七间厅堂。

四等材：高 7.2 寸，厚 4.8 寸，用于三间殿、五间厅堂。

五等材：高 6.6 寸，厚 4.4 寸，用于三间小殿、三间大厅堂。

六等材：高 6 寸，厚 4 寸，用于亭榭或小厅堂。

七等材：高 5.25 寸，厚 3.5 寸，用于小殿或亭榭。

八等材：高 4.5 寸，厚 3 寸，用于殿内藻井或小亭榭用斗栱者。

　　总之，建筑体量越大，材也越大，以保持建筑体量的各个局部间的一个和谐的比例与承重的需要（图 4-10）。

　　清式按大斗斗口宽度为标准，分为十一等（图 4-11）。斗栱用材总的趋势是由大变小。如七开间的唐佛光寺大殿用材为 30 厘米 ×20.5 厘米，五间的宋、辽、金殿用材多为 24 厘米 ×18 厘米左右，元永乐宫重阳殿用材为 18 厘米 ×12.5 厘米，明智化寺万佛阁用材为 11.5 厘米 ×7.5 厘米，而清面阔十一间的太和殿用材仅 12.6 厘米 ×9 厘米。所以一朵（攒）斗栱的总体积也由大变小。

　　栱的名称依部位而不同。凡是向内外出跳的栱，清式叫翘（宋代称华栱或卷头），翘头上第一层横栱叫瓜栱（宋代称瓜子栱），第二层叫万栱（宋代称慢栱）。最外跳在挑出檐檩下的、最内跳在天花枋下的叫厢栱（宋称令栱）。出大斗左右的第一层横栱叫正心瓜栱（宋称泥道栱）。第二层叫正心万栱（宋称慢栱）。

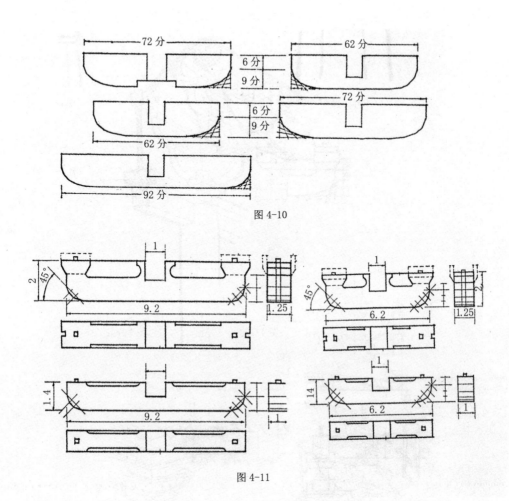

图 4-10

图 4-11

　　在大斗口内只置一层栱的叫单栱，二层栱的叫重栱（汉明器、画像石上有三重以上的）。翘头上置横栱的叫计心造（图4-12、13），不置的叫偷心造（图4-14）。唐、宋建筑斗栱常用偷心造，金、元以后多用重栱计心造。

　　栱的二头向上弯曲的外侧弧线，古人称作卷杀。拱头卷杀在汉代有许多变化，令后代敬畏。南北朝的栱头卷杀多瓣内凹，圆弧强烈，很有个性，易辨认（图4-9）。唐代南禅寺大殿栱头已有三瓣内凹，佛光寺的则较柔和而分辨不明显。宋代的《营造法式》规定栱头卷杀均为折线，令栱五瓣，其他各栱均四瓣（图4-10）。但实际上各地做法不同，如南方建筑一般均用三瓣。明、清二代的栱头卷杀比宋代的形态更饱满（图4-11）。

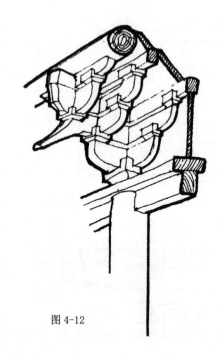

图 4-12

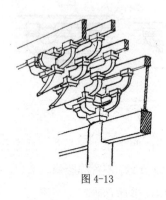

图 4-13

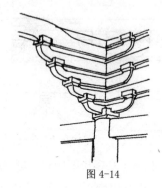

图 4-14

　　南北朝至唐代有一种栱像汉字的"人"字，谓之人字栱。南北朝至唐代将人字栱用于外檐的两朵柱头斗栱间（图4-8），以后朝代仅将人字栱用于室内的梁架结点处，谓之叉手。

　　翘与栱的相交，无论是立面或平面，都是直角相交的。伸出的翘与阑额呈直角构成。但在转角部位，因结构关系，翘成60°或45°等角度斜向伸出，成了斜栱。汉代斗栱还没成熟，角柱上无斜栱存在。从唐至清，角柱上的转角斗栱的里外均有斜栱存在（图4-15）这是结构使然。但在辽、金、元三代，除了转角斗栱外，在柱头斗栱和两个柱头间的补间斗栱上均用斜栱，其中尤以金代为甚（图4-16）。由于其他朝代无此现象，因此在柱头斗栱和补间斗栱上用斜栱者，成了辽、金、元三代的时代符号。

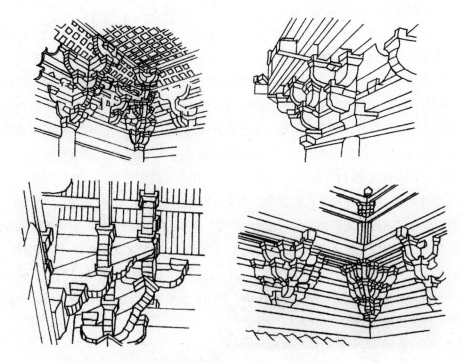

图 4-15

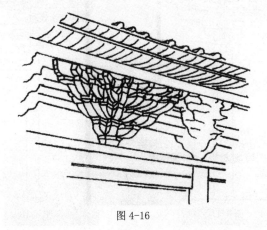

图 4-16

（三）昂

昂是外檐斗栱中一根向下斜置的通长直条形的构件，曾是斗栱上体量最大者。昂的前部下垂承托挑出的屋檐，其后部支抵在梁架的底部。整条昂像一根杠杆，用后面的重量抬起前面的重量，大斗就是它最下的支点。

昂最早出现在唐代，昂的出现意味着至唐代斗栱已经成熟（图4-17）。昂的体量在唐代为历代之最，故唐代出檐亦为历代最大。唐代的每朵斗栱有单昂，也有双昂（图4-19）。自宋始，双昂较多见（图4-20）。随着朝代更替，昂的体积逐步变小，至清最小。昂的体积不仅在缩小，它的功能作用亦在变异。至元代开始出现了假昂，假昂在造型上表现为外有昂首而内无上翘昂尾，假昂不能起杠杆作用。假昂的出现使力学上的结构件变成了美学上的装饰件。元代还有真上昂和假下昂结合者（图4-21）。元代另有在柱头斗栱上用真昂，而补间斗栱用假昂的手法。明代早期受元代影响，柱头斗栱上也有真假昂共存现象。以后明、清两代在这基础上发展出一种"溜金斗栱"，其做法是将翘、昂、耍头等后部全部折角，并加长升高至檩条的底部（图4-22、23）。"昂尾"一大把，使人眼花。但明、清两代基本上均用假昂（图4-24、25、26）。唐代虽最早使用昂，但唐代的转角斗栱也有不用昂的（图4-18），而宋至清的转角斗栱均使用昂，无论其是真昂还是假昂。

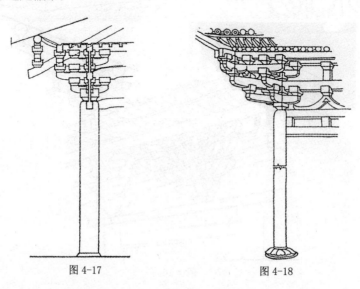

图4-17　　　　　　　　　　　　图4-18

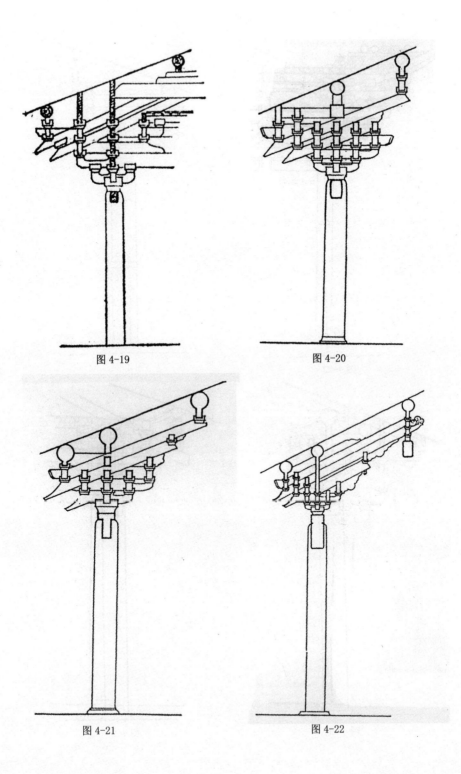

图 4-19

图 4-20

图 4-21

图 4-22

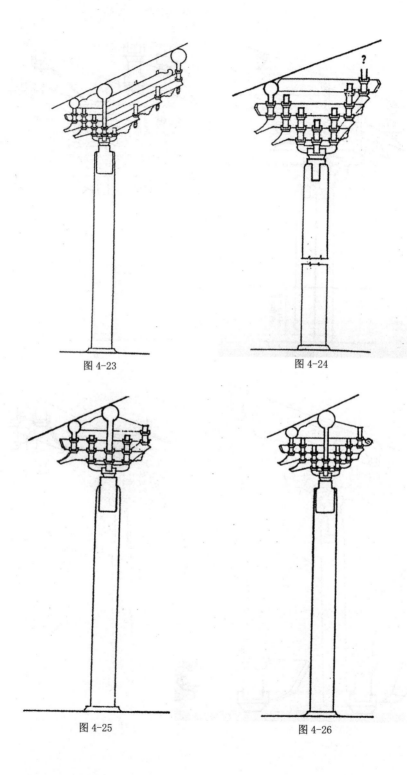

图 4-23

图 4-24

图 4-25

图 4-26

昂在唐的斗栱上出现后，除真假昂的应用有明显的时代性外，昂嘴的造型亦有很强的时代烙印。

唐的昂嘴有基本垂直截平的平头昂，以及在上部砍出一个平整斜面的批竹昂两种样式（图4-27），非常简朴有力。

宋代昂嘴有平直斜面和稍向下凹的斜面两种，并在斜面的左右两侧，又均等地砍出两个斜面，人称琴面昂（图4-28）。

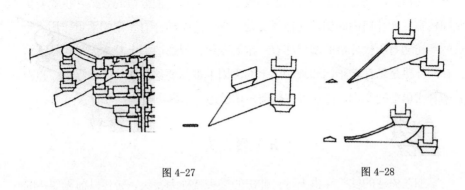

图4-27   图4-28

元代昂嘴虽也呈琴面昂状，但上斜面向下凹的弧线比宋代要强化，昂嘴底面也不似以前为平直的，而是随着上部凹斜面有一点略向上翘（图4-29）。

明代的昂嘴比以前朝代的昂嘴显得厚短，而且昂嘴上表面没有明显的砍削折线，变成较为柔和的弧线，此昂嘴造型一直影响到清代中叶（图4-30）。

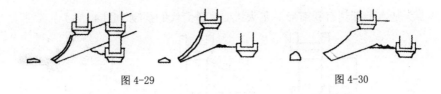

图4-29   图4-30

清代晚期的昂嘴在明代的基础上，在两侧的上下两边共砍削出四个小斜面（图4-31），而且还出现了弯曲又卷曲的昂嘴，人称象鼻昂（图4-32）。

在昂嘴部分也可辨别真昂与假昂：从昂嘴的底面到昂身为一直线是真昂，如从昂嘴的底面到昂身时为一折线者即是假昂。假昂其实是出挑的翘，只不过是把原来的卷杀部分处理成昂嘴状而已。

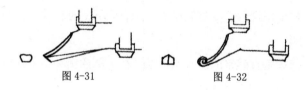

图 4-31　　　　　　　　　　图 4-32

（四）枋

架于斗口内的枋是将各朵斗栱连接成了一个整体，使分散的各朵斗栱变得更为坚固稳定。如斗口内的枋顶在檩下等处，那么这类枋亦有一定的承重作用。上述这两类枋随着历代斗栱的演化亦有一定的变化，但在造型上基本无时代特征可言。补间斗栱是站在普柏枋和阑额以上的，因承重需要这类枋均比较厚重，也有显著的时代语汇的变化，这在梁柱构架一章已述，不再重复。

（五）耍　头

当梁加在檐柱的柱头斗栱上时，伸出的梁头就称为耍头。唐代以前无耍头的实例，唐代起斗栱上才出现耍头。耍头的样式处理可分为四种。

第一种为伸出的耍头前端被垂直截平（图 4-33）。

第二种是将耍头砍作批竹昂样（图 4-34）。第一种、第二种样式在唐、宋、辽、金的建筑上均有，但元、明、清不用。

第三种为变体，图 4-35 为唐代耍头，图 4-36 是金代的，图 4-37 是南宋的，这些耍头基本上都刻有卷瓣形。龙头状耍头是清代的遗物（图 4-38）。

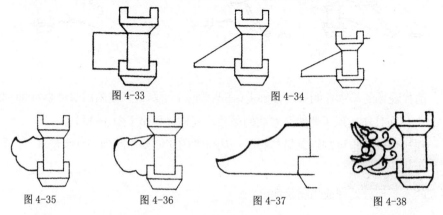

图 4-33　　　　　　　　　　图 4-34

图 4-35　　　　图 4-36　　　　图 4-37　　　　图 4-38

第四种是标准样式，宋代的《营造法式》和清工部《工程做法则例》都有官方规定，其造型为基本相似的"蚂蚱头"（图4-39），它们在宋、金、元、明、清的高等级建筑上均出现过。

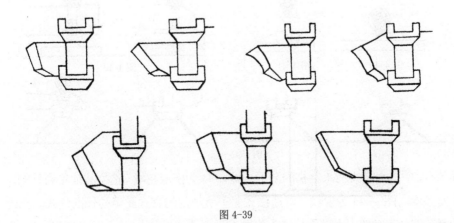

图 4-39

补间斗栱的应用和数量上的变化也有时代演变规律。

两汉的斗栱系统还属初级阶段，所以无补间斗栱。南北朝在补间常使用一人字栱上加一斗。唐朝因斗栱体量雄大，在补间有时什么都不用或用一斗一蜀柱或一斗一人字栱了事，至多仅用一朵斗栱。宋朝的一个补间斗栱数为一至二朵。元朝在一个补间用二至三朵斗栱。明朝的一个补间斗栱的数量进一步增加到四至六朵。清朝的一个补间斗栱的数量最多达到了八朵，密密麻麻的使人眼花缭乱。

补间斗栱从无到有，从少到多的规律，表明斗栱的体积在逐步变小，实用性的功能逐渐转化成装饰性的符号。另外，斗栱上的昂从无到有，又从真到假等现象也说明了中国古代的斗栱从不成熟（周至汉）到成熟（唐），从成熟后又开始逐步走下坡路。斗栱的发展之路，也证明了事物发展的普遍规律：物极必反，旧的事物终将被新的所取代。

从唐至清的各朝各代，在高等级的宫殿、寺庙等建筑中，柱与梁的交接点上全用斗栱过渡，在梁与梁之间的举架上除了用瓜柱外，还有用斗栱、驼峰、叉手、替木等多种手法的，其中不乏时代痕迹。

唐代高等级建筑上的举架有时却很简单地用两块替木了事（图4-40），也有在一块替木上再加斗栱的（图4-41）。辽、金两代也有仿这两种手法的（图4-42）

从唐至清的举架形式除了瓜柱外，以驼峰较为多见。驼峰上小下大，承重性和稳定性明显优于瓜柱。驼峰的外轮廓有丰富的变化。图 4-43 为辽、金驼峰，造型

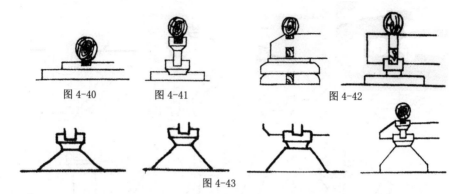

图 4-40　　　　图 4-41　　　　　　　　图 4-42

图 4-43

简洁有力，此种造型有人字栱的影子。图 4-44 为南宋驼峰，造型从抽象到具象，丰富多变。图 4-45 为宋代《营造法式》里所规定的官式驼峰的标准样式。元代的举架部分有时使人误以为是柱头斗栱（图 4-46）。

　　为了增强瓜柱的稳定性，元朝在瓜柱的下部左右两侧各加了一块叫合楷的木块，以夹住瓜柱（图 4-47）。清代有将合楷的外形处理成驼峰状的（图 4-48）。与其他朝代相比，明、清两代在高等级的建筑上，举架部分多数还是使用瓜柱，并将各瓜柱用枋连接，在檩与枋之间还加有垫板（图 4-49）。

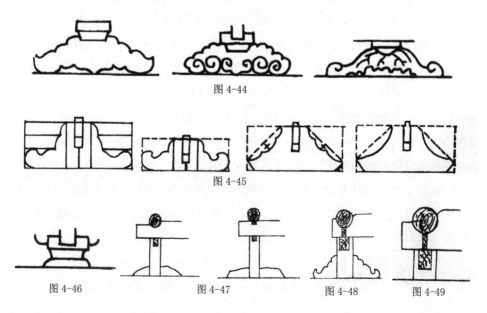

图 4-44

图 4-45

图 4-46　　　　　　图 4-47　　　　　　图 4-48　　　　图 4-49

五、古建筑的骨架

雀 替

雀替的位置是在竖材（柱）与横材（梁、枋）的交接处。

雀替的功能是可以缩短梁枋的净跨度，以增强梁枋的荷载力，能减少梁与柱相接处的向下剪力，还可防止横竖构材间的角度之倾斜。

雀替的制作材料由该建筑所用的主要建材所决定。如木建筑上用木制雀替，石建筑上用石制雀替。

雀替不仅有诸多的力学作用，而且其造型亦富装饰性，故在古建筑中使用范围较广，由此出现较多的类型变化。自雀替在南北朝的建筑上出现起，在以后千余年里变化出七种样式。

（一）大 雀 替

这是用大块整木制成，上部宽，逐步向下收分后，在底部还加有一个大斗，然后再整体地放置于柱头之上。上承檩传下的屋顶重量，其作用有点类似斗栱。大雀替在中国历史上最早见于北魏时期，在以后的各代中除藏传佛教建筑外，一般建筑上不用这类雀替（图5-1）。

（二）雀 替

这是在古建筑上最多见的一个雀替种类，其体积明显小于大雀替，其位置在柱与梁枋交接处的下部，其造型亦不似大雀替在二度空间上多向发展，而仅朝左或右及下发展。雀替在宋代时已在建筑中常用，且多用于室内。从元代开始在室内外随意使用。明、清时主要用于室外，而室内极少使用。明、清时还在雀替下加了一栱一斗，此手法为前代所没有（图5-2）。

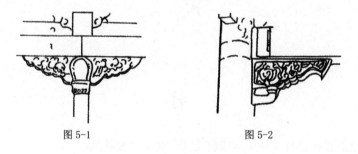

图 5-1   图 5-2

（三）小 雀 替

此类雀替主要用于室内，因体积小，本身造型亦无太多的时代性变化（图5-3）。

（四）通 雀 替

此类雀替的外形与雀替相比亦无大的不同，主要区别还在结构上，柱子两侧的雀替是分别制作而插入柱身的，但通雀替则是柱子两侧的雀替为一个整体，它

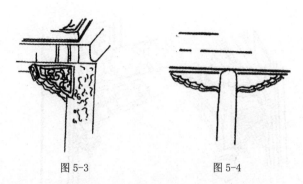

图 5-3   图 5-4

是穿过柱身而成立的。通雀替主要用于室内，在宋代已被常用，元代用通雀替的例子也不少，而在明、清两代则很少用通雀替（图 5-4）。

（五）骑马雀替

当二柱距较近，并在梁柱交接处还要用雀替，此时两个雀替因距离过近而产生相碰连接的现象，骑马雀替就此形成。骑马雀替的装饰意义远大于实用意义（图 5-5）。

（六）龙门雀替

这是一种专门用于牌楼上的雀替，因观瞻所系，故格外华丽。与其他种类雀替相比，龙门雀替多云墩、梓框、三福云等结构性造型样式。三福云是在进深方向安装子雀替的两侧，使这类雀替在三度空间内变化样式。云墩位于雀替下部，以托住雀替，并增美观。而梓框则是贴柱而立的长条状结构件，以支承住云墩。这些手法均用于石牌楼上（图 5-6、7），如是木牌楼则无梓框这一构件，其他与石牌楼同（图 5-8）。

（七）花 牙 子

又称挂落，是建筑上纯粹的装饰品（图 5-9），纤弱而呈玲珑剔透状，虽毫无力学上的使用价值，但变化万千，所以它常被用于园林建筑的梁枋下，以增加园林建筑的观赏性（图 5-10）。

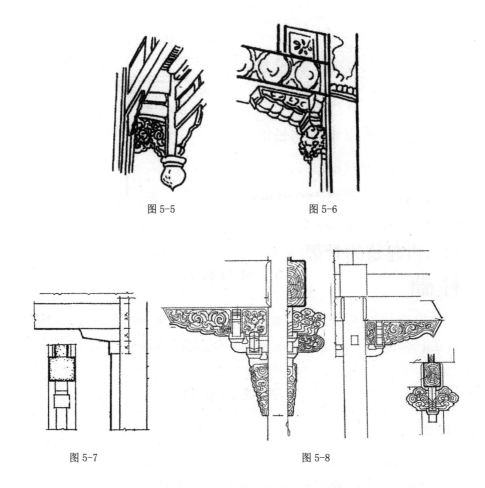

图 5-5   图 5-6

图 5-7   图 5-8

最早期的雀替的横向跨度较大，南北朝时其长度占明间面阔的三分之一（图5-11），朝代愈后其长度亦逐步缩短，清时雀替的长度则占明间面阔的四分之一（图5-12）。

唐代建筑上不用雀替，宋、辽、金、元的一些高等级的建筑上也有不用雀替的实例。南北朝、宋代早中期和辽代的雀替质朴无华（图5-13）。宋、辽的一些雀替有上下二木构成（图5-14）。

宋末和金代的雀替。在其下部出现了蝉肚造型（图5-15），元代的蝉肚造型最繁复（图5-16、17），从明至清的蝉肚造型逐渐变得简洁，但在底部另加一斗一栱。

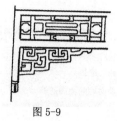

图 5-9

图 5-10

从明朝开始，雀替的前端部出现了鹰嘴突样式（图5-18），鹰嘴突的造型在清代最显著（图5-19）。

明、清的雀替不仅彩饰，还浮雕卷草和龙等图案。

雀替的形式在早期是很朴素的，完全是为了功能的需要，但在其发展过程中愈往后则变得愈华丽，明显地被强化了装饰倾向。

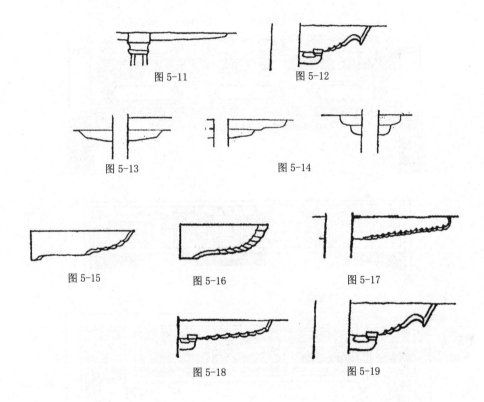

图5-11　　　　　　　图5-12

图5-13　　　　　图5-14

图5-15　　　　　图5-16　　　　　图5-17

图5-18　　　　　图5-19

六、古建筑的骨架

柱　础

　　中国古建筑上的柱础，其所处的位置是在檐柱、金柱、中柱、山柱的底端及台基面之间，可说是上顶着柱子，下立于台基。

　　柱础的功能作用主要是为木构架进一步防潮和防止立柱底端遭硬物碰擦，以延长木构架的使用年限。由于其位置容易引人注目，故造型美的要求亦自然派生。各朝各代在柱础上精雕细刻，留下了他们各自的审美见解和历史印记。

　　选择石材作成柱础，无疑能完善柱础的功能作用，故各朝各代均以石头作为柱础的主要物质材料。

　　从结构的角度可发现柱础有两种基本类型：即有础有栀者和有础无栀者。栀是在础顶与柱底之间的一块可替换物，对立柱可形成进一步的保护。栀用木、石材料制作较多见，少数也有用青铜制作的。一般情况下，栀的形体较偏平，有时与柱子浑然一体，不易被人发现，但也有高大而醒目者。

在西安的半坡村里，新石器时代的先民们已有使用柱础的朦胧意识。当时的住宅上，先在需安装木柱的地位用火烧结出一个较硬的土窝，以保护和固定立柱。

对河南安阳殷墟的考古发掘，使人们看到在商代许多高大宽阔的夯土台基上，井然有序地排列着许多大小基本一致的天然卵石作为柱础。也有将柱础刻成抱膝而坐的人形状，传达了奴隶社会的某种价值观。在商代，已有青铜栉的使用情况（图6-1）。

汉代的柱础虽造型简朴，但其外轮廓变化丰富、样式繁多，独具时代神韵（图6-2）。将狮子做成柱础状，记录了汉代与西域各国的交流及佛教东传。汉代柱础中较多见的为倒置栌斗状，八角形柱础的出现显然是与八角柱相配合的。

图6-1

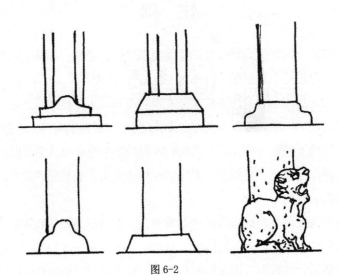

图6-2

南北朝时，在战乱的催化下，佛教得到了空前的传播。在此背景下，出现了具有佛教意味的莲瓣柱础，当时的莲瓣造型狭而长（图6-3），故使莲瓣柱础也拉高了身子。此时期最常见的柱础外形为覆盆形（图6-4），这也确立了以后各朝各代柱础外形的基本样式。此外还有人物（图6-5）、狮兽、须弥座等状的柱础，但并不是主流性形态。南北朝有八角柱存在，故有八角形柱础的应用。

唐代柱础的造型以覆盆上施丰满的莲瓣纹为主流，在民间至今还能较容易地见到这类柱础，可见在唐代这类柱础的数量之多（图6-6）。从唐代遗留的许多覆盆柱础中可发现，露在台基面上的圆形覆盆是雕在一块表面平整的立方形石块之上，石块埋于台基中，表面与台基面平。故柱础犹如冰山，能见部分少，大多部分埋于台基中。

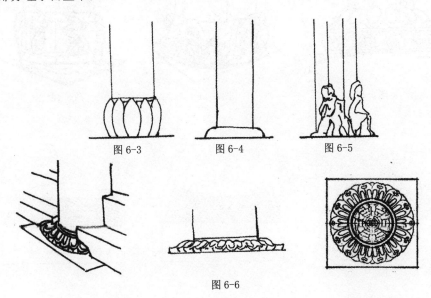

图6-3   图6-4   图6-5

图6-6

宋代柱础的造型虽乃以覆盆为主，但在础面上雕刻的纹样却花样百出，各种花草、各态龙凤、狮子、鱼水等层出不穷，可谓历代之最（图6-9~14）。辽、金亦如此（图6-7、8），一时间各种纹样热闹非凡，把覆盆柱础装点得令人眼花缭乱。但宋时的宫殿、寺庙仍以覆盆莲瓣柱础为主，宋代《营造法式》规定础櫍以木易铜。

元代的柱础以素覆盆式为主，不加雕饰，从宋、辽、金的繁复中趋向简洁，自成一格（图6-15）。

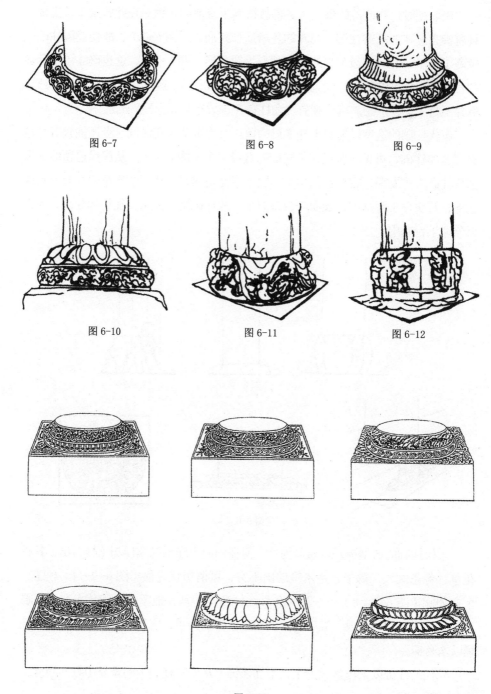

图 6-7   图 6-8   图 6-9

图 6-10   图 6-11   图 6-12

图 6-13

　　明、清两代的柱础基本一致。与建筑发展的其他部分相比，明、清时的柱础似乎更显简朴。在一些高等级的建筑中，北方用扁平状的古镜式柱础（图6-16），南方则用较高的鼓状柱础（图6-17），北方与南方柱础形状的变化完全是气候条件使然。明、清时在较南地区的民间，柱础的造型和雕饰纹样却百花齐放，样式变化极为丰富，单层、双层、三至数层的柱础均有，使人目不暇接（图6-18、19）。

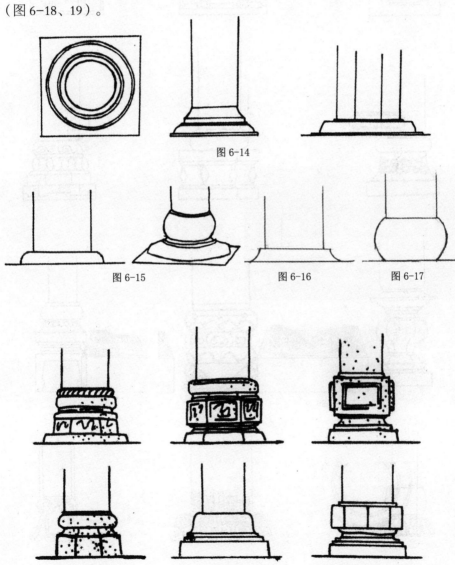

图 6-14

图 6-15　　　　　　　图 6-16　　　　　图 6-17

图 6-18

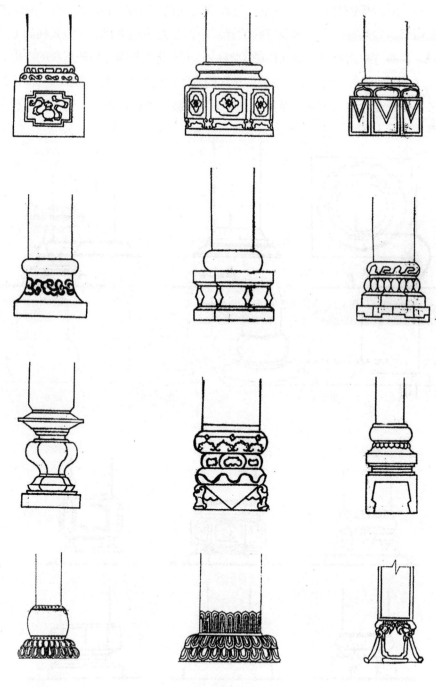

图 6-19

古人为了安装门槛之便，制作了耳磉；为了柱础更具稳定性而创造了连磉。前者的外形为础的两侧各有一个垂直性槽口（图6-20），后者是将各础用一长条整石雕刻而成（图6-21）。也有在柱础上连柱刻出凹口以搁门槛（图6-22）。

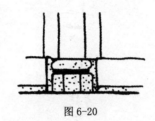

图 6-20

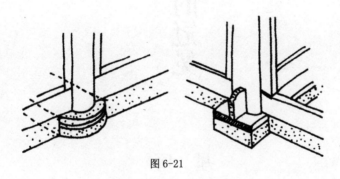

图 6-21

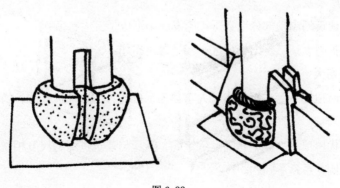

图 6-22

七、古建筑的冠冕

屋 顶

中国的大屋顶为整个建筑的美丽冠冕，其样式之特殊、种类之繁多，为西方各流派建筑所不及。

中国古建筑的屋顶部分在数千年的发展中形成了三大特征：

一是举折高大；二是出檐深远；三是翼角起翘。

1. 举折高大

举是指屋顶的高度，折是指以人字顶为基础的各类屋顶样式的各块坡面向下凹曲之折线。

中国古代屋顶的高度不是随意确定的，而是与建筑进深的尺度相联系的，不过各代的比例关系是不同的。

《考工记》上说"匠人为沟洫，茸屋三分、瓦屋四分。"表明在战国时，对草屋顶和瓦屋顶的不同坡度处理已有一定的社会性规范。

汉代的画像石与陪葬明器上显示出当时屋顶的坡面还是比较平缓的，屋顶举起的高度有限（图2-10）。

唐朝遗留的一些古建筑实例表明当时屋顶的举高与建筑进深的比例关系为1：5.15 至 1：4.77。

宋、辽、金、元各代的屋顶在整幢建筑的比例上要明显地比唐代的为大，因为其时屋顶的举高与建筑进深的比例关系已达 1：4 至 1：3。

在清代，官方规定为 1：3，但一部分屋顶的举高与进深的比例已达到 1：2.5。屋顶在建筑的整体比例上已远大于屋身，所以欧洲人称中国古建筑为大屋顶建筑是颇为形象的。

从以上各个朝代屋顶举高与建筑进深的比例关系中可看出一个规律，即朝代越后屋顶的举起也就越高，屋顶在建筑的整体尺度中变得越来越大。上述的各种比例关系是指宫殿、寺庙等一类高等级的建筑而言，民居建筑的屋顶一般举高较低，各时代的差异不是很大，这从许多古画中也可得到印证；但因受气候条件的影响，北方民居屋顶的举高相对要低于南方民居。

另外，在汉代的画像石和陪葬明器上有许多信息还表明当时的屋面平直，并无向下凹曲之折线。南北朝时的屋顶亦是如此情况。

因受"步架向内叠减，举架向上叠增"的屋架结构法的影响，从唐代起中国古建筑的屋面出现向下凹曲之现象，这一现象的发展规律是：朝代愈后其屋面凹曲折线也就愈强化。屋面的凹曲现象在高等级的建筑上和民居建筑上都有相应的表现。

2. 出檐深远

中国古建筑的大出檐不仅构成了立面造型的一个显著特征，而且在功能上亦有种种好处：

遮雨水——可以保护房屋周围的土地不被雨水过于泡软，以坚固地基。保护夹泥墙或板墙不被雨水侵蚀，以延长它们的使用年限；还可防止雨水对砖墙的渗透。

挡阳光——在夏天时可防止炎热阳光对室内或屋身的照射，因此南方建筑的出檐一般大于北方，这也是气候条件使然。

古建筑上的出檐距离均大于台基伸出屋身的距离，这是古人所说"上沿出大于下沿出"的正确意思。

古代出檐的方法共有三种：

（1）用椽出檐。

（2）用挑出檐，其中有单挑出檐、双挑出檐、三挑出檐等手法（图4-1）。

（3）用斗栱出檐（图4-17~26）。

在汉代明器上已可见到用挑或斗栱出檐的方法了。

纵观中国古建筑的发展过程，可发现唐代建筑出檐的空间跨度为最大。唐代以前的建筑出檐较小，唐代以后的各朝代的出檐亦逐步缩小，这也与斗栱的演变规律相一致。由此可见，中国古代高等级建筑的出檐主要还是依靠斗栱。

3. 翼角起翘

中国古建筑的檐部不仅向外挑出，而且还沿着屋面的凹曲折线逆向翘起，尤其是屋顶的四角更是高高翘起。此手法有积极的审美意义，这可以使大屋顶在视觉感受上变得轻灵而有飞升感，犹如飞燕展翅，极具美感。这确是古人在建筑造型上的一种成功手法。古籍上说："吐水疾而溜远，澈日景而纳光。"道出了翼角起翘在功能上的实用意义。当举折高大时，此手法还可防止瓦片下滑。这些均是翼角起翘的功能作用。

唐代以前的屋顶不见翼角起翘手法，有些建筑仅在屋面垂脊的下端部做得厚一些，以造成一点翘起的感觉。

翼角起翘的实例最早见于唐代。

唐、宋时由于受梁柱构架"侧角生起"的影响，故檐部从中间向两边缓缓翘起，连屋脊也从中间向两边缓缓起翘。元代建筑的大屋顶也有做如此处理的。

明、清时屋脊与檐口均平直，檐部是从四个角柱部位向外向上起翘的，给人以突然起翘的感觉。

在明、清的江南园林建筑上，几个屋角的起翘往往表现得非常强化，显示了地域文化的一些特点。在一般情况下，南方建筑的翼角起翘表现得比北方建筑要强烈一些。

中国古建筑在数千年的发展过程中，屋顶形式以人字顶为基础，有过种种引申组合和变化，创造了丰富多彩的屋顶样式。

主要的屋顶种类:

（一）庑　殿（宋称"四阿顶"）（图7-1）

在商代的甲骨文、周代的青铜器、汉代的画像石与明器、北朝石窟中都有反映。实物则以诸汉阙和唐佛光寺大殿（图3-15）为早。它的出现先于歇山，后来成为中国古代建筑中最高等级的屋顶式样。一般用于皇宫、庙宇中最主要的大殿。庑殿顶有单檐、重檐之分，一般的用单檐，特别重要的用重檐。北京故宫太和殿用的屋顶样式就是重檐庑殿顶（图3-22）。

单檐的有正脊和四角的垂脊，共五脊，所以又称为五脊殿。自唐翼角起翘始，垂脊前端起翘部又称作戗脊。重檐的另有下檐围绕殿身的四条博脊和位于角部的四条垂脊和垂脊前段的戗脊。

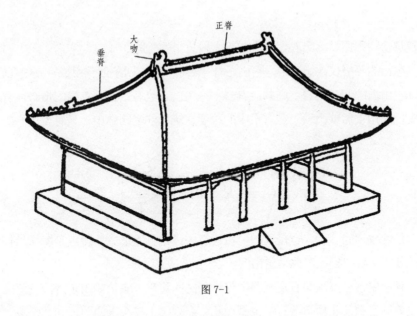

图7-1

（二）歇　山（宋称"九脊殿"）（图7-2）

它是两坡顶加周围廊的结果。新石器时代的半坡人已会盖这类屋顶，间接资料见于汉代明器、北朝石窟的壁画（敦煌北魏428窟）和石刻（龙门古阳洞）等。

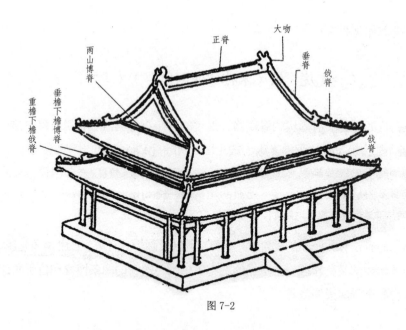

两山博脊

正脊

大吻

垂脊

戗脊

垂檐下檐博脊

重檐下檐戗脊

戗脊

图 7-2

木建筑遗物则还没有比五台山南禅寺大殿更早的（图 3-14）。

歇山的等级仅次于庑殿。它由正脊、四条垂脊、四条戗脊组成，故称九脊殿。若加上山面的两条博脊，则共应有脊十一条。它也有单檐、重檐的形式。著名的天安门即用重檐歇山顶。在宫殿中的次要建筑和住宅园林中，又有无正脊的卷棚歇山。

（三）悬　山（图 7-3）

是两坡顶的一种，也是我国一般建筑中最常见的形式。特点是屋檐悬伸在山墙以外（又称"挑山"或"出山"）。

悬山屋顶在汉画像石及明器中仅见于民间建筑。实物如山东济南长清区孝堂山汉郭巨石祠及北魏宁懋石室也是如此。在规格上仅次于四阿顶和九脊殿。南北朝迄唐的石刻、壁画和建筑实物中，凡属较重要的建筑，都未用悬山。宋画《清明上河图》所表现的汴梁街道，其城门门楼用四阿顶，酒楼用九脊顶，而一般店肆及民居则用悬山，也可说明其等级情况。

悬山一般有正脊和垂脊，也有用无正脊的卷棚。

正脊　　　　　垂脊

图 7-3

（四）硬　山（图 7-4）

也是两坡顶的一种，但屋面不悬出于山墙之外。其山墙大多用砖石承重墙，有的还高出屋面，变化出封火山墙（图 7-5），或另在山面隐出搏风板、墀头等。

硬山墙在汉代已有，它的出现可能与砖的大量生产有关。明、清以来，在我国南、北方的民居建筑中应用很广。

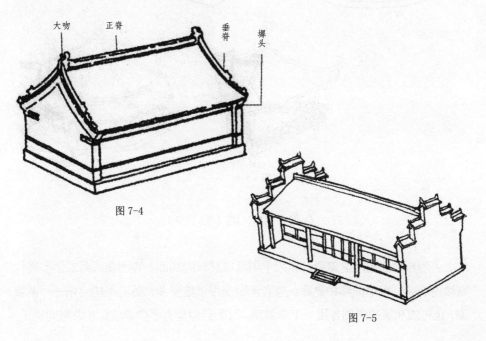

大吻　　正脊　　　　垂脊　　墀头

图 7-4

图 7-5

（五）攒　尖（宋称"斗尖"）（图7-6）

多用于面积不太大的建筑屋顶，如塔、亭等。特点是屋面较陡，无正脊，数条垂脊交合于顶部，上再覆以宝顶。

平面有方、圆、三角、五角、六角、八角、十二角等。一般以单檐的为多，二重檐的较少，三重檐的极少。但塔例外。

汉代明器上就有这种顶的存在。最早实例见于北魏石窟的石塔雕刻，实物则有北魏嵩岳寺塔、隋神通寺四门塔等。此外在宋画中也可看到不少亭阁用攒尖顶的，不过坡度都很陡峭。宋代《营造法式》中亦有关于斗尖亭阁的做法。明、清两代这方面的实物很多。

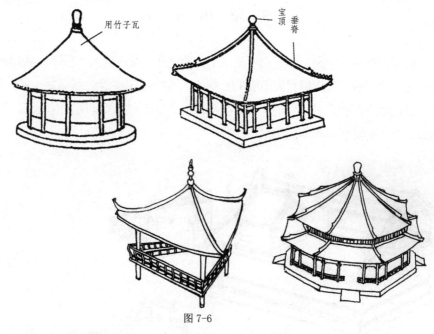

图7-6

（六）单　坡（图7-7）

多为辅助性建筑之屋顶，常附于围墙或建筑的侧面。在河南偃师二里头商代宫殿遗址中，有单面廊和复廊。前者无疑使用单坡屋面，后者可能合用一个两坡顶，也可能在墙的两侧各用一个单坡顶。汉明器中也有不少单坡廊和杂屋的例子。

直至今日，陕西农村民居中还有很多用单坡的。

可以说单坡屋面是斜屋面最基本的单元，一切较复杂的斜屋面都可由它组合而成。

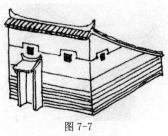

图 7-7

（七）平 顶（图 7-8）

在我国华北、西北与康藏一带，由于雨量很少，建筑屋面常用平顶。即在平梁上铺板，垫以土坯或灰土，再拍实表面。中国著名的平顶建筑，无疑是西藏拉萨的布达拉宫。

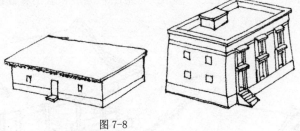

图 7-8

（八）盝 顶（图 7-9）

这种最早始见于宋画的屋顶形式，就其造型特征来看，是将庑殿顶上半部砍去即可。与其他屋顶样式所不同的是，盝顶有四条正脊。这种四周加有短檐的平顶变种为金、元时代常用的屋顶样式。

图 7-9

（九）囤　顶（图7-10）

此种屋顶形式在汉代时就有，其形状处于平顶与卷棚顶之间，这是西北民居常用的屋顶。

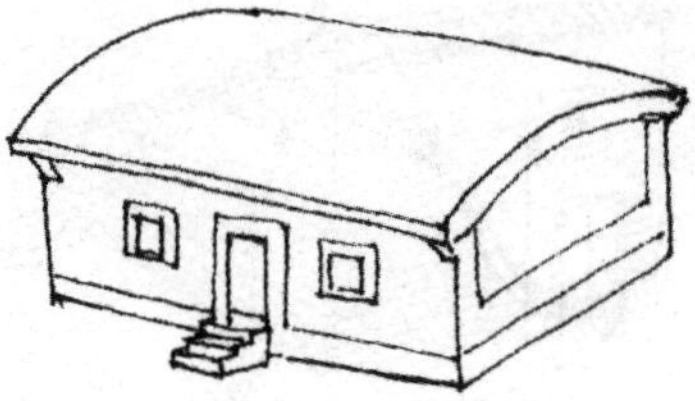

图7-10

（十）卷　棚（图7-11）

这是无正脊的屋顶。两坡斜屋面的过渡为圆弧状，故给人的感觉较柔和，为古典园林中常用的屋顶样式。卷棚顶有悬山卷棚顶和歇山卷棚顶等变化。

卷棚顶最早出现于南北朝。

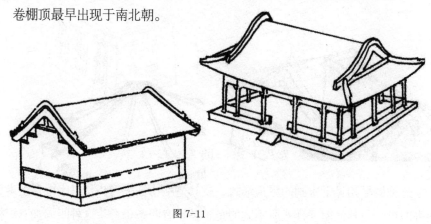

图7-11

（十一）十字脊顶（图7-12）

这是由两个歇山顶相交而成的一种造型较为复杂的屋顶样式。十字脊顶最早起于五代时期，在宋画中亦非常多见。这也表明宋人非常爱使用这种屋顶形式。十字脊顶有数种变异形式，如丁字脊（图7-13）、十字攒尖顶等。

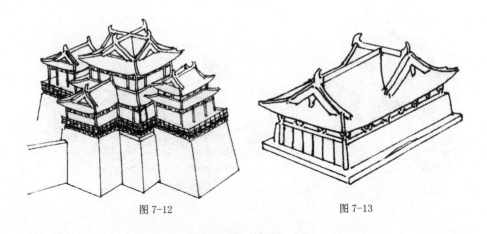

图 7-12   图 7-13

（十二）工 字 顶（图 7-14）

　　这是一个无殿顶上加两个歇山顶而成，是一种复合式顶。金代时曾在两幢殿式建筑间加一直廊相连。人字形廊顶与殿檐相接，这是工字顶最早的形态。

（十三）勾连搭顶（图 7-15）

　　勾连搭顶是将三个歇山卷棚顶前后相连相接，压缩成一个进深较大的顶而已，造型虽不算复杂，但层层叠叠，层次感很强。

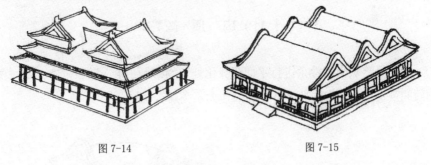

图 7-14   图 7-15

（十四）盔 顶（图 7-16）

　　这也是一种无正脊的屋顶样式，是攒尖顶的一种变异，四条垂脊的中部向上隆起，类似战士所戴的头盔，故名之。盔顶起于元代。

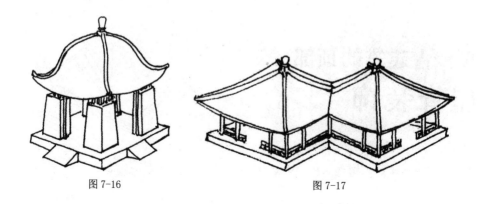

图 7-16   图 7-17

（十五）连 体 顶（图 7-17）

顾名思义，就是将两个顶的局部互相穿插交叠相连在一起，造成了你中有我、我中有你的模糊状态，犹如连体婴儿一般。又成了一种别样的屋顶样式。

（十六）筒 形 拱 顶（图 7-18）

筒形拱顶的顶面弧度介于囤顶与卷棚之间，基本为半圆形。西部农村地区的民居往往建成连排的筒形拱顶建筑，这类建筑似将窑洞建筑表面化了。

（十七）扇　顶（图 7-19）

扇顶是将歇山卷棚顶进行平面圆弧化处理的结果，给人以新奇感，是一种较别致的观赏建筑，在古典园林中将其作为亭类建筑使用。

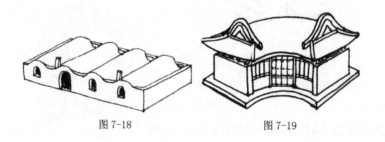

图 7-18   图 7-19

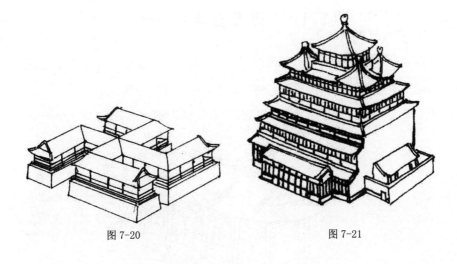

图 7-20   图 7-21

（十八）万 字 顶（图 7-20）

这是清代建筑师通过较复杂的连体顶组合形成了带有吉祥符号意义的一种屋顶样式。

（十九）集 中 式 顶（图 7-21）

中间一个大屋顶，周围绕以四个同一样式的小屋顶即是集中式顶。在世界上，集中式顶最早出现在中世纪早期的拜占庭帝国。清代出现这种屋顶样式，也是中外文化交流的结果。

（二十）穹 窿 顶（图 7-22）

这种屋顶样式完全是古罗马或拜占庭大拱顶的翻版，在中国封建社会时期，只有新疆等地区的伊斯兰教的清真寺才用这种半球形的穹窿顶，是拿来主义的结果。

图 7-22

（二十一）博龙脊顶（图7-23）

当人字顶横向过长时，屋面在造型上会显得空泛，博龙脊是将正脊的中间段
稍作抬高，抬高的两端再加垂脊，使屋面的表现力得到增强。

中国古代还有一些多组合、巧变化的屋顶，难以命名（图7-24）。

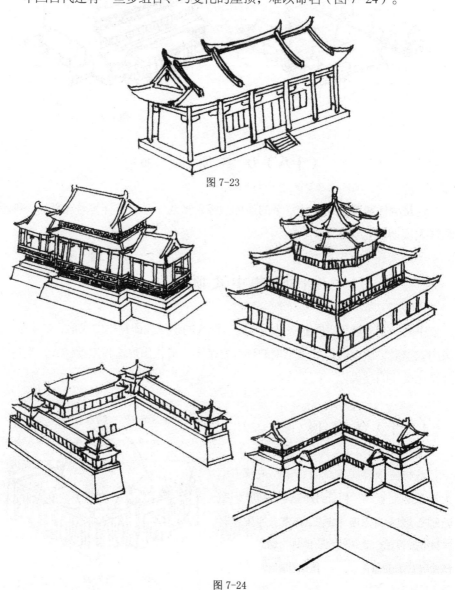

图 7-23

图 7-24

八、古建筑的冠冕

屋脊装饰

中国古建筑的大屋顶不仅形式多样，变化多端，其装饰手段亦极为丰富，不仅增强了屋顶的美观，也提供了大量的历史信息。

中国古建筑的屋顶装饰主要集中在正脊、垂脊、戗脊等处。另外，搏风板、封火山墙、墀头、瓦和瓦当等的使用，亦能起到装饰的作用。

正脊由于处在整个建筑的最高端，在这上面搞装饰最易引人注目，能取得事半功倍之效。

周代早期建筑仅以陶瓦覆盖于草顶的屋脊处，这主要是为防止接缝处产生漏雨现象，装饰尚在其次。秦始皇陵出土的陶质屋脊的断面为梯形，下部有一椭圆形槽。汉代石阙、石祠和画像石及明器上的正脊有平直的和两端翘起的两种基本形状。正脊有高有低，翘起的形式亦多样（图8-1）。汉代高等级建筑的正脊中

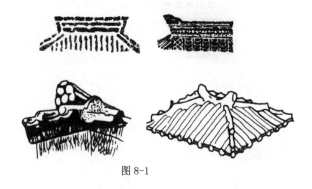

图 8-1

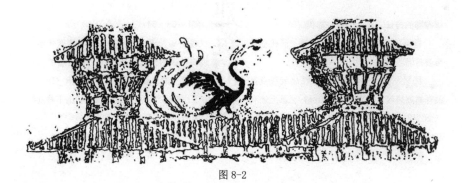

图 8-2

央用凤做装饰（图 8-2），这是凤图腾崇拜在建筑正脊的反映，为后世所不见。

从南北朝至清代，在正脊两端用鸱（大吻）做装饰是最高等级的一种表现。据传鸱为蓬莱仙岛附近海域中鲸状神兽，能吐水灭火，把此厮请来趴于正脊两端不仅是为了好看，也是希望祝融兄能从此远走他处。

在正脊两端使用鸱做装饰的记载，最早见于汉武帝时。目前有实物可考的，断代于南北朝（图 8-24、25）。当时鸱的形象仅是在正脊两端升起并向内弯曲的角状物，与传说中的鸱相去甚远。至唐代，在壁画、出土实物和存世建筑上均可见到鸱的存在（图 8-3、4、5、6）。唐早期的鸱形似带鳍的向内弯曲的尾状物，有的身上还刻画有羽状鳞片，使人联想到汉代正脊上的凤造型。其时鸱被称作鸱尾。在唐太宗昭陵的献殿遗址上曾出土一表面涂有绿釉的鸱尾，其高 1.5 米，最宽处近 1 米，厚 0.75 米，体量不小，应能引人眼球（图 8-5）。从中唐始，唐代鸱尾的下部生出一个似龙似鳄的头来，终让世人识其庐山真面目（图 8-7），鸱的形象基本确立，并影响后世。宋（图8-8、9、10）、辽（图8-11、12）、金（图8-13）的鸱尾造型虽变化多端，有的尾部像鱼尾，有的尾部令人不可思议地演化成一只鸟头（又使人联想到汉代正脊上的凤），但整体上没超出中唐后的鸱尾造型的基本构成，即下为张大嘴的鸱头，上为向内弯伸的鸱尾，基本形为长方体。唯金代鸱尾的身子似龙体扭动，张牙舞爪地很富生气。元代的鸱尾渐向外卷曲，名称已改称鸱吻（图8-14、15、16）。明（图8-17、18）、清（图8-19）的鸱尾已完全外弯，并变成卷曲的圆饼状。鸱身比例近于方形，多数背上出现剑把。用剑把鸱钉在正脊端上，似恐其逃逸。清代鸱身多附雕小龙，细节制作精致，但整体造型缺乏生气。其时名称也改为吻兽或大吻了。

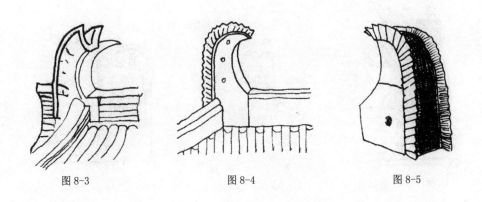

图8-3   图8-4   图8-5

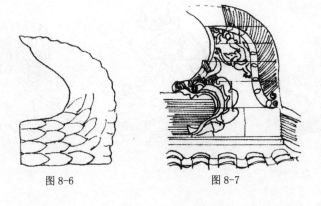

图8-6   图8-7

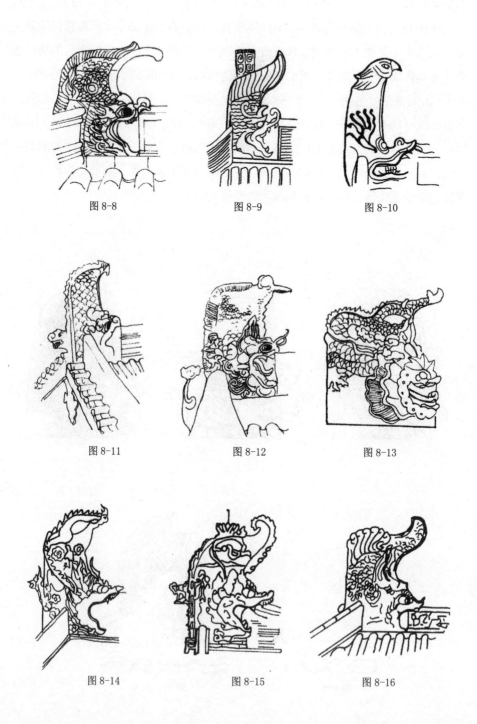

图 8-8   图 8-9   图 8-10

图 8-11   图 8-12   图 8-13

图 8-14   图 8-15   图 8-16

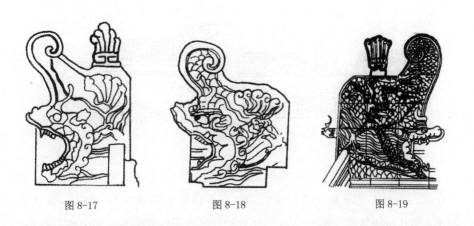

图 8-17 　　　　　　　 图 8-18 　　　　　　　 图 8-19

民居建筑的正脊上是不准使用鸱尾的，南方民居正脊两端往往用瓦片做成高高翘起的鳌尖或用陶质鱼状小兽（图8-20、21），还经常使用铁片以助鳌尖翘高、翘远，翘得花哨。北方民居的正脊两端多数使用比较方正的象鼻子做装饰（图8-22）。中国民居正脊两端越往南也就翘得越高、越花哨。

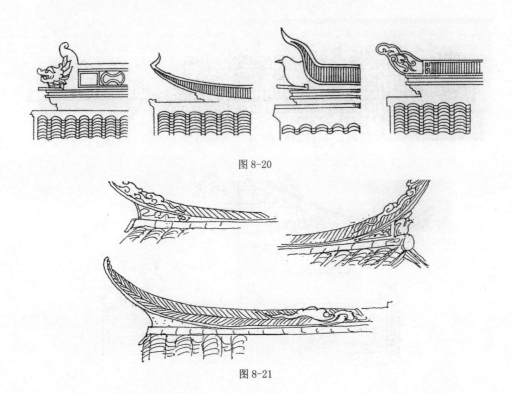

图 8-20

图 8-21

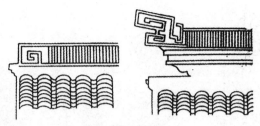

图 8-22

在寺庙和民居建筑上，有时还会在正脊的中央加上中墩（又称腰花）。这手法在汉代就有（见图 8-23），南北朝时亦不鲜见（见图 8-24、25），唐代的中墩还有做成仙桃状的（图 8-26），历朝历代都有形式变化多端的中墩（图 8-27、28），尤其在南方的富裕地区更是如此。宫殿建筑一般不用此手法。

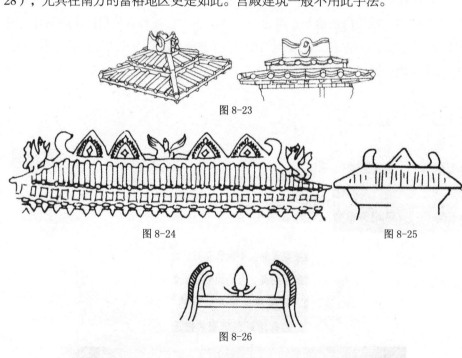

图 8-23

图 8-24　　　　　　　　　　　　　图 8-25

图 8-26

图 8-27

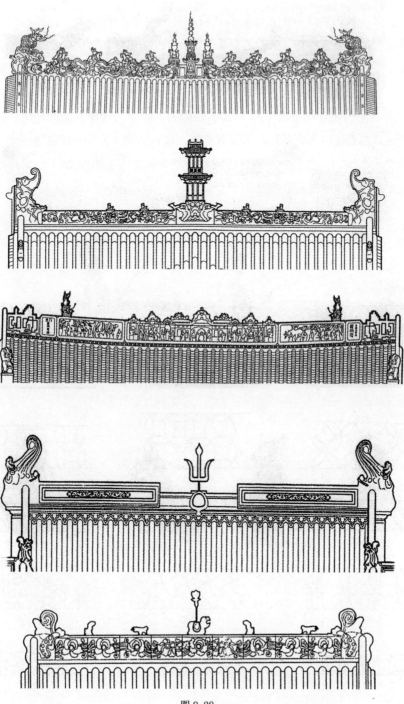

图 8-28

在寺庙和民居建筑上，还有将正脊加高的现象（图8-29），加高的正脊被处理成用瓦片构成各种花纹的透空花筒子脊（图8-30），在增强正脊美观的同时，也减小了风的推力和屋顶负荷。此现象南方较多，宫殿建筑一般也不用此手法。

正、垂脊两侧的表面，按宋代的《营造法式》是要描绘许多花卉图案的（图3-17），元代亦有此手法（图3-20），而明、清的宫殿建筑无此现象。民居建筑在这方面表现得多姿多彩，不仅有花卉，也有动物、人物和建筑等图案。有用绘画手段表现的，也有用浮雕、透雕和堆塑来体现的（图8-28）。另有用彩色碎瓷片把正脊镶嵌得五彩缤纷。

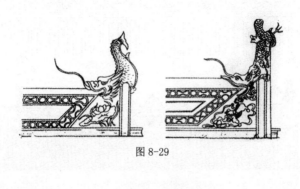

图 8-29

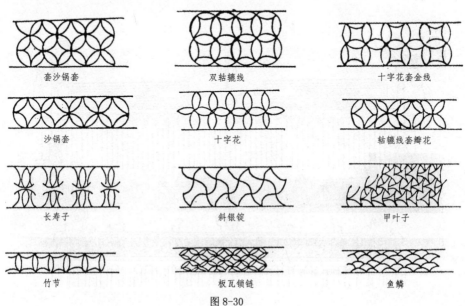

图 8-30

处于屋顶转角起翘部的戗脊的长度虽不及正脊，但它离地面远比正脊近，故也是脊饰的重要部分。汉代的垂脊已出现了做成二重的现象。唐代佛光寺大殿的垂脊也为双重，前端低的即为戗脊，并在上重垂脊的端部始用兽头一件，还在伸出戗脊的子角梁头部加一套兽以作为装饰性保护，这些手法均被以后朝代所接受。宋代的《营造法式》规定，宫式建筑的戗脊前端用嫔伽（清代叫仙人），后用蹲兽（清代叫走兽）二至八件，至上重兽头压阵。宋代兽头的高度与正脊内累叠瓦片的层数成相应比例：正脊叠瓦三十七层的兽头高四尺，用瓦每减两层（建筑体量亦减小），兽头高减五寸……兽头的大小与蹲兽也成一定的正比关系。清代规定戗脊上用走兽时，领先者为仙人，其后依次为：龙、凤、狮、天马、海马、狻猊、押鱼、獬豸、斗牛，后为上重的义脊兽（又称戗兽）压阵（图8-31、32）。清代走兽数量的多寡与柱高成一定的比例：大约柱高二尺可用走兽一件。清代走兽数量均为单数，但亦有例外，因太和殿的至高无上，其走兽共十件，即在斗牛后再加一鸟啄猴腮的行什，此为大清一孤例。

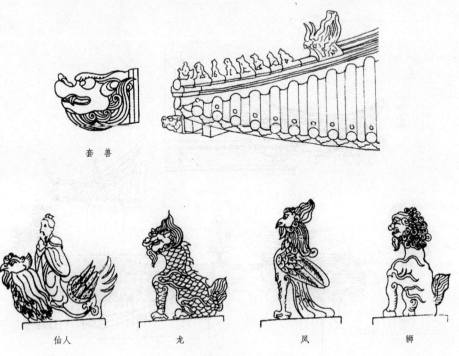

套兽

仙人　　　龙　　　凤　　　狮

图8-31

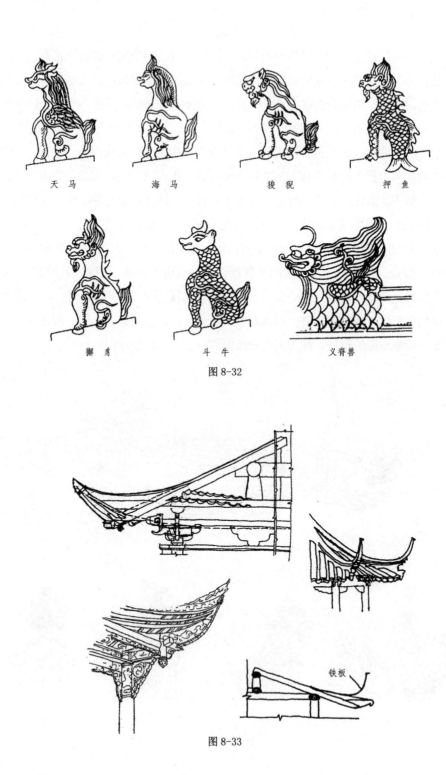

天马　　　　　海马　　　　　狻猊　　　　　押鱼

獬豸　　　　　斗牛　　　　　义脊兽

图 8-32

铁板

图 8-33

图 8-34

垂脊端部从宋至清均用垂兽，清代垂兽与戗兽同。

民居不能用戗兽和垂兽，民居就将双重戗脊高高翘起（主要是南方地区）（图8-33），其上还有八仙过海式地搞各种图案纹样，甚至在垂脊端部用砖雕手法搞了许多戏曲人物在那儿手舞足蹈，煞是热闹，有些寺庙和祠堂亦如此（图8-34）。爱美之心，平民与皇帝同。

悬山顶的脊饰主要表现在两侧的搏风板，这两块板原为保护挑出山墙的檩头免遭风雨侵蚀而设。宋《营造法式》上有规范性的要求，两板交汇处设悬鱼，两板下沿处饰有若干三角形的惹草（图8-35），板上钉于檩头的钉子在民居上有丰富的变化组合。明、清两代宫殿建筑上的搏风板明显比宋代的宽大，但不用悬鱼、惹草这类装饰（图8-37），但在寺庙上，尤其在民居上，悬鱼的变化层出不穷（图8-36）。

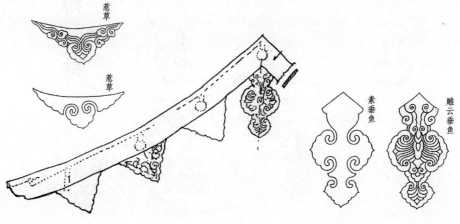

图 8-35

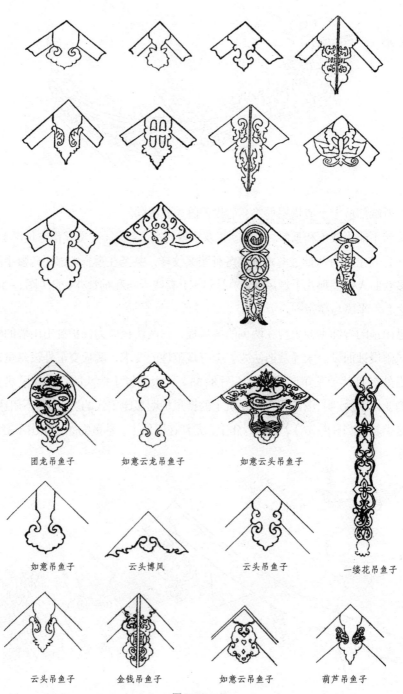

团龙吊鱼子　　如意云龙吊鱼子　　如意云头吊鱼子

如意吊鱼子　　云头博风　　云头吊鱼子　　一缕花吊鱼子

云头吊鱼子　　金钱吊鱼子　　如意云吊鱼子　　葫芦吊鱼子

图 8-36

图 8-37

　　硬山墙两侧的山面处，明、清两代也常隐起搏风板的形状作为装饰。在山墙的出檐口处，明、清出现了墀头装饰（图 8-38）。其上下的叠涩线条有丰富的变化，上下叠涩线条间的一块垂直平面是墀头装饰的重点，其表手绘或浮雕的内容以花卉或戏曲人物等为多见（图 8-39）。也有在此处做成花瓶状的。硬山墙最醒目的处理无疑是将山墙升高为封火山墙（图 8-40）。封火山墙出现于宋代，因宋代城市发达，民居紧邻，为防邻里失火殃及自家，故升高山墙以挡火势。封火山墙外形基本为梯级状，细节处理为用直线的朝天式和用弧线的猫弓式，以及朝天与猫弓二式的结合。南方农村有不少独立式民居亦高矗着封火山墙，这显然不是为了防火之需，而是审美惯性的作用，也是建筑方言的体现。有时封火山墙的外形还会受到不可捉摸的风水理论的左右。

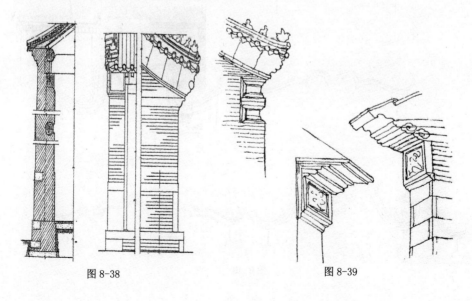

图 8-38　　　　　　　　　　　　　　　图 8-39

图 8-40

九、古建筑的冠冕

瓦与瓦当

中国古建筑上覆盖屋面的材料种类较多，如：瓦、灰泥、石片、布、木板、树皮等，其中最常见的为草与瓦。随着生产力的发展和社会的进步，现在草屋顶建筑亦很少见了。

中国古建筑最初因生产技术等原因都用草顶。至公元前11世纪时，西周的宫殿建筑已全部用瓦。《史记·廉颇蔺相如列传》中说："秦军军武安西，秦军鼓噪勒兵，武安屋瓦尽振。"该文描绘出战国时屋瓦的使用似已较普遍。

在中国古建筑上可见到筒瓦和板瓦这两种基本的瓦形。

筒瓦的截面为圆形的二分之一状。板瓦的截面为圆形的四分之一状。筒瓦一般用在等级较高的建筑屋面上。

在战国时期的燕下都已经出现了烧制得很好的筒瓦和板瓦。一般尺寸较大，筒瓦的长度可达70余厘米,瓦背上还刻有蝉纹,华丽美观,很富有装饰性(图9-1)。同时也有一些小瓦发现,证明不仅大型建筑上用瓦,许多较次要的小建筑上亦为瓦顶。战国时一部分筒瓦的瓦背上有一洞,瓦钉通过此洞将筒瓦钉于椽子上。青铜所制的硕大瓦钉头上有丰富的图案变化(图9-2)。

中国古代的瓦片的质地有二类:一类是不上釉的陶瓦,称"灰瓦",板瓦全为灰瓦质地,一部分筒瓦也属灰瓦。另一类是上釉的陶瓦,称"琉璃瓦",琉璃瓦的瓦形都为筒瓦,全用在高等级的建筑之上。

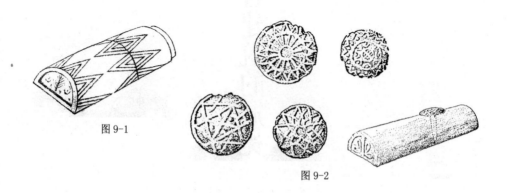

图9-1

图9-2

汉代在制陶技术上已用釉,但是否已用琉璃瓦覆盖屋面,目前还缺乏实物,有待进一步考证。

目前的资料表明,在南北朝以前的屋面都用灰瓦。北魏时烧制琉璃(釉)的技术飞跃进步,瓦顶上的重要构件如鸱尾、瓦当等瓦兽件已部分采用琉璃烧制。

唐、宋时的高等级建筑的屋面多用琉璃瓦剪边,即在近檐口处的一定距离内用琉璃瓦,其余为灰瓦。

元朝时因陶瓷业的发展,也使琉璃瓦的色彩种类增多。

明代才开始出现了全部用琉璃瓦的屋顶,将建筑屋面的艺术表现力和技术的完善性推向了一个高峰。

筒瓦的体积在战国时一般都很大,朝代越往后,瓦的体积基本也在逐步变小。

唐瓦的厚度较大。

汉代明器上所表现出的二垅瓦的间隔距离均很大,到明、清时的瓦距相隔就很近了，这也与瓦的体积变化等因素相联系。

除圆攒尖顶以外，其他样式屋顶上的每垅瓦均与正脊成直角地往下延伸至檐口，每垅瓦间成平行状，每垅瓦距均相等，无论是板瓦或简瓦都一样。板瓦之间是后压前式地摆放，简瓦之间是前后咬合衔接式地摆放。圆攒尖顶的每垅瓦，在靠中心高端宝顶处的瓦身较窄，向下延伸时瓦身逐渐变宽，至檐口的瓦身最宽，俗称"竹子瓦"。上细下粗的竹子瓦一般由简瓦构成。

在封建社会里，黄色琉璃瓦为第一等级的瓦，绿色琉璃瓦为第二等级的瓦，这是等级制在建筑上的又一种表现。

据史书记载，历史上还有铜瓦和金瓦出现过。

公元前 11 世纪，在西周宫殿建筑已全部施瓦的同时也出现了半圆形的瓦当。瓦当施于每垅瓦的檐口部。瓦当不仅能保护椽子端部不受风雨侵袭，同时也增强了建筑的艺术表现力。瓦当中也储存着丰厚的历史信息。

西周时期，瓦当面上的图形装饰从风格上来讲还比较原始，没有具体的表现对象，仅用简单的工具手工刻画出各种"线的艺术"的抽象图案。整个瓦当图案的处理是由平面与下凹的阴线组成（图 9-3），给人以简朴原始、自然随意的感觉。

图 9-3

西周瓦当装饰的出现，是中国建筑从低级向高级阶段过渡的重要标志之一，中国的瓦当艺术便从这里拉开了序幕。

东周又出现了用模翻制的瓦当，这也说明了瓦当需求量的增大。模制瓦当上仍以曲线形的抽象图案为主，所有线条均为凸出的阳线。在这些阳线的变化中还孕育出了对以后秦、汉瓦当图案影响较大的云纹。此时瓦当已有明确的当边线条存在，此手法一直影响至清朝（图 9-4）。

战国时在瓦当艺术上冲破了奴隶社会时期的那种抽象的、原始的、拘谨的格局，展现的是一个活泼的、直接面向自然的并取材于自然进行创作的新风貌。这一时期瓦当图案的内容广泛，飞禽走兽、人物、植物等均有。瓦当的外形仍为正

图 9-4

半圆形（图 9-5）。

秦朝除了半圆形瓦当外，还出现了四分之三圆形和正圆形的瓦当（图 9-6、7），秦朝以正圆形瓦当为主，使当面的面积增大，亦使瓦当上图形的表现更为充分。在秦始皇陵的地面建筑遗址上出土了一块瓦当王，其当面直径达 60 余厘米（图 9-7）。从万里长城到瓦当王，折射出中国第一个封建王朝的不凡气势。

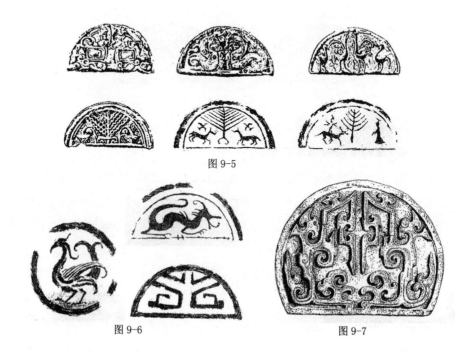

图 9-5

图 9-6   图 9-7

秦朝以动物瓦当为多（图9-8），这些瓦当的出现部分反映了秦人一种祈福求吉祥的心理。如鹿谐"禄"，羊谐"祥"，玃谐"欢"，鱼谐"余"等等。

图文并茂的吉祥语瓦当又是起始于秦代并影响于后世的一种瓦当艺术（图9-9），如"飞鸿延年"、"鹿甲天下"等，并由此派生出了文字瓦当（图9-10）。植物花卉图案也是秦代瓦当的常用母题（图9-11）。秦瓦当图案也有取自商、周青铜器上的夔纹（图9-6右下，7），其他朝代无此现象。

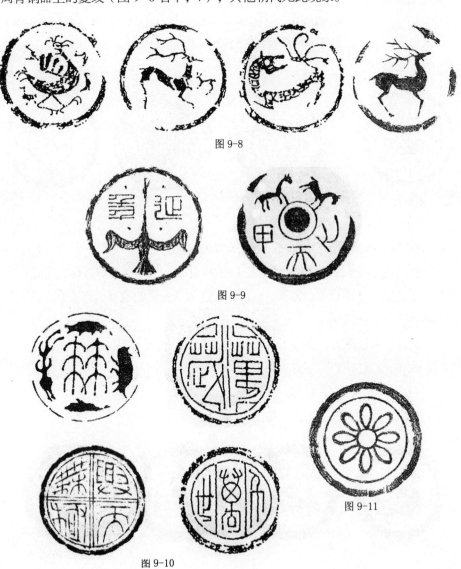

图9-8

图9-9

图9-11

图9-10

这时期瓦当上出现的各种云纹图案，也与吉祥语瓦当一样，影响于后世的瓦当艺术。秦的云纹瓦当变化从构成上归纳起来可分为三种：（1）几何心云纹，这种瓦当中间的圆心部分分为四个单元，以每个单元中的单位纹样组成一个四方连续图案。圆心的变化是秦云纹瓦当的一个突出特点（图9-22左）；（2）网心云纹，圆心是由各种网状的线装饰（图9-12）而成；（3）任意心云纹，在圆心的变化上随心所欲，不受约束，没有固定的格式，反映了秦人活跃的创作思想（图9-22右）。

除云纹外，还有象征光芒的葵纹（图9-13），也是秦代瓦当艺术的一大特色，为后世所不见。

图9-12 图9-13

汉代可以说是中国瓦当纹饰达到了高峰的时期。

四神瓦当是汉代瓦当的典型代表（图9-14）。四神也叫四方神，它是以四种神化了的动物，即青龙、朱雀、白虎、玄武加以变化的成套装饰图案。四神瓦当有着丰富的象征内涵：

1. 青龙，象征东方、左方、春天。

2. 朱雀，象征南方、下方、夏天。

3. 白虎，象征西方、右方、秋天。

4. 玄武，象征北方、上方、冬天。

图9-14

四神同时也被认为是四种颜色的象征，即蓝（青龙）、红（朱雀）、白（白虎）、黑（玄武）。

汉代瓦当在装饰上的一个重要特点，就是已注意纹样的细部刻画，如青龙的鳞甲、朱雀的羽毛，白虎的斑纹，玄武的龟纹等。

汉代瓦当图案在结构上还有一个显著的特点：即乳钉。突起的半球状乳钉居于瓦当的中心，非常醒目汉代并不是每个瓦当都有乳钉，但有乳钉的瓦当必定是汉代的。

文字瓦当在汉代是个全盛时期。有一字、二字、三字、四字、五字、六字、八字、九字、十二字的变化。

有标明建筑物名称的瓦当，如"长乐"、"未央"、"上林"（图9-15）等。

有标明建筑物用途的瓦当，如"卫"是禁军官署（图9-16）、"庚"是大司农的仓廪、"冢"是坟墓建筑（图9-17）等。

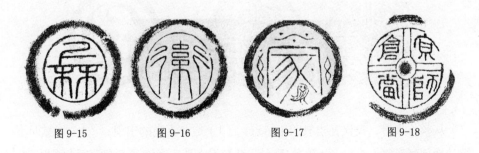

图9-15　　　　图9-16　　　　图9-17　　　　图9-18

有表明建筑物所在地的地名的瓦当，如"京师仓当"（图9-18）等。

更多的是表示吉祥之意如"千秋万岁"、"长生无极"、"万寿无疆""长乐未央延年永寿昌"（图9-19）等。

汉代云纹瓦当比秦云纹瓦当的图案更加充实丰满，动感更为强烈，它在秦代的基础上又出现了许多新的构成形式，丰富了云纹瓦当的表现力。汉云纹瓦当在圆心上多见乳钉装饰，并注意在边栏上的变化，出现了网边云纹瓦当（图9-20）、绳边云纹瓦当等（图9-21）。秦代云纹瓦当的圆心中的几何心、任意心、网心等几种规范性变化也被汉云纹瓦当所继承（图9-22）。还有中心为乳钉的云纹瓦当（图9-23）。

汉代的水纹瓦当亦为其他朝代所不见（图9-24）。

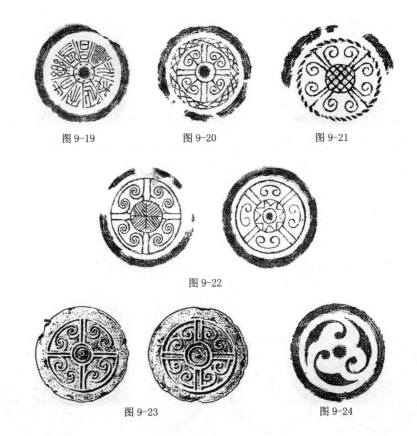

图 9-19　　　　　　图 9-20　　　　　　图 9-21

图 9-22

图 9-23　　　　　　　　　图 9-24

从整体来看，汉代瓦当有四个特点：（1）成套瓦当的出现；（2）细腻而不繁琐地刻画形象；（3）图案的幻想色彩和浪漫主义色彩增强；（4）乳钉的出现。

秦代与汉代在制瓦工艺上也有很大区别，秦瓦的当面和筒瓦之间是采取两件粘连一体，然后再烧制的方法。

汉代则是采取整体结构的方法一次成型。

汉代瓦当边栏宽，当面尺寸大；秦代瓦当边栏窄，当面比汉代小。

南北朝时因佛教大盛，使莲瓣纹首次出现在瓦当上，南北朝用文字为装饰素材的瓦当面做成四格状，在格子内写上"传祚无穷"、"万岁福贵"等四字吉祥语。中间空格内亦有一乳钉，钉外围一阳线圆圈，四角亦有围线之乳钉，此手法为汉代所不见。

从南北朝起，半圆形的瓦当造型彻底绝迹。

隋、唐瓦当出现了图案逐渐整齐划一的倾向。

隋、唐瓦当图案以莲瓣纹为主（图9-25），不过唐的莲花纹比隋代华丽生动（图9-26）。

隋、唐瓦当出现了佛像图案（图9-27），这为其他各代所不见。

唐朝龙纹瓦当的特点是在龙的周围出现了云（图9-28），这为以前各代所未曾采用过的手法，并影响了后代对龙纹瓦当的处理。

唐朝还有兽头瓦当，虽非主流，但亦非少见。

图9-25　　　　　　　　　　图9-26

图9-27　　　　　　　　　　图9-28

宋、辽瓦当虽有莲花纹，但已不成主流。龙纹、凤纹、草纹、兽头纹等各争千秋（图9-29）。

元、明瓦当虽有龙凤纹、花草纹等，但没有什么特色。

清时以龙纹为主，凤纹及莲花纹较少见。文字纹瓦当又开始多见，主要为变化很多的寿字纹。清代民居上的板瓦也出现了上下平行的四分之一圆弧形的瓦当，当面图案亦以寿字纹为主。

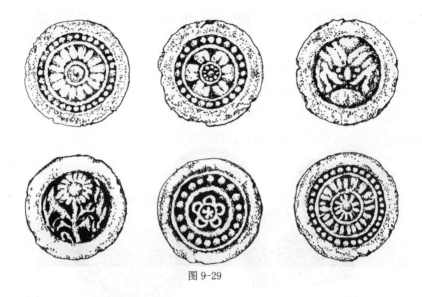

图 9-29

在二垅瓦之间的檐口部，从唐朝开始出现名为滴水的瓦构件，其形为上、下平行的四分之一圆弧形，置放时凹面朝上（图 9-30）。宋代则将滴水外形处理成如意头状（图 9-31），以后元、明、清的高等级建筑和民居建筑上均加以仿效。

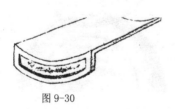

图 9-30

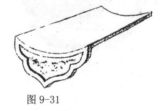

图 9-31

十、古建筑的装修

门

当古代建筑台基上的梁柱构架和屋面瓦作完成后，剩下的主要为较小的木工活了，古代称装修（宋代称"小木作"）。"装"者为打扮、装饰之意，"修"者为使完美之意。装修是要进一步提高建筑物的使用品质和审美品位。

装修可分外檐装修和内檐装修两部分。前者是对外的栏杆、门、窗等。后者为室内的罩、天花等。另外，为了保护和美化木质材料的建筑，彩饰亦属于装修范围。

门是联系建筑内、外空间的主要通道。

门在古代主要有三大类：版门、格扇门、洞门。

（一）版　门

在周代青铜器方鬲上、汉代画像石和墓道及北魏宁懋石室中都可见到版门（图10-1），唐、宋以后的资料更多。它主要用于城门或宫殿、衙署、庙宇、住宅的大门，一般都是两扇共存。宋代的《营造法式》规定每扇版门的宽与高之比为1：2，最小不得小于2：5。在制作工艺上可分棋盘版门和镜面版门两类。

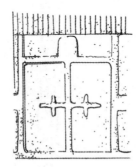

图10-1　　　　　　　　　　　　　　　　　图10-2

1.棋盘版门

先以左右边挺与上、下抹头组成边框，框内置横幅（清代称"穿带"）若干条，并在框的一面钉板，四面平齐不起线脚，高级的再加门钉和铺首。

2.镜面版门

门扇不用木框，完全用厚木板拼合，平整如镜面，背面则用横木联系。

在高等级建筑的版门表面加半球状门钉起于南北朝，但至明代仍无定律，一般为一扇版门面上纵横三至七路，每路三至七枚，每颗门钉上下左右均对齐。清代官方规定：最高等级为纵九横九，其次为纵七横七，纵五横五等。虽民居不得使用门钉，但民间常变着招使用门钉，如在版门上用较小的门钉钉成各种图案状，或将水磨砖钉于版门上。

铺首为兽口内衔一环，铜或铁制成，钉于门上便于关门或敲门。汉代已用铺首（图10-2）。清代铺首有诸多变化（图10-3）。民居只能用简单的门钹。

唐代以前只有版门，从唐代起版门主要被用于城墙、宫墙和院墙等的大门上，但唐、宋两代的重要建筑仍沿用版门。

大门有两大部分构成，即不可动的框槛和可开合的版门，版门装于框槛内。

图 10-3

清代官式大门的框槛做法较复杂（图 10-4）：竖为框，横为槛，框槛由竖横木条构成。最外两侧贴墙或柱竖抱框，向内再立门框，两框间用两条腰枋连接，三个空格处再加余塞板。横向加上、中、下槛与抱框、门框相连。上槛与中槛间填以走马板。

中槛后部加连楹，连楹与中槛用门簪固定。汉代用门簪二至三枚，外形为方形者较多。唐、宋、辽、金、元各代用门簪二至四枚，有方形、菱形、长方形等样式。明、清两代多用门簪四枚（图 10-4）（民居用两枚），外形为六角或八角，表面起线脚，线脚内或素平或刻花绘彩。连楹两端有垂直洞，便于版门上端门脚插入，版门下端门脚插入门枕石中，这样版门便被固定并能随意开合了。同时，当门枕石由外插入下槛的相应部位，因门枕石外大里小，当版门脚插入门枕石后，门枕石便被固定了。

门枕石在民居处常被雕刻成硕大的圆形抱鼓石，抱鼓石两侧亦雕有丰富的植

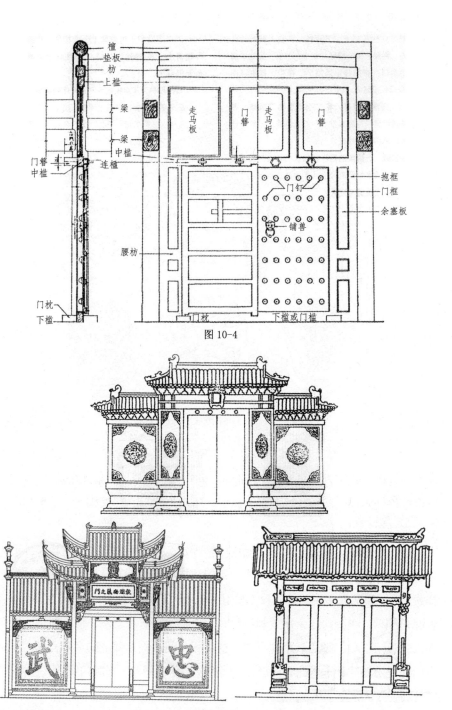

檀
垫板
枋
上檻
梁
梁
门簪
中檻
门簪
中檻
连檻
门枕
下檻

走马板
门簪
走马板
门簪

门钉
铺兽

腰枋

抱框
门框
余塞板

门枕
下檻或门檻

图 10-4

武 忠

敕建陶端肃之门

图 10-5

物和动物的浮雕纹样（图 10-6），抱鼓石下多数为须弥座（图 10-7）。门枕石也有雕成守门石狮的（图 10-8）。

有些高等级的大门也有简约的做法：墙体内仅设门框和版门（图 10-5 上）。

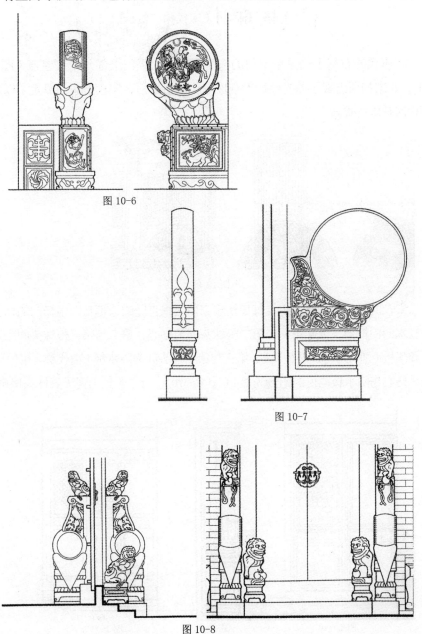

图 10-6

图 10-7

图 10-8

当大门高度较低时就去掉走马板（图10-5左下）。权势者常把下槛（又称"门槛"）做得很高，以示门槛难过，有将闲杂人等拒于门外之意。

（二）格 扇 门（宋代称"格子门"）

在唐代的石刻上已见格扇门的造型，基本为版门上部开个直棂窗（图10-9）。北宋初期出现了透光性和美观性颇佳的格扇门，宋代格扇门奠定了以后各朝代的基本格式。

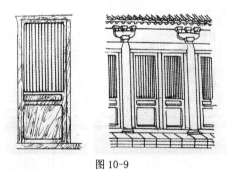

图 10-9

宋代的《营造法式》规定每扇格扇门由两根直竖的边挺与四根横向的抹头构成基本的门框架，上起第一与第二根抹头间为格心，第二与第三根抹头间距较小为腰华板（清代称"绦环板"），第三与第四抹头间为障水板（清代称"裙板"）。宋代格心与障水板高度的比例为2:1（图10-10）。元、明代出现了五抹头格扇门，

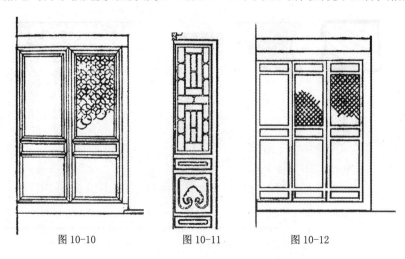

图 10-10   图 10-11   图 10-12

构成一格心、二腰华板和一障水板之形态（图10-11）。清代的格扇门全为六抹头，有上中下三块绦环板，格心和裙板各一（图10-12）。清代格心与裙板之比为6:4。由于绦环板增多，清代的格心明显小于宋代的格心。

边挺与抹头均起线脚，线脚的变化在宋代有不少范样（图10-13）。在高等级格扇门的边挺与抹头的榫卯接合角处，常包以铜质角叶，兼收加固和装饰效果（图10-14）。

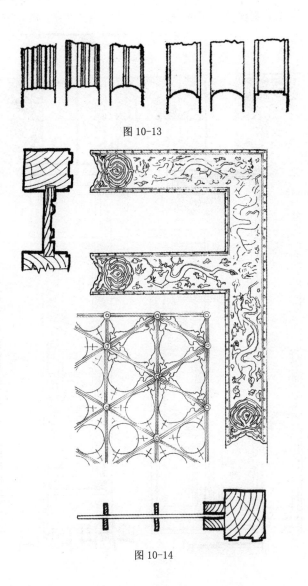

图 10-13

图 10-14

　　格心是格扇门的透光与装饰的重点。在格心的边挺与抹头的内沿围有一圈仔边，仔边内为美轮美奂的木构图案所在。唐代格心除直棂外还有方格。宋代官式格心主要为球纹（图10-15）、柳条框纹（图10-16）等，宋代乌头门仍用直棂格心。清代官式最高等级的格心图案为菱花（图10-17），这也是宋代球纹的一种变化。民居的格心图案变化可谓层出不穷。因木材性能和加工之便，格心的图案以直线构成居多，以短细木料镶接居多，这样既创造了美观，也节约了木材（图10-18）。格心图案框格间可糊纸、薄纱或磨平的贝壳，既透光又可保护私密性。

图10-15　　　　　　　　图10-16　　　　　　　　图10-17

图10-18

　　因绦环板面积较小，虽也起线脚、刻纹样，但终非装饰重点。裙板在唐、辽两代均为素板。宋、金两代有素板，也有少数雕板，所雕纹样为花卉如意或人物，均为浅浮雕。元代多数浮雕以简单的如意头。明、清两代的宫殿裙板雕有团龙，并刷红漆贴金，在次要建筑上亦雕变化丰富的如意头（图10-19），民居的裙板图案变化极丰富（图10-20），但不能刷红描金。

如意头裙板图案　　吉祥草裙板图案　　套如意裙板图案

套如意裙板图案　　大降如意裙板图案　　如意裙板图案

如意头裙板图案　　双如意裙板图案　　吉祥草裙板图案

如意双至裙板图案　　仙草如意裙板图案　　套如意裙板图案

图 10-19

草龙式裙板图案　　　岁寒三友（松、竹、梅）裙板图案　　　拐纹式裙板图案

五福捧寿式裙板图案　　　三降福寿式裙板图案　　　拐龙式裙板图案

图10-20

　　另有无裙板的格扇门，上下全为格心，过于玲珑剔透，谓之落地明造，仅用于观赏性强的园林建筑上（图10-21）。

　　可开合的格扇门与版门一样需安装于框槛之内。其抱框贴墙或柱而立，小型建筑用上、下两槛；大型建筑用上、中、下三槛，在上、中槛间安装横披（图10-22）。整个横披其实是一个格心而已。横披不能开合，其花格图案一般与其下的格扇门的格心部分相对应。横披的存在不仅可助室内采光，还可避免将格扇门做得过于高大而开合不便，且易损坏。横披起于五代，元以后横披的使用就更见广泛了。

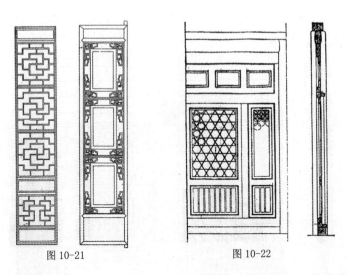

图 10-21　　　　　　　　　图 10-22

格扇门每间配置四、六、八扇不等（图 10-23）。明、清二代在格扇门外有时还装帘架。帘架二立柱紧贴上、下两槛，并插入荷叶栓斗内。帘架上架一横披与格扇门齐高，宽达二扇格扇门，帘架挂帘以挡风、挡尘、挡虫（图 10-24）。

自唐代以来，格扇门成了高等级建筑和普通民居常用的殿堂门，而组群建筑上的围墙大门仍用防盗性较好的版门。但唐、宋两代的许多宫殿、寺院类的高等

图 10-23

级建筑的殿堂门仍为版门。新的事物要取代老的事物亦非易事。古代建筑的发展是渐进式的，而非突进。

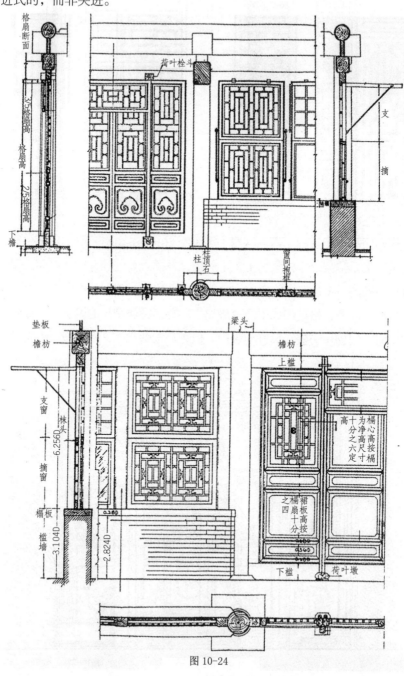

图 10-24

（三）洞　门

洞门多数用于内院墙上，尤其是古代园林建筑上，既然称作洞门，当然既无门框也无门扇了。

古代园林为了组织景观和空间序列需要，在外部围墙内还会建一些内围墙。墙上开洞门作为通道是必需的措施，另外也为观赏和布置景点以及控制游览线之需。这些门洞轮廓的变化很丰富，耐人寻味，可增游兴（图10-25）。

在一般的情况下，古代园林的洞门造型越简单，透过洞门所见到的景致应该越优美，否则会对景致造成喧宾夺主的弊端。

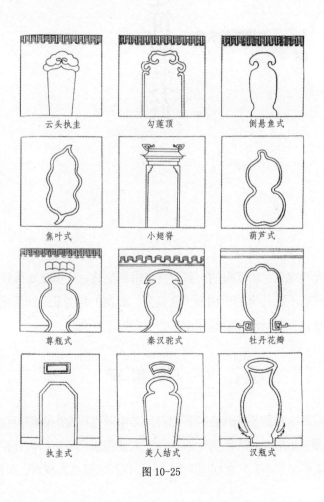

图 10-25

十一、古建筑的装修

窗

窗在原始建筑上有通风、采光和排烟的作用，后来建筑发展了，窗的作用改为通风、采光和观景。所以窗的一般位置也由高变低，从屋顶处移到半身高处。

窗在古代有不能开合的死扇窗（直棂窗、漏窗）和能开合的活扇窗（槛窗、支摘窗）以及只有窗框而无窗棂和窗扇的洞窗等三大类。

（一）直棂窗

宋代以前基本都是不能开合的死扇窗，其中以直棂窗为典型。直棂的截面有正方形和等腰三角形两种，后者称破子棂，主要在宋代常使用。直棂的棱角朝外垂直安装在矩形窗框内，二直棂间距约一寸。在汉代就有直棂窗，汉代还有卧棂、斜方格、正方格、套环等多种窗格形式，显示了汉代样式变化的多样性，但绝大部分均为固定不能开启的死扇窗（图11-1）。

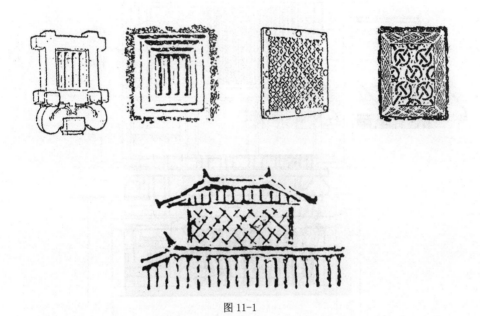

图 11-1

南北朝的石建筑和石刻，唐、宋、辽、金各代的砖、木建筑和壁画上都有直棂窗的表现和实物存在，而且高等级的建筑和民居均用。从明代起，直棂窗在重要建筑中已完全被槛窗所取代，但在民居中仍有使用的实例。总体来看，活扇窗的使用逐渐广泛，而死扇窗则逐渐淡出。

唐、宋两代的直棂窗无大差异，从下至上基本是在二立柱间和台基面上安装地栿，其上再安装腰串，两者中间直立若干根心柱，腰串上即是直棂窗框的下部，窗框上部是窗额，窗额与阑额间也加有若干根立柱，窗框外所有空档或安装障水板或砌砖，或编竹涂泥粉刷（图11-2）。也有将直棂窗直接安装在半身高的槛墙上，省去了许多劳什子。

直棂窗后面上下有木槽，如需"关"窗，只要对槽插入定配之木板即可。

宋代的《营造法式》上还有直棂窗的变异——水纹窗，是其他朝代所没有的（图11-3）。

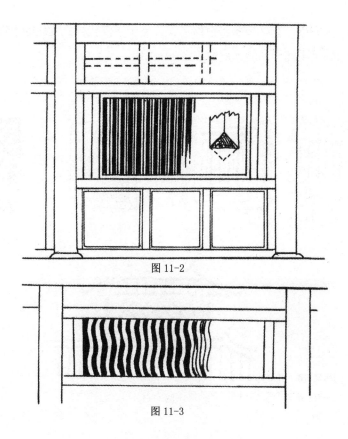

图 11-2

图 11-3

（二）槛　窗

　　槛窗是产生于宋代的可开合的活扇窗,因安装在殿堂门两侧的槛墙上而得名,槛窗是由格扇门演变而来形式亦相仿,故又称为格扇窗（图11-4）。

　　槛窗有绦环板和格心,而无裙板,否则与格扇门就无区别了。格心的纹样变化与同一建筑格扇门上格心纹样相同。宋画中的槛窗格心多用柳条框和方格等纹样。

　　槛窗的安装与格扇门一样,需要安装在预先做好的木框架内。此框架下为榻板,榻板的宽度与槛墙的厚度齐平,两侧抱框贴柱或墙,上槛与格扇门框的上槛齐平（如是大型宫殿、庙宇建筑,则槛窗的高度为中槛与榻板之间）。榻板的厚度一般为槛墙高度的十分之一。槛窗每间的数量亦为二、四、六、八扇不等。

　　北方因寒冷,砖砌槛墙较厚,南方槛墙也有用木板或石板的。高大殿堂的槛窗上亦有横披。

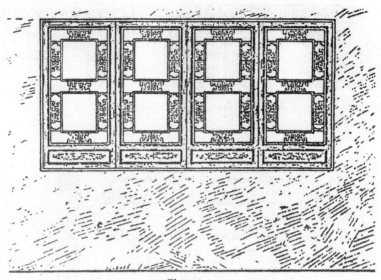

图 11-4

（三）支 摘 窗

　　支窗是可以支撑的窗，摘窗是可取下的窗，后来合在一起使用，所以叫支摘窗。

　　支窗最早见于广州出土的汉陶楼明器。宋画《雪霁江行图》中在阑槛钩窗外，亦用支窗。窗下用有木隔板的镂空钩栏，也有摘窗之意（图 11-5）。

图 11-5

清代的支摘窗也用于槛墙上,上部为支窗,下部为摘窗,两者面积大小相等(图10-24)。支窗外侧上部装有铰链两枚,以助向外支出(图11-6)。南方建筑因夏季炎热需要较多的通风,支窗面积较摘窗大一倍左右,窗格的纹样也很丰富。

支摘窗的框槛做法与槛窗的框槛做法相同。

清代园林中还有死扇窗中开有活扇窗的(图11-7)。

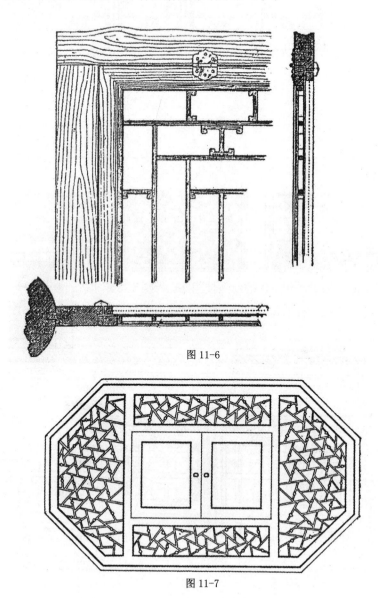

图 11-6

图 11-7

（四）漏　窗

　　漏窗亦属死扇窗，应用于住宅、园林中的亭、榭、廊、围墙等处。窗孔形态有方、圆、六角、八角、扇面等多种形式，再以瓦、薄砖、木竹片和泥灰等材质构成几何图形或砖石雕刻的动植物形象作为窗棂（图11-8、9）。

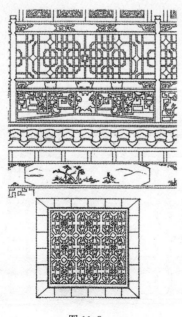

图 11-8

图 11-9

同属死扇窗的直棂窗，还可按需"关"窗，而漏窗是永远开着的。

汉代陶屋明器已在围墙上端开狭高漏窗的例子。金、元砖塔有扁形漏窗内刻几何纹棂格的。明嘉靖时，仇英与文徵明合作的《西厢记》图上，以及崇祯时计成的《园冶》中所录的十六种漏窗式样，表明当时的漏窗艺术已达到很高的水平。清代更有用铁片、铁丝与竹条等包裹泥灰，创造出许多复杂而美观的漏窗图案，仅苏州一地就有千种以上，显示了古人不凡的智慧。常见的有鱼鳞、钱纹、绽胜、波纹等，很多至今还值得学习、借鉴。

（五）洞　窗（空窗）

这是窗的最古老的形式，它除了用作通风、采光外，还用作排烟，这也是在汉字中先有囱，后有窗的原因。以后洞窗主要用于古代园林的内围墙上，作为对景的取景框用。在有些古代园林的内围墙上开有一排洞窗，使游览者透过这些洞窗能收到步移景异的审美效果，既化一景为多景，又将静态的景变"活"了，甚妙。清代大文人李渔点赞洞窗为"尺幅窗、无心画"。明代造园家计成认为这些洞窗（包括洞门）具有"纳千顷之汪洋、收四时之烂漫"的作用。这也是老子的唯道集虚、虚而待物、有无相生理论在中国古代园林艺术上的体现（图11-10）。

在古代园林中还有漏窗与洞窗相结合的窗（图11-11）。

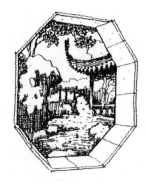

图 11-10

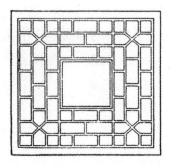
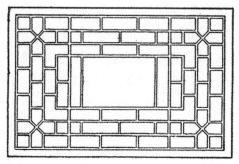

图 11-11

十二、古建筑的装修

栏　杆

中国古建筑上栏杆使用的范围非常广泛，在室内外、走廊、台榭、楼阁、桥沿、水岸、花坛、园圃以及一切居高临下之建筑的边沿处均能见到其身影。

栏杆的功能作用主要为界定或分割空间，阻止人物前进或下坠。

中国古建筑制作栏杆的材料以木、石为最多见，此外还有砖、瓦、琉璃、铁、竹等。中国古时栏杆最早以木制作，在建筑上木栏杆应用的范围也最广。石栏杆的出现较木栏杆为晚，而且早期石栏杆在造型上也有明显模仿木栏杆的痕迹。

由于栏杆无论用何种材料制作，其本身并无所负重荷载，故其结构通常都很单薄，以玲珑巧制、镂空剔透的居多。这样既可增加建筑的美感，又不会遮挡前面的景物，历代栏杆的基本样式均如此。其高度在一般情况下约合人身之半。

栏杆使用范围广，所以种类也较多，有寻杖栏杆（图 12-1）、平坐栏杆（图

12-2）、靠背栏杆（图 12-3）、坐凳栏杆（图 12-4）等类。另有似矮墙的罗汉栏板等（图 12-5）。

平坐栏杆也是寻杖栏杆的一种，所不同处为平坐栏杆仅用在二层楼以上平坐边沿，基本为木制。寻杖栏杆使用的地方较多，用在室外的自五代始，石制者居多。

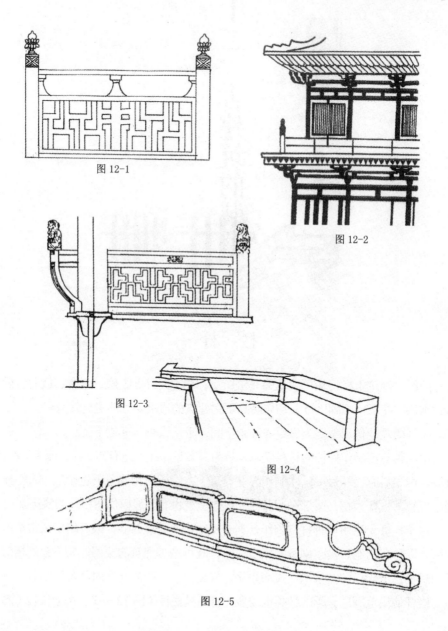

图 12-1

图 12-2

图 12-3

图 12-4

图 12-5

靠背栏杆和坐凳栏杆，均属可供人坐的栏杆。靠背栏杆最迟在宋代就有。这两种栏杆在园林中用得较多，靠背栏杆在亭榭类建筑中多见，坐凳栏杆多数用在小型曲桥和空廊的两侧。

栏杆古时写作阑干，原为纵横交错之义，纵木为干，横木为阑，纵横交错之木构成栏杆。这也是栏杆造型的基本语汇。

距今六千余年前的浙江余姚河姆渡新石器时期聚落遗址就已发现有木构的直棂栏杆。

周代的青铜器如春秋的方鬲上也有栏杆的表现（图10—1左）。

在汉代的画像石上和陶屋明器中，栏杆的样式极为丰富，而且直立的望柱、上部横长的寻杖、下部多变的阑版都具备，表明汉时栏杆已基本成熟。当时望柱的头部已有装饰，阑版样式也有直棂、卧棂、斜格、套环等多种（图12-6）。汉代栏杆的造型手段虽丰富，但给人的总体感受还显简朴大方。

到南北朝时出现了勾片造阑版（曲尺纹）（图12-7），此纹样对以后的隋、唐、宋的各代阑版造型均有影响。栏杆的形象开始朝着华丽和空灵转变。

据专家考证，最晚至隋代，栏杆中已用盆唇及蜀柱，丰富了栏杆的结构和表现手段。盆唇处于寻杖之下，界定于栏版之上，而蜀柱站于盆唇上，顶在寻杖下，使通长寻杖不易断裂。唐代的木栏杆继承了此手法（图12-8）。

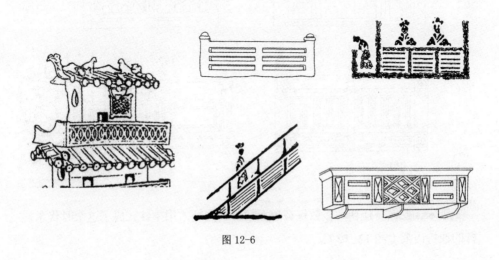

图 12-6

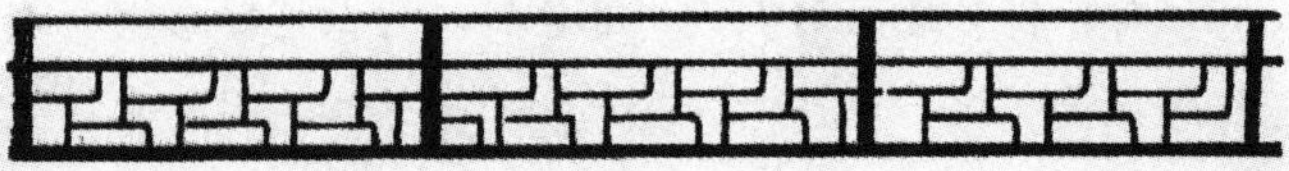

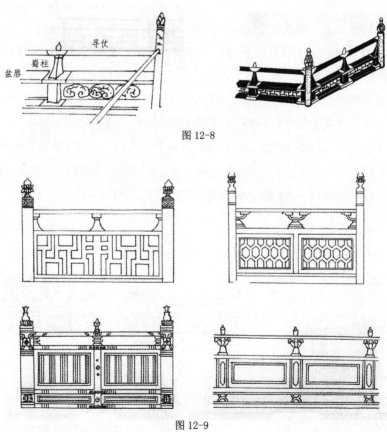

图 12-7

　　唐代的木栏杆非常华丽，在望柱、寻杖和阑版部均绘以各种彩色图纹，并将金属材料与木质结合在一起使用，显出典雅而雍容的气派（图 12-8、9）。唐代的阑版有实体的也有透雕出不同图形的，寻杖下的支撑物亦有多种变化，望柱亦如此（图 12-9）。

图 12-8

图 12-9

　　唐末、五代、辽初大多数仅在每面栏杆转角处才用望柱，成了这个时代木栏杆的独特语汇（图 12-12）。

　　宋代以前的木栏杆寻杖多为通长，栏杆的转角部分有两种处理手法：一是在转角处不用望柱，寻杖相互搭交而又伸出者，称作"寻杖绞角造"（图12-11），二是寻杖止于转角望柱而不伸出的，称"寻杖合角造"（图12-10、12）。支托寻杖的短柱，依其外形有斗子蜀柱、撮项等。望柱的断面有方、圆、八角、瓜楞等形。

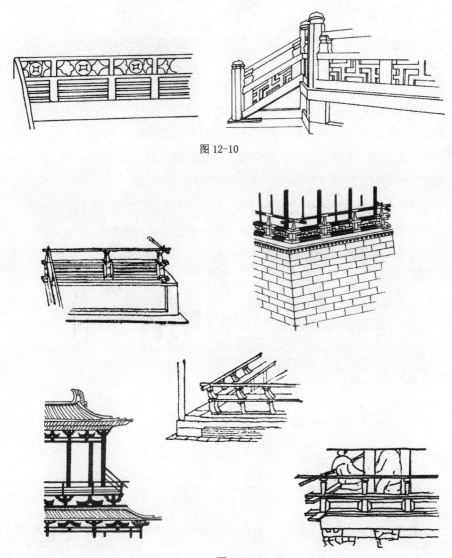

图 12-10

图 12-11

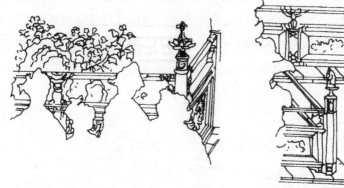
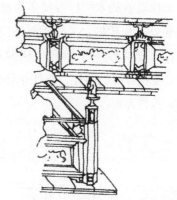

图 12-12

　　宋代的《营造法式》中述及的石栏杆形式有两种，一种叫重台钩栏（图 12-13），等级较高，尺寸也较大；另一种叫单钩栏（图 12-14），尺寸和等级都低于前者。但从遗留的实物来看，单钩栏较多见。这两种钩栏在造型上最大的区别是重台钩栏用二层阑版，而单钩栏仅用一层阑版。

　　宋代的石质重台钩栏的望柱有柱头、柱身、柱础三部分组成（图 12-15）。柱头部分刻成仰伏莲花上坐狮子的形状，高一尺五寸。柱身断面为正八边形，对

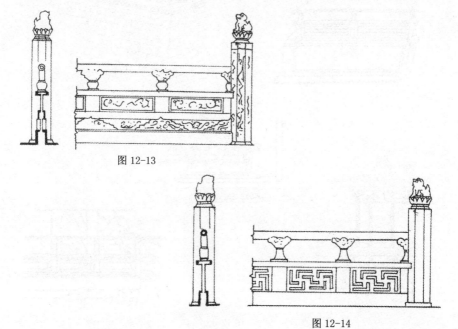

图 12-13

图 12-14

角直径为一尺，柱身高出寻杖上表皮的尺寸为余下柱身的十分之三。望柱的八个面上可见部分均刻有花纹。柱础的造型为复盆莲花。望柱间的钩栏从上到下依次为寻杖、瘿项云拱、盆唇、大华版（带蜀柱）、束腰、小华版（不带蜀柱）、地栿、螭子石（也有不用螭子石的）。从寻杖上表皮到地栿下表皮的空间高度为四尺，如以此作为一百份，这段空间内的各部分所占的比例为寻杖百分之八、瘿项云拱百分之二十八点五、盆唇百分之六、大花版百分之十九、束腰百分之九、小花版百分之十五、地栿百分之十六。螭子石的长度为一尺、高七寸、宽四寸，两块螭子石的中心跨度距离为三尺五寸，每块螭子石的上方均对着蜀柱和瘿项云拱。

石质单钩栏的望柱柱身为素地，其他部分的造型处理均与重台钩栏的望柱相同。单钩栏的钩栏部分高仅三尺五寸。寻杖在比例上比重台钩栏的稍显粗些（占三尺五寸的百分之十）。寻杖下改用略显清瘦的撮项云拱，高度为百分之三十二。栏版上镂雕万字纹，高度为百分之三十四。盆唇和地栿的高度分别为百分之六和百分之十六。螭子石的尺寸与重台钩栏相同，但二者的中心跨度减小为三尺，每块螭子石的上方仍对着蜀柱或撮项云拱（也有不用螭子石的）。

宋代的石质寻杖栏杆的结束处有时使用抱鼓石作为造型上的收尾处理，此手法也影响了以后各代（图 12-16）。

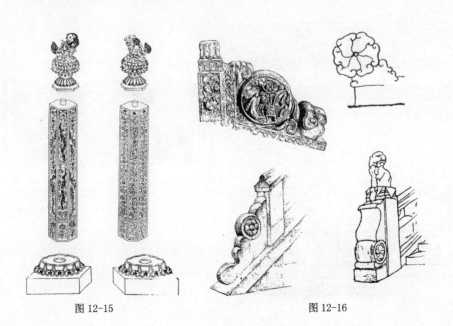

图 12-15   图 12-16

宋代的石质栏杆的形式是从木栏杆（图12-17）转化而来，它的构造和形式
都受到木栏杆的构造方式和形式的影响。这不仅给加工和制作带来困难，也堵塞
了合适的石质造型可能带来的另一种艺术韵味。

清代的石质寻杖栏杆一扫宋代石栏杆对木栏杆的模仿，造型的整体感强，结
构亦更合理（图12-18）。清代的石质寻杖栏杆在底部去掉了琐碎的螭子石，使

图 12-17

通长的地栿直接安装在台基的阶条石上，所有的望柱均直立于地栿之上，而不似宋代的望柱仅侧面靠于地栿的断面上。清代的望柱多为正方形断面，柱头部分的典型造型为圆柱形，上刻云纹、龙纹等浮雕花样。整个望柱的高度为台基高度的二十分之十九，望柱断面边长为台基高度的十一分之二，望柱柱头高为两倍的柱断面边长。从望柱头顶部至其下的地栿底部之空间高度也是两根望柱间的净跨度，故清代石寻杖栏杆的望柱密度远大于宋代的望柱密度。清代的寻杖断面为多棱正方形，这显然比宋代的圆断面寻杖易加工，也更粗壮坚固。清代寻杖下用硕壮的

图 12-18

荷叶净瓶，两根望柱间用两个荷叶净瓶，其中一个在正中，另一个一分为二各置一端。荷叶净瓶与地栿之间为栏板，清代只有单钩栏，而无宋代二层栏版的重台钩栏样式，整个栏板上雕刻的起伏程度较宋式为小，栏板装饰大多素平，显得厚实、滞重。栏板的厚度为其高度的五分之二。清代石寻杖栏杆上无盆唇造型：地栿高与栏板厚同，宽为高的两倍。清代栏杆结束处都用抱鼓石，比例较长。

清代石质寻杖栏杆的望柱因直接立于地栿之上故无柱础，但柱头部分却有丰富的造型变化（图12-19）。

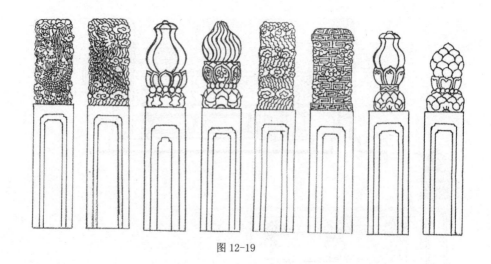

图12-19

五代、辽代、宋代的民间木、石栏杆有着丰富的变化（图12-20）。

元、明、清三代的民间用在室外的均为石质栏杆（图12-21），不见有木质栏杆，至多为木、石结合的栏杆（图12-22）。

明、清二代的民居用在檐下的木栏杆的阑版部的图案变化多端，显得轻巧而流畅（图12-23）。

石质罗汉阑版的结构虽简单，但有些阑版上的浮雕却细腻生动，绝不亚于木栏杆的图案变化（图12-24）。

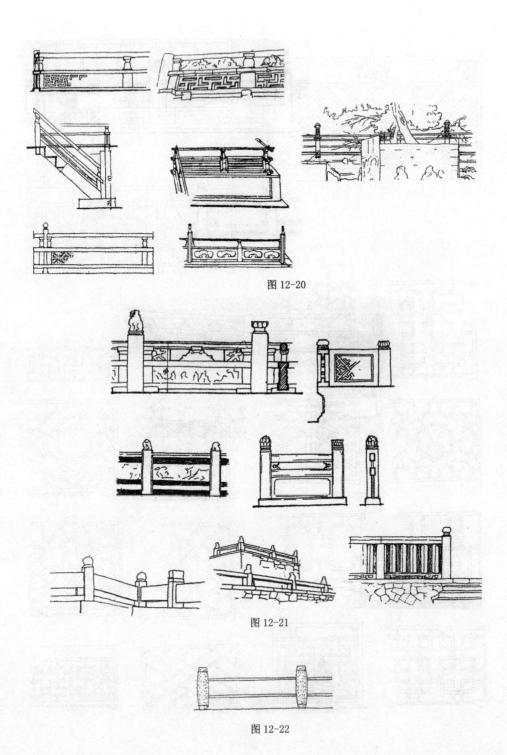

图 12-20

图 12-21

图 12-22

古
建
筑
的
装
修

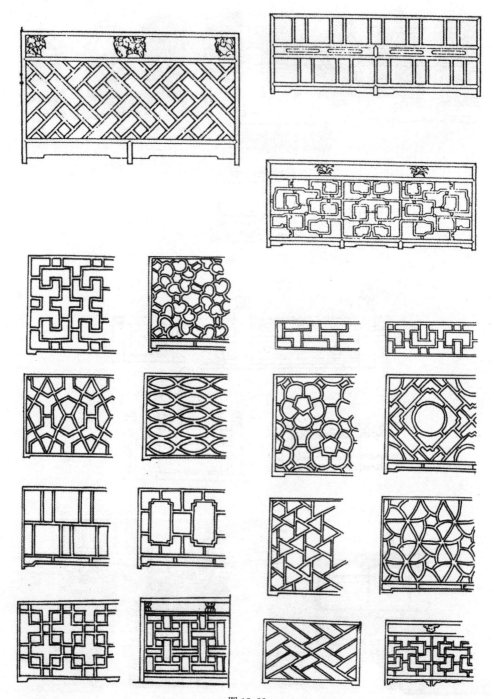

图 12-23

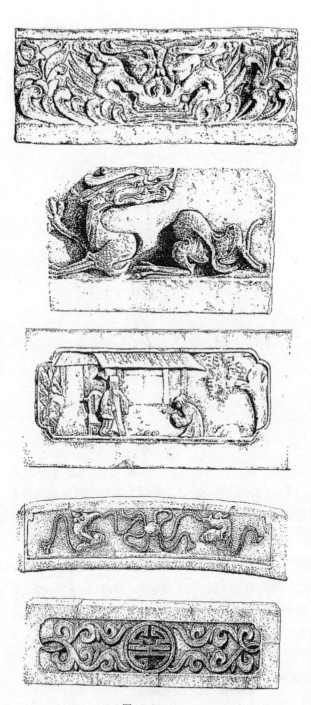

图 12-24

十三、古建筑的装修

罩

罩是室内空间的分割体，但它又不同于墙对室内空间的分割。墙是阻断性的分割，而罩是通透性的分割。罩对空间处理是割而不断、分而相连的一种手法，是中国古人在审美上崇尚空灵的倾向在建筑上的反映。

明、清两代，从宫殿建筑到民居建筑均有罩的应用，有广泛的社会基础，形式亦千变万化。罩的种类大致可分天弯罩、落地罩、栏杆罩、花罩、炕罩、太师壁等六类。但无论是何类罩，一是中间留有一定的可供通行的空间，二是用木结构是它们的共同点。

（一）天 弯 罩

上部贴于梁下或天花下，木质结构，通长至两侧贴墙或柱，下端不着地，故可视作将室外的花牙子搬入室内应用而已（图13-1）。

图 13-1

（二）落 地 罩

上部顶着梁下或天花下，下端着地。部分形式为二扇格扇门分靠左右两侧的墙或柱边，故又称格扇罩（图13-2），落地罩的变化很多，中间通道的周边处理有规则或不规则的，但基本为左右两侧对称处理。

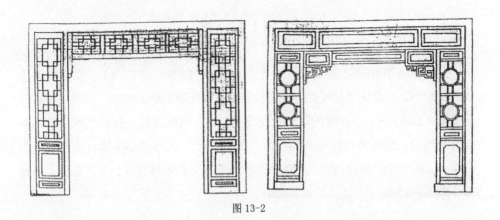

图 13-2

（三）栏 杆 罩

从梁下或天花下至地面贴墙或柱分立两柱，在一定跨度内再立左右两柱，左右各两柱间下部施半人高栏杆，这也是将室外装修内容移作室内用。栏杆罩的通透性好，用材和用工相对较少（图13-3）。

图 13-3

（四）花 罩

是将天弯罩和落地罩相结合的结果（图13-4、5、6、7、8）。花罩的通透性相对较弱，但装饰性和视觉表现力较强。有些花罩虽精工细雕，但费工费料且显繁琐（图13-5）。有些花罩全处理成多宝格，格内放置古玩和艺术品等，颇具文化气息，使装饰与实用合为一体（图13-7）。花罩中部供通行的空间轮廓亦有丰富的变化。据这些空间轮廓的形状，花罩又有各种称呼，如花瓶罩、月光罩（图13-6）等。

图 13-4

图 13-5

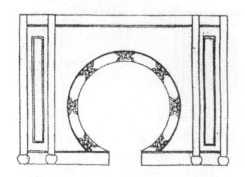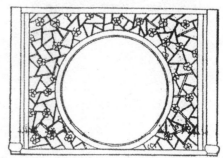

图 13-6

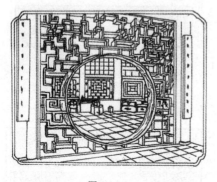

图 13-7

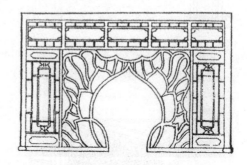

图 13-8

（五）炕　罩

　　这是结合炕的正面而设的落地罩（图 13-9），是架子床或拔步床的变异。炕罩内还设布幔，可增强睡觉休息时的私密性和安全感。

图 13-9

（六）太 师 壁

一般用在起居厅堂的后半部，这是像罩又像墙的分割物，中间为一顶天立地的板壁，无通透性，两侧为通道，颇似古戏台的上场门与下场门。板壁前为厅堂陈设的重点，也是主人座席所在空间（图 13-10）。

图 13-10

十四、古建筑的装修

天　花

中国古建筑的室内顶部天花装修有三种手法：露明、藻井和平綦。

露明即对室内顶部空间不作任何掩盖处理，梁、檩、椽等木构架尽露。此法古已有之，可以说我们的先祖在懂得盖屋顶时就衍生了露明法。远古人类是无能力进行露明以外的装修处理，只能听之任之，随其自然。当后人有能力对屋顶的空间界面进行装修时，露明处理是一种选择，它可以展现屋顶木构架的结构美，是无为而为。露明法对木构架的工艺处理、细节把握及整体关系的要求更高。宋代《营造法式》称露明法为"彻上明造"，可见这是一种有意的作为。露明法用于早期建筑和次要建筑，南方民居建筑中亦多见。彻上明造又称明栿。

藻井是用于古代高等级建筑内天花中心处的一种较复杂的装修，其基本形状为一向上凹的四角形（斗四）或八角形（斗八）形式。藻井的存在可以强调出室内上部空间的中心所在，以及它具有向下笼罩感的形态，可把人的视线引向其下部空间，凸显其整个笼罩空间的重要性，突出了空间构图的中心。因为藻井下一般设皇帝御座或神佛像，所以一般人家中是不准设藻井的。但民间古戏台上可设藻井。

　　远古先祖在竖穴居或半穴居时代，在居所上部开洞以供人出入或排烟通风用，这可视作最原始的藻井形态。现今的蒙古包中也依稀可看到藻井的痕迹。在有些秦汉古墓的顶部中央有四方形的浅穴，其中还绘有植物纹样，墓穴虽是砖石结构的地下建筑，但按中国古人在砖石建筑上也喜欢模仿木构形式的一贯做法来看，可推知当时地上木构架建筑也应有被后人称为"斗四"的四方形藻井存在。南北朝的一部分石窟内也遗留有藻井实物。当时藻井基本为覆斗形（图14-1），形

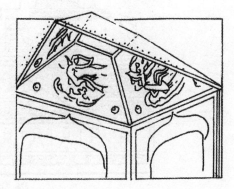

图14-1

式简洁，还留有秦汉遗风。但藻井壁上绘有飞天和莲纹等图案，五彩缤纷，有很强的视觉感染力。南北朝石窟顶还有两个"斗八"藻井夹着一个"斗四"藻井（图14-2），后世常见的斗四、斗八两种藻井类型在南北朝时已具备。南北朝藻井壁有素平的或做成小方格状的（图14-3）。唐朝虽无藻井实物遗留，但古书记载唐朝在重要建筑内也使用藻井。唐朝早期藻井较质朴，晚期相对华丽。宋朝藻井华美多变已趋于成熟，无论在数量和质量上均胜于前代。宋代藻井"斗四"者少，多数为"斗八"者（图14-4）。宋、辽、金代的藻井上已大量使用斗栱，视觉形象更为丰富。此时期藻井的收头处有平板状（图14-5），也有穹隆状的（图

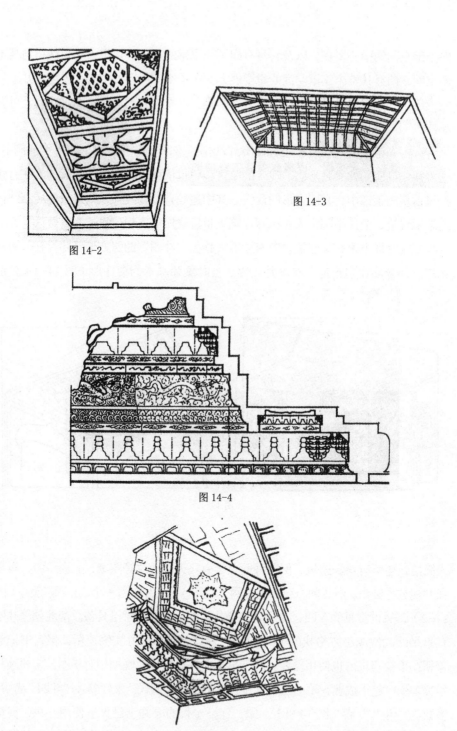

图 14-2

图 14-3

图 14-4

图 14-5

14-6）。有的"斗八"藻井周边一圈围满了建筑形象，以象征高高在上的天宫，很富创意（图14-5）。明、清两代有正圆形藻井出现，圆形藻井脱胎于以穹隆收顶的藻井。这类藻井壁上往往围满纤巧的斗栱，有些还做成螺旋上升状排列，虽富装饰性，但也显繁琐。清代太和殿藻井顶部雕有大龙，龙口中有一串硕大宝珠挂下，很有王者霸气和富贵气，十分吻合该建筑的精神内涵。

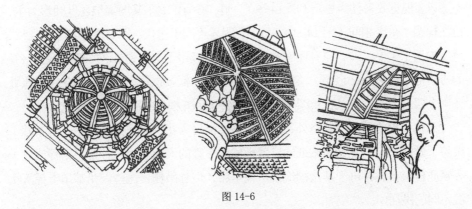

图 14-6

平棊俗称天花板，以掩盖屋顶内空间的结构部分，以使室内各个界面（墙面、地面和顶面）整齐划一，整体感好。南北朝石窟顶面多刻作平棊，其形是以支条分格，有分成方格者（图14-7）亦有分成长方格者（图14-8），但方格者为多，形似棋盘，已成规范，汉时天花亦有可能为平棊形式。南北朝后长方格的平棊已

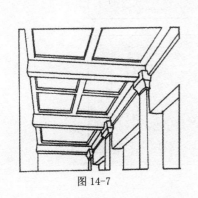

图 14-7

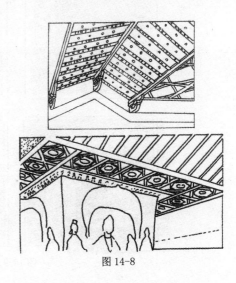

图 14-8

不见存在，至清代均为方格平棊。在木构架上，平棊做法为先由梁枋下加木条纵横组成井字形框架，再于每个框架内钉板，板上和框条上还要加上彩饰。平棊方格内的图案构成一般都为圆形，方与圆的对比作用，给视觉以丰富感。宋代平棊图案为圆形，周边围着一圈如意状的云纹，内有密布锁子纹等图案的六角形，或内有从中心圆再放射出重叠圆弧线条的图案，四个角上填满了角花，整个构图密不透风，视觉效果甚为复杂（图14-9）。明、清两代的平棊图案虽还以圆形为主，但在构图上疏密相间（图14-10、11），明显不同于宋代。明、清平棊上的龙纹、凤纹均用于主要宫殿，花卉图案和写生花等一般用于次要建筑。一般情况下平棊的方格形早期较小，至明、清时较大。明、清的框条也较为宽大，因此在接点处还画上四朵向心如意藻头（图14-11），使各个方框内的图案不显孤立。

　　天花上除使用平棊装修外，还有叫做"海墁天花"的，其做法是以木条贴于梁坊下做骨架，再于其表贴纸或钉薄板成为平整的天花。另一种是用秸秆或竹子等轻质材料扎架，再于其裱糊纸或平铺苇席，俗称吊棚，这些天花都用于经济状况不同的民居中。

　　平棊等天花形式可独立使用，而藻井一般与平棊结合使用，这可使藻井更显醒目和重要。

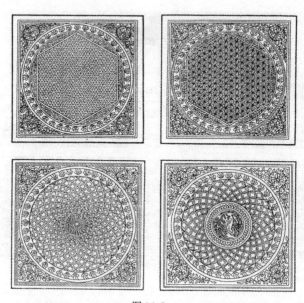

图14-9

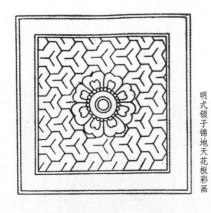

明式锁子锦地天花板彩画

明式海棠天花板彩画

明式番莲天花板彩画

明式牡丹天花板彩画

明式牡丹天花板彩画

明式如意牡丹天花板彩画

图 14-10

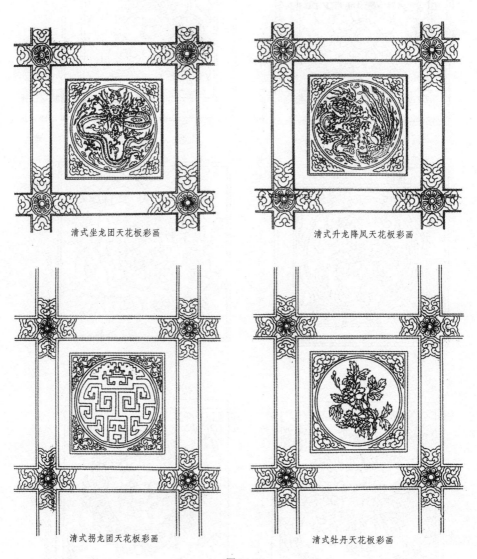

清式坐龙团天花板彩画

清式升龙降凤天花板彩画

清式拐龙团天花板彩画

清式牡丹天花板彩画

图 14-11

十五、古建筑的装修

彩 饰

中国古建筑从宫殿到民宅，木构架是主要的材质和结构方式，在木构架上绘彩不仅是一种美化建筑的装饰艺术手法，同时也是保护木材的一种有效措施。

春秋战国时，已经出现了种类繁多的精美漆器，当时建筑上也已使用漆来美化和保护木构部分。这时诸侯士大夫宫室已"丹楹刻桷"、"山节藻棁"、"设色施章"。极尽彩绘装饰之能事。时人称柱为楹，楹表上彩有等级限定，按《礼记》规定，"楹，天子丹，诸侯黝，大夫苍，士黄"；"藻棁者，谓画梁，上短柱为藻文也，此是天子庙饰"。棁即瓜柱也。此时柱上彩饰已不是简单的平涂。

秦、汉两代已有在宫室藻井上彩绘荷花等水生植物的记载。被彩绘的木构部分较广，除藻井外还有柱、梁、枋、斗栱、门窗等。冷暖色相交织使用，并非单色涂刷。秦、汉两代多用龙纹、云纹，而且还逐渐采用了"绫锦"编织物的纹样，称为"锦纹"。

魏晋南北朝时，建筑上大的色彩关系安排，普遍做法是红柱白壁。从此以后，在柱上作具象彩画的手法就较为少见了。在梁枋上彩饰的纹样一般为二方连续的卷草、缠枝等图案。由于受当时迅速发展的佛教影响，装饰纹样上出现了许多经艺术处理过的莲花、火焰、飞天等图案，这也影响了以后隋、唐风格的发展。受外来文化的影响，南北朝在彩饰上出现了叠晕技法，此技法对以后各朝代的彩饰都产生了影响。南北朝时还出现了在木构件上刻制浮雕性的装饰纹样，古书中有关于北齐邺都宫殿"梁栿间刻出奇禽异兽，或蹲或踞，或腾逐往来"的记载，在梁柱构架上又多了一种装饰手段。传统的龙、凤、云气等图案也是当时石窟中可见的装饰主题。

由于封建社会在彩饰上有等级限定，故在梁架上刻制浮雕性图案的装饰手法以后更多的是在民间得到流传与发展（图3-33）。

虽然唐朝在木构架上出现了不少前无古人的新的建筑语汇，有了质的变化，但唐朝的建筑彩饰却继续着南北朝的红柱白壁的基调，没有显著的发展变化，或许简朴的彩饰更符合大唐建筑的神韵。

宋朝的《营造法式》给后人保留了许多详尽而具体的宋式彩饰的历史信息，宋朝的彩饰具有承前启后的作用，是一个重要的历史篇章。

按《营造法式》的规范，在用色方面主要可分为四大类：

第一类用色方法是在木构的边缘用青或绿色叠晕轮廓，冷色轮廓内的枋心用红色作为底色，在底色上用五彩描绘形象，也可同时使用金色，使形象增加华丽感。或者用红色叠晕轮廓，枋心用青色作为底色，其上亦用五彩和金色描绘形象，冷暖对比，五色杂陈，甚为热烈，此法称"五彩遍装"。

第二类用色是将青绿色作为主色调，不用红色，以同类冷色调为主，不搞冷暖对比，追求和谐的视觉效果，此法称"碾玉装"。

第三类用色与上述相反，以暖色调为主，称"解绿装"。

第四类用色是综合上述三类，各种彩饰相间使用，有如杂烩，故称"杂间装"。

从宋代开始，彩饰的基本色调由以暖色调为主过渡到以冷色调为主，并影响到元、明、清三代。

在彩饰的形象方面也可分为四大类：

第一类为抽象几何图形（图 15-1），这类图形主要出现在宋初和辽初阶段。

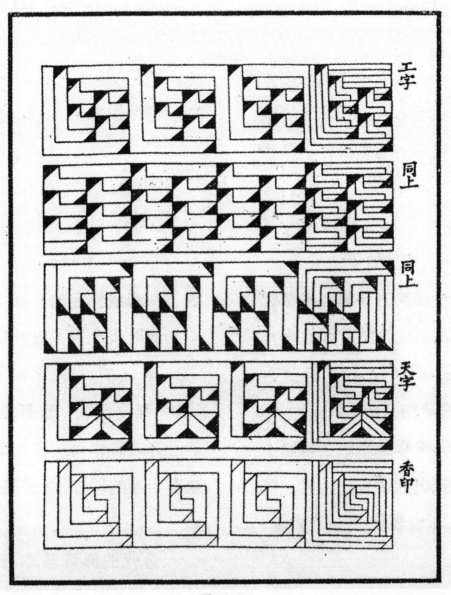

图 15-1

第二类为写生花，这是宋朝彩饰纹样的主流，所表现的花卉全为盛开状的，整体多数处理成枝蔓缠绕、曲线流动的形态，充满了动感和活力（图15-2）。还有完全是以写实性绘画表现花卉的，其造型多变，富有层次感，很具感染力（图15-3）。中规中矩的平面性二方连续展开的图案花也并存其间（图15-4）。宋朝的院体绘画在山水画和花鸟画方面达到了一个空前的历史高度，建筑上木构件的彩饰纹样受当时审美倾向以及花鸟画的影响与渗透也是情理中事。

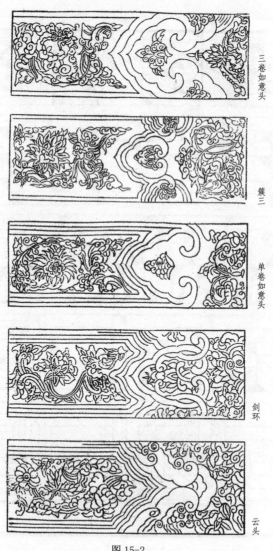

三卷如意头

簇三

单卷如意头

剑环

云头

图 15-2

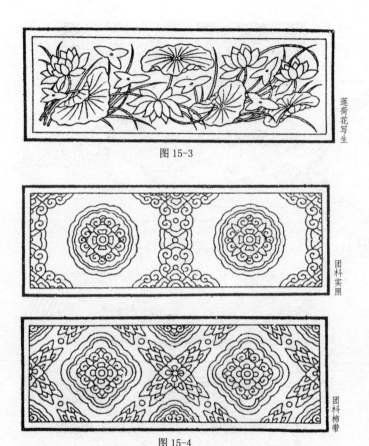

图 15-3

莲荷花写生

团科实照

团科柿带

图 15-4

　　第三类为飞禽走兽，这类纹样里有两种不同的表现手段。飞禽用写实性的手法来表现，栩栩如生，细腻生动，所描绘的飞禽大多数都是自然界中实有其物的真实生命体，而且都是运动态中的生命体（图 15-5）。但走兽里有相当一部分是幻想性的动物（图 15-6），如神瑞化的狮子，还有按图索骥无法在地球上找到的动物，如麒麟、狻猊、獬豸、天马、海马等。虽然是幻想的，却也表现得生动活泼，呼之欲出。

　　第四类为仙人类，这类内容又分为两种，一种是飞仙（图 15-7），另一种是牧兽人（图 15-8），飞仙常以人禽合体处理，而牧兽人却为常人处理。天上人间热闹非凡，充满了瑰丽的想象和浪漫主义的魅力。

　　这四大类的纹样，从具象到抽象，从现实到幻想，无所不包，内容极具张力。

鹦鹉

山鹧

练鹊

山鸡

图 15-5

狮子

麒麟

狻猊

獬豸

图 15-6

古
建
筑
的
装
修

图 15-7

拂菻

獠蛮

化生

图 15-8

其表现形式也自然洒脱、自由不羁，相同的图案可用于不同的部位，同一个部位也可使用不同的图案。

　　宋代彩饰在木构部位上以阑额为主，在构图上分为条理清晰的三部分：两端为藻头，中间为枋心。这与唐代以前有明显不同，也被以后的元、明、清各代所继承。宋代彩饰在表现技巧上从深到浅的叠晕和从浅到深的退晕已普遍应用。宋代梁上彩饰的图形较为简单（图15-9），椽子上亦有彩饰（图15-10）。宋代阑额上藻头的图形，以变化多端的如意头为主，每个藻头的长度为阑额高度的一倍半，余下的为枋心，枋心被叠晕和退晕的线条围裹，枋心内的彩饰内容在上述四类图形范围中。

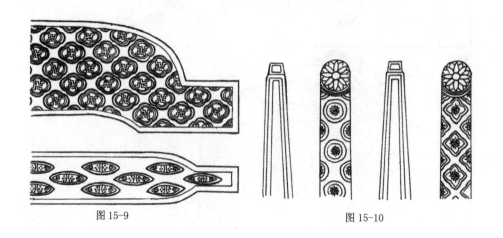

图 15-9　　　　　　　　　　　　　　　　　　图 15-10

　　辽代的木构彩饰的两端在原藻头处还出现了用直线界定的"箍头"造型，这类造型对明、清两代产生了很大的影响。

　　宋代的斗栱彩饰亦多姿多彩（图15-11），有几何纹，也有花卉纹，一般与阑枋上的彩饰内容保持一致。二攒斗栱间的栱眼板上也有丰富的彩饰，除了花卉纹，还有人物纹（图15-12）。

　　金代的彩饰基本与宋代相同，但藻头的长度为高度的二倍至二倍半。

　　元朝统治者的审美爱好与以前的传统有较大的不同，在建筑彩饰方面喜欢在天花与墙面上大量张挂丝绸织物。在柱面上有用云石、琉璃装修的，还有包以织物的或饰以金银的，甚为豪华。元朝在额枋彩饰上出现了一种新的纹样——旋子，

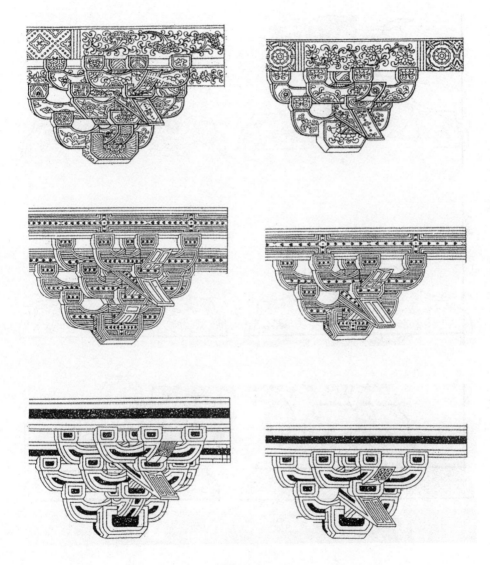

图 15-11

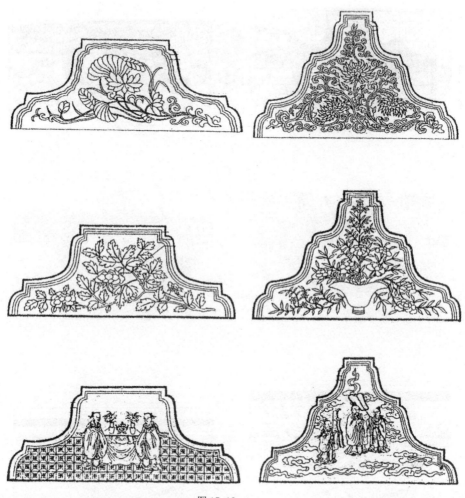

图 15-12

旋子纹为一圆形而富有旋转动感的花卉装饰图案。旋子纹以后也成了明、清两代彩饰中一种很重要的纹样。元朝藻头的长度为高度的二倍至二倍半，与金代手法相同。

明代木构彩饰以梁、檩、额枋等柱头以上部分为重点，斗栱上的彩饰只作单色平涂或单色退晕处理，与宋式比较显得有点"轻描淡写"。

明代木构彩饰图形在两端部一般为直线状的箍头，其侧为旋子图案（图15-13）。明初每个藻头长度为额枋长度的四分之一，枋心长度为总长度的二分之一，到明末时枋心长度仅为三分之一了。明代藻头内以旋子纹为主，如意头图案较少见。

明代木构彩饰很少用红色，尤其慎用金色，最多为"点金"。所用颜料为矿物质的石绿色、石青、银朱等，以不掺白粉的冷色调为主，故给人以冷艳高雅而沉静之感。

明代在梁、檩、枋上的彩饰已有定式，与宋代、清代最显著的不同是在枋心上不画任何图形。

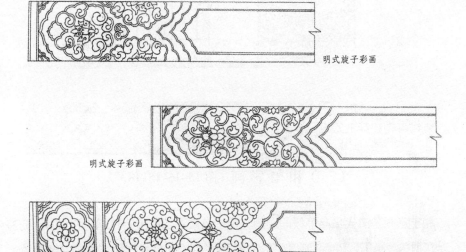

明式旋子彩画

明式旋子彩画

明式盒子箍头旋子彩画

图 15-13

图 15-14

清代木构彩饰主要有三大类型：

（一）和玺彩画（图 15-16~15-18）

和玺彩画是清代最高等级的彩画，用于皇家建筑的重要殿堂。和玺彩画的特征是在箍头、藻头、枋心处画龙，其他主要图案为凤、吉祥草、西番莲、灵芝等。另在箍头、藻头等界定处不用直线，而用折线，但额枋的最外两侧为直线以便与

图 15-15

图 15-16

图 15-17

柱头相接。柱头上也有丰富的图案（图 15-14），使柱与枋在彩饰上联成一个整体。常用色彩为青、绿、红、紫等，有时在色彩中掺兑白粉，以控制明度变化。在主要线条和纹样上采用"沥粉贴金"等工艺，显出金碧辉煌的皇家气派。和玺彩画根据图案不同还可分为金龙和玺（图 15-15）、龙凤和玺（图 15-16）、龙草和玺（图 15-17）三种，等级依次递减。在三种和玺彩画中，图案内容有所不同，但大的色彩关系安排基本一致：在檐部阑额上的大额枋与小额枋均以蓝绿色调为主，而中间的由额垫板却是大红色，产生了强烈的冷暖色对比效果，并以金色使它们相互间取得呼应与和谐。和玺彩画还以贴金的多寡而有大点金和小点金之分。

（二）旋子彩画（图 15-18）

旋子彩画主要用于宫殿的次要建筑和衙署、庙宇等建筑物上，一般民居是不准用的。旋子彩画的整体构图有"三停"之说，即每端箍头加藻头的长度各占总长度的三分之一，中间枋心占总长度的三分之一。其箍头内的图案有整盒子（图15-19）、破盒子（图15-20）、海棠盒子（图15-21）等变化。箍头内如是一个完整的花卉图案，四个角上各为四分之一花卉图案，即称其为整盒子。如两根对角线将箍头内分成四个三角形，每个三角形内有半个花卉图案，这即是破盒子。其藻头的旋子纹有"一整二破"（图15-18，大额枋）、"二整二破"等变化。一个旋子纹为一整，半个旋子纹为一破，藻头内最多可出现四整四破的旋子纹。其枋心有单色平涂或画锦纹、草纹和龙纹等。旋子彩画可表现得很素雅，也可表现得很富丽，这取决于冷暖色的对比情况和由沥粉贴金的多少而定。

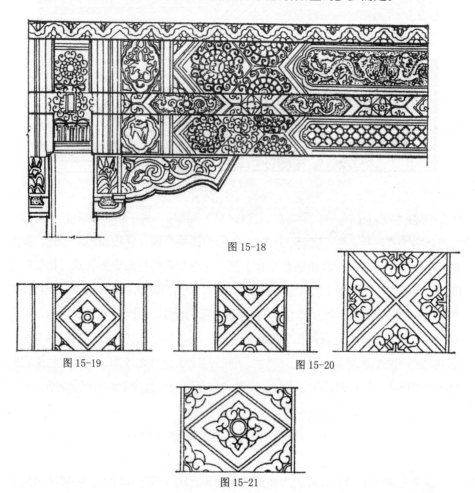

图 15-18

图 15-19

图 15-20

图 15-21

（三）苏式彩画（图15-22）

苏式彩画主要用于等级较低的建筑，如宫苑园林等建筑上。此类彩画最早出现在南宋宫殿中，由苏州工匠彩饰在梁、檩、枋上，故有此名。其特征是将檩、垫板、额枋全联成一个彩饰的构图整体。在中心处画一半圆形的"包袱"，"包袱"内描绘的内容有很大的自由度，风景、花卉、动物、人物、静物甚至世俗故事等无所不包，图案性、绘画性的手法多样。有些包袱不呈半圆形，而为更加灵活多变的图形（图15-23）。两端的藻头图案亦自由无羁，打破了和玺彩画和旋子彩画的程式化的沉闷感。苏式彩画上不用金色。

清代还有在木柱上绘龙（图15-24）、莲荷花、云气等彩饰手法。在木柱上用沥粉贴金手法表现龙，无疑是用在皇家最重要的宫殿建筑中，整根柱子均为金色，随着观者在运动中角度的变化，金色特有的强折光性，使人感觉到盘旋在柱上的龙也在运动，真可谓活灵活现了。这虽然是为了烘托皇帝的高贵与威严，但也让人对古代设计师充满了敬意。

在大红柱上用金色或多色彩饰，均为皇家特权。

在明、清两代高等级的建筑上，彩饰手法的应用可谓铺天盖地，连檐椽的头部也会美化一番（图15-25），图案内容多数为有喜庆、吉祥倾向的花卉、文字和动物纹样，有些是明喻，有些是隐喻。

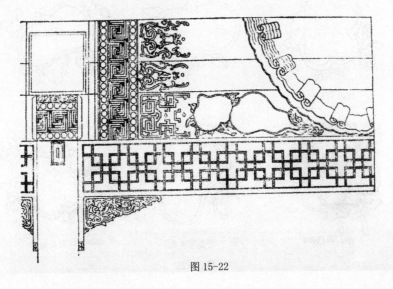

图15-22

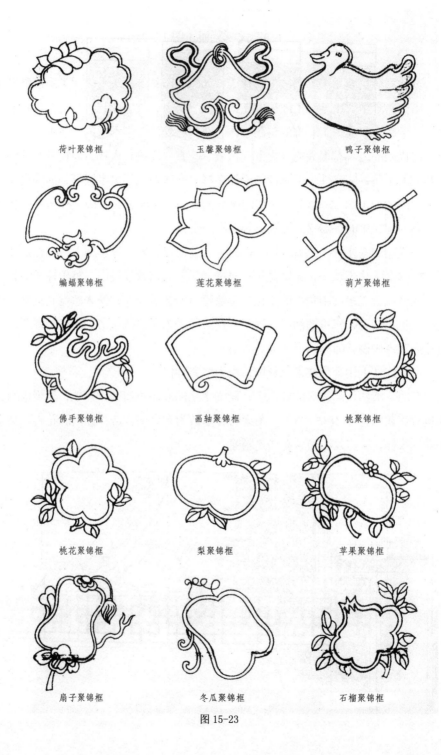

荷叶聚锦框　　　　　玉馨聚锦框　　　　　鸭子聚锦框

蝙蝠聚锦框　　　　　莲花聚锦框　　　　　葫芦聚锦框

佛手聚锦框　　　　　画轴聚锦框　　　　　桃聚锦框

桃花聚锦框　　　　　梨聚锦框　　　　　苹果聚锦框

扇子聚锦框　　　　　冬瓜聚锦框　　　　　石榴聚锦框

图 15-23

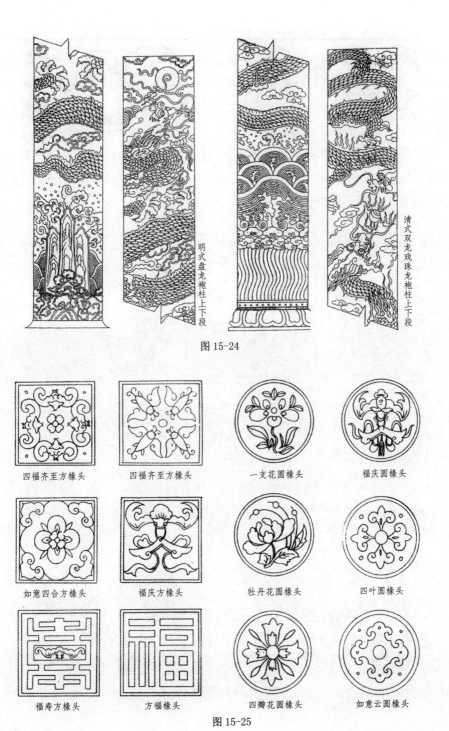

明式盘龙袍柱上下段

清式双龙戏珠龙袍柱上下段

图 15-24

四福齐至方椽头　　四福齐至方椽头　　一支花圆椽头　　福庆圆椽头

如意四合方椽头　　福庆方椽头　　牡丹花圆椽头　　四叶圆椽头

福寿方椽头　　方福椽头　　四瓣花圆椽头　　如意云圆椽头

图 15-25

　　明、清两代，民居建筑因受封建等级的限定，不能随心所欲地大面积搞彩饰，就用木雕、砖雕、石雕等手法来增添建筑的美感，包括一定范围内的彩饰手法的运用，如板壁、天花等处。在建材上搞雕饰，使图案与材质浑然一体，更显出一种含蓄与整体的美感，别有韵味。这也是对彩饰的一种补充，使中国古代建筑装饰得到了多元的发展。

　　民居建筑装饰或雕或绘，其图案内容基本脱离不了喜庆吉祥的范畴（图15-26），反映了人们对美好生活的向往。图案不论明喻还是隐喻，其中都不同程度地渗透着儒、佛、道三教的影响。

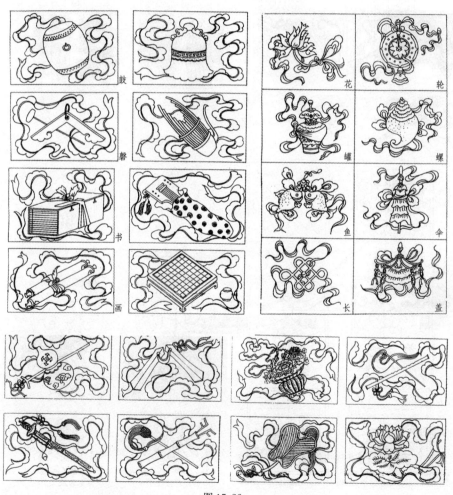

图 15-26

十六、古建筑的墙与地

按照墙的使用性质和部位，一般可分为檐墙、槛墙、围墙、照壁、隔断墙等。按照墙常用的建筑材料，则有土墙（夯土或土坯）、砖墙、木墙、编条夹泥墙、石墙等，此外还有使用混合材料的。按照结构受力的情况，有承重墙与非承重墙之分。

（一）土　墙

常见的有夯土墙、土坯墙等。夯土墙是我国墙壁最古老的形式之一，在河南郑州商城、陕西岐山西周早期建筑、秦汉的万里长城和唐长安大明宫等遗址中都可看到。因为它是以木版做模，其中置土，以杵或石夯、木夯分层夯捣实的，所以又称为"版筑"。

宋代的《营造法式》中规定建筑夯土墙的高度为底宽的一倍，顶部厚度为墙高的 1/5 ～1/4，所以墙面有显著的收分。明、清两代的重要建筑均用砖墙，夯土墙用于部分民居。

土墙的隔温、隔音性能好，又有一定的承载能力，并可就地取材，施工也很简易，但易受水浸的破坏。所以古代人筑墙时很注意选址和排水，或在土墙下砌一段石墙基（图16-1），有的还在土墙内隔一定距离放置木柱以加固墙身。

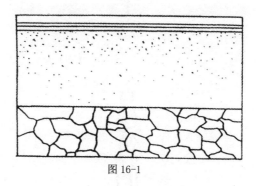

图 16-1

（二）砖　墙

中国古代均用青砖来筑墙铺地，青砖中最多见的为条砖，另有空心砖、楔形砖、画像砖等。

1. 空心砖墙

空心砖墙未见于地面以上建筑，仅用于战国晚期至东汉中期的墓中。空心砖体型都较大，以河南郑州二里冈战国空心砖墓壁为例：其空心砖长约1.1米、宽0.4米、厚0.15米。也有断面为方形或带有企口的。砌时干摆，侧放以为墓壁，平置以为墓底。在砖对外的一面常模印几何纹样或手工刻制当时的社会生活图（图16-2），这类砖又称画像砖。尤其是手工刻制反映当时社会生活各个侧面的画像

图 16-2

图 16-3

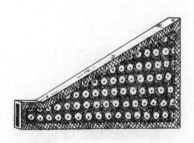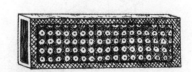

图 16-4

砖，许多作品都具有较高的艺术价值和历史价值（图 16-3）。空心砖不仅体型大，还有异形者，但一般都作为墓内的特殊结构件（图 16-4）。大型砖做成中空，便于烧透和搬用。

2. 条砖墙

条砖又称小砖，由于体小量轻，使用灵活，所以应用最广。这种陶质的黏土砖在战国时已有使用于壁体的实例。西汉晚期以后，大量应用于陵墓，见于仓、窑、井、水沟的也有。地面以上的大型建筑，以北魏的嵩岳寺塔为代表，表现了当时制砖和砌砖技术已达很高水平。唐代遗留了不少砖塔和少量的城墙，表明砖在建筑中的使用已较普遍。宋代制砖进一步发展，许多地方的城墙全部改砌砖面。宋代《营造法式》对制砖和砌砖也有专门的阐述，在宋代其他文字记载和绘画中表现的砖结构建筑也很多。明代是我国砖结构又一大发展时期，除了大量用砖建造的一般建筑和城墙外，还出现了无梁殿这种纯粹用砖拱券的地面建筑。

汉代条砖的质量与尺寸和现在的已差不多，它的长、宽、厚的比例约为4:2:1，表明砌体中砖已具有模数的性质。在砖的砌法，汉代已有很多变化，绝大多数都是错缝的（图 16-5）。汉代与南北朝的砌砖间一般无砂浆或用黏土胶结，仅极少数例子如河北望都二号墓（东汉灵帝光和五年、公元 182 年）及定县王庄汉墓

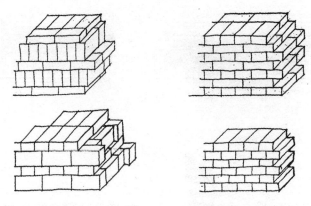

图 16-5

才用石灰胶泥。一般来说，砌砖间在宋代以前用黄泥浆，宋代及以后石灰砂浆才逐渐普遍使用，使防水性和黏着力大有提高，增强了墙体的坚固性。明、清建筑墙体中考究的还在砂浆中掺入糯米汁。

3. 空斗墙

这是用砖砌成盒状，中空或填以碎石泥土，多半不承重，或承少量荷载，南方民居及祠庙建筑中常用。墙厚一砖至一砖半，砌法有马槽斗、盒盒斗、高矮斗等多种（图 16-6）。

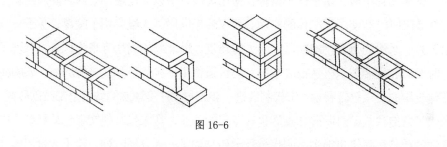

图 16-6

（三）木　墙

一种是井幹式结构形成的木墙，也反映在商至西汉的木椁墓中。其时的榫卯已很精确，种类也有四五种。

在南方的抬梁式或穿斗式木构架建筑中，也常使用木版做外墙或内墙。

（四）编条夹泥墙

编条夹泥墙多用于南方穿斗式建筑，可做外墙也可做内墙。它是在柱与穿枋间以竹条、树枝等编成壁体，两面涂泥，再施粉刷（图16-7）。其取材简易，施工方便，墙体轻薄，适用于气候温暖地区。

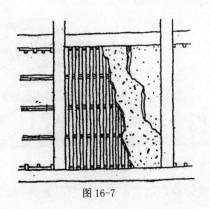
图 16-7

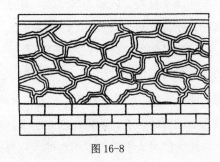
图 16-8

（五）石　墙

石墙在我国有两种主要做法：一种是用乱石砌（即虎皮石墙），厚约二尺左右不等，视高度而定，用石灰浆灌砌。在园林建筑上常用此种墙，颇有乡村天然的情趣。在产石的山区里，山民们亦用此法筑围墙（图16-8）或檐墙等。另一种是用规则的石块砌墙，石块或选取大小相等的或选取长短不一的，一些石质佛塔亦用此法筑塔身等部分。

按立面造型和使用的空间位置来看，防火山墙和照壁很具有特殊性。

防火山墙前已述，此从略。

（六）影　壁

影壁是一堵主要设于院落大门内或外的独立的短墙，由于它所处的位置总是与进出大门的人打照面，所以民间又称其为照壁或照墙。

影壁的设立是为了不让外人透过大门对院墙内的事物一览无余，另外可以挡住外部的灰尘、杂声，并有一定的防盗作用，给院内的人以安宁的环境，能有安全感。

影壁在古时亦称"屏"，为木质制作，现在南方明、清两代遗留的民居中，还可在进深较大的大门入口内见到这种木屏的存在。早在春秋战国时，作为厅堂用的明间的入口处多数设一木质屏风称"地屏"，功能亦是挡尘、阻声、护私密等。地屏根据需要可移动。其时用屏范围较广，另有床屏、灯屏、枕屏、曲屏等，这些均属家具类。以后为求坚固，用于大门内外之屏，多数用砖石筑成，方属建筑物，始称影壁。

一般民居影壁较小，均设于大门之内四五步距离处。制作精良的影壁造型一般上为带脊瓦顶，其中墩、瓦当、滴水、脊兽等一应俱全；中为壁体，上有彩绘或砖雕，人物、动物、花卉、山水、文字、图案等各种内容极其丰富；下为基座，或简洁的青砖砌筑，或使用须弥座等，亦属形式多变（图16-9）。

较大的或大型的建筑组群的大门外亦设影壁。这类影壁虽体型高大宽阔，在造型上亦同样分为顶、壁、座三部分而已，无甚创新，已成程式。不过其经常与周围的牌楼或建筑形成一个特色广场，气势不小。在城中建筑稠密处，这类影壁有时会跨过大门前的道路，在道路另一边正对大门处立足，与民居影壁形成异趣。设于大门外的影壁最具代表性的无疑是九龙壁。北京明、清两代留存的著名九龙壁有三座：北海九龙壁（原在已毁的北海天王殿以西一组建筑的大门前），大同九龙壁（在明太祖朱元璋之子朱棣的代王府大门前）和故宫九龙壁（宁寿宫的皇极门前）。这三座九龙壁以故宫的为最大，均用琉璃饰面，不仅都具影壁功能，而且都是难得的艺术珍品。

图 16-9

（七）铺　地

可分室内铺地与室外铺地。早在原始社会，就有用烧烤地面硬化以隔潮湿。周朝初也有在地面抹一层由泥、沙、石灰组成的面层，如陕西岐山凤雏村西周早期遗址。西周晚期时已出现铺地砖，陕西扶风出土的铺地砖约50厘米 ×50厘米，底面四角各有半个乒乓球大小的突起，以增铺地时的稳定性。春秋、战国的地砖，底面四边有凸楞，正面有米字纹、绳纹、回纹等，单边长尺寸约为35~45厘米。秦代又有表面为平行锯齿纹的地砖，体积为50厘米 ×35厘米 ×5厘米，其长边留有子母唇。在秦始皇陵陶俑坑内，有略呈楔形的铺地条砖。汉墓中一般用方砖或条砖铺地，也有用扇形砖铺圆形地面的，不过甚为少见。

东汉墓中已出现了磨砖对缝的地砖，而长安唐大明宫地砖侧面磨成斜面，从正面看几乎辨不出灰缝，但又加大了胶泥与砖的附着面积。

室内铺地多用方砖平铺，很少侧放，一般对缝或错缝。条砖有用席纹或四块砖相并横直间放的（图16-10）。

至少在西周中期已使用了卵石竖砌的室外散水。如陕西扶风西周宫室遗址所见。秦、汉时在卵石两侧砌砖使散水不易被冲散。到了唐代就完全用预制的地砖做室外散水了。宋代的《营造法式》规定散水的坡度为："柱外阶广五尺以下者，每一尺令自柱心起至阶龈垂二分，广六尺以上者垂三分。"

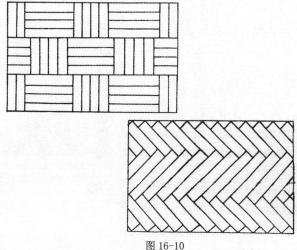

图 16-10

铺于室外的地砖为了防滑，表面多做成各种花纹，如秦代的回纹（图16-11）、汉代的文字砖等（图16-12）。明、清在住宅园林庭院中多利用各种废料铺地，如碎砖片、碎陶瓷、卵石等。构图有几何纹样、动植物、博古等。可用一种材料或用几种不同材料铺地，形式极多，江南苏州一带称之为花街铺地。

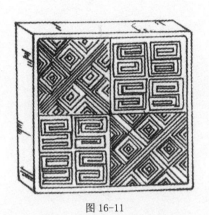

图 16-11

图 16-12

十七、古建筑的守护者

石　狮

　　我国疆域辽阔,有着非常丰富的动物资源,但作为猫科动物很重要的一员——狮子,却并未生长在中国古老的大地上。

　　我国古代人是非常喜欢将自己熟悉的动物塑造为艺术形象的,无论是猎取的飞禽走兽、游鱼或驯养的家禽家畜,以至于自然界的各种昆虫,均是他们进行艺术创作的素材。这在保存至今的原始人创作的崖壁画,新石器时代的彩陶艺术、玉器雕刻,商周遗址中出土的玉器、青铜器中都可得到印证。在上述范畴中表现最多的是牛、马、猪、狗、羊、虎、豹、狼、熊、象、犀、鹿、兔、龟、鱼、鸟、蛙、蝉等,但唯独没有狮子,究其原因亦十分简单,无存在,何来意识。

　　在以后漫长的封建社会里,狮子的艺术形象却突然占据了极重要的地位。无论在绘画、雕塑、建筑、工艺美术、小说、戏曲、杂技、民间节庆等艺术载体中,都可看到狮子作为艺术形象的存在。狮子的艺术形象数量之多、存在周期之长，几乎成了除龙、凤以外的第三个图腾了。中国的狮子艺术能取得如此地位与发展，是与佛教在中国广泛而持久的传播相联系的，因为佛经称"佛为人中狮"，狮子能占佛的光，当然身价非凡，令人起敬。汉武帝时，张骞出使西域，打通了我国与西域各国的经贸、文化与人员的交流。殊方异物纷纷来朝，古籍记载，狮子曾被作为贡品多次进献大汉王朝。作为贡品的狮子，一般人当然难见其尊容，这就更显狮子的神秘与尊贵。虽然古人有将悍妇的谩骂夸张成"河东狮吼"，也知道狮子的厉害，但毕竟鲜有人能"有幸"暴毙于狮子的铁爪钢牙之下，故无须对其抱有恐惧心理，反将其视作保护神而有求于它，狮子形象就此大行其道。

由于古人将狮视作瑞兽，将其神瑞化，所以表现其存在的艺术载体众多，表现语汇与手法亦层出不穷。狮子在建筑范畴中作为守门狮、镇墓兽的应用和历史造型语汇的演变也是多姿多彩的。

迄今为止，在中国现已发现的最早的一对石狮雕塑完成于东汉桓帝建和元年（公元147年）时。这对石狮是作为山东省嘉祥县武氏墓石祠入口处的守门（墓）狮。二狮张嘴并作行走状，分立于东、西两侧，这也基本上奠定了以后石狮在建筑中的功能作用、空间位置及命运归宿。铭文记载此二狮值钱4万，雕工颇精，可惜现在已残损严重，难睹其全貌。武氏石祠二石狮的存在，不仅证实了东汉的厚葬之风，也证明了雕造石狮置于建筑前的做法当时已是很流行的了。

现保存完好，并可较全面地了解我国早期石狮造型特征的，就是四川省雅安县高颐墓前的守墓狮了（图17-1）。这对石狮雕造于东汉献帝建安十四年（公元209年）。石狮抬头张嘴、挺胸收腹作行走状。石狮两颊带卷曲状的程式化鬃毛，两肩侧带翼翅，翼翅造型与鬃毛一致，在节奏上造成强弱对比，很富韵味。此狮虽被后人断尾，但可明显看出当时尾与高翘的臀部以及下行的背部形成了一条强烈的动态线，此线与颈、头部轮廓线相连，又形成了一条S形线，极具流畅感。此石狮一些装饰性的手法受到了伊朗、印度等国雕塑程式化手法的影响，传递了外来文化的信息。对两个硬安装上去的翅膀让中国古代人来接受是一件很容易的事。中国古代人将狮视作瑞兽，既然要神瑞化，那么安装两个翅膀也是很自然的事，况且战国时就已将神兽作如此处理了（图17-2）。

图17-3、17-4上所表现的也是东汉时的墓前石狮。图17-3的石狮现藏于

图 17-1

洛阳博物馆，此石狮羽毛的刻画细腻而生动，尾巴犹如钢鞭般有力地砸在地上，
与外伸的前爪一起变成一条强烈的动势线，使其生气勃勃、气势非凡。此石狮的
两颊鬃毛已被除去，虽已无狮之表征，但咬肌处理得甚为发达，故百兽之王的威
猛感丝毫未减。此石狮头上有一角，有角者在《汉书》中称为辟邪，但《后汉书》
又说无角者为避邪。前后矛盾，难以捉摸。其实古印度梵语称狮为 Simha，避邪
者在梵语中意指体格很庞大的雄狮，所以狮与辟邪谁有角谁无角均无所谓，因为
都是狮，都是神瑞之兽。历史上还有称狮为麒麟、天禄、狻猊等等，不胜枚举。
外来之物，又难睹尊容，一时称谓不定、说法不一，也为情理中事。

图 17-2

图 17-3

图 17-4

图 17-4 的石狮现藏于陕西省博物馆，与前两只东汉石狮相比，此狮最大的特点是写实性强。翼翅已去掉，两颊与下颌密布鬃毛，下巴底下非常斯文而又不伦不类地留了一小撮山羊胡子。胸大肌极发达，颇似健美者。疾步如飞，尾亦似砸地，充满了力量、运动和速度。张嘴大吼，犬齿外露，舌犹如尖刀般地有力上翘，目光炯炯，食肉类猛兽的特征毕现，百兽之王的威严不减。此狮虽不带翼，但东汉石狮多数带翼，而且全为如此这般的走狮。

综观东汉这三个石狮的共同点非常显著，即全为抬头、张嘴、挺胸、收腹、提臀并跨大步的走狮。带翅与无翅的都有，浪漫主义与现实主义共存。从前爪到尾巴均形成了一条强烈的动态线，头部、项部与躯干部也形成了一条 S 形弹性曲线，整体造型充满了动感与勃勃生气。但东汉石狮的造型与真狮比还是有较大的距离，尤其图 17-3 的石狮像是虎而不似狮。图 17-1 和图 17-4 者充其量是母狮或谢顶之公狮。从以后各朝各代石狮造型的发展来看，中国人是将头披厚厚鬃毛的公狮作为狮子造型的唯一楷模，雌雄皆如此。东汉遗留的石狮不多，但都没有头披厚鬃毛者。这不能说东汉人没有写实能力，而是现在被称作雕塑艺术家的人，在封建社会里仅被视作九流中人，是下等人，不可能有机会亲睹宫苑里的真狮。所以他们面对石头创作时，只能道听途说，或按另一种同属大型猫科动物的老虎来依虎刻狮，也许还参照了从西域来的工艺品。好在东方美学重神似，所以一般人认为只要把狮的"神"——威猛与力量表现出来就可以了，对形的细节的真实性不太斤斤计较。石狮作为建筑艺术的一种配置在东汉出现了，其形状也被当时人作为狮子而认可了，这为以后守门（墓）狮的发展打下了坚实的基础，虽然多少带点缺憾。或许正是这些缺憾成了石狮民族化的温床。

东汉时佛教传入中国，富有智慧并带有和平主义色彩的佛教并没挽救东汉王朝的衰落与覆灭，经过三国的封建割据与战乱，中国进入了割据更甚、战乱更为频繁的南北朝时期，在苦难中石狮艺术与其他门类艺术却得到了发展。

南北朝的石狮对东汉的石狮既有继承，也有发展与变化。

南北朝的石狮不仅有走狮（多数），也历史性地出现了蹲狮（少数），南北朝多数石狮仍为翼狮，此状与东汉石狮同。不少石狮的头上长有小型的单角或双角，这也是东汉手法的延续。从南北朝起，中国古代石狮，无论走狮或蹲狮头上均完整地包有鬃毛（图17-5），南北朝石狮有些头部的鬃毛非常厚实，整体性很强，有些胸前与颊部的鬃毛处理得飘逸、潇洒，很富装饰性。南北朝石狮的翼翅造型处理得有点花俏，而且身上也布满了火焰纹与云纹，虽可以此来显示狮子的无限神威，但也略感做作与怪异。同为走狮，南北朝的石狮绝对没有东汉石狮健步如飞的神采。南北朝有的走狮步履犹豫，有的戛然而止，有的步履沉重缓慢，……而走狮们的尾巴均有气无力地向下垂着，隐隐透出战乱年代人们内心的彷徨、疲惫、无奈和恐惧。南北朝的石狮鬃毛多了，但运动感却弱了；有些石狮伸长细脖，有些却紧缩下颌，有些甚至还像狗似地伸出了长舌。这些石狮的肢体语言，使神兽的威严气势大受损害。战乱年代亦使神兽蒙羞。

南北朝的蹲狮静中有动（图17-8），给人以蓄势待发之感。石狮吻部方正，再加包着头部的富有装饰性的鬃毛，很有表现力。此狮虽下蹲，但两条前腿还有行走状痕迹，这是从走狮到蹲狮的一个过渡期作品。图17-7亦是南北朝的蹲狮，此狮毛发密而蓬松，下颌收紧，二前腿前伸，后臀坐地，整体稳定感强，其造型也奠定了以后隋、唐蹲狮的基本倾向。

图 17-5

隋朝开始，与建筑相关的石狮，逐步以蹲狮为主，而且石狮的两翼被取消，渡过了尝试与探索的时代，开始走向民族化。图 17-7 这个隋朝蹲狮的两前腿上部的火焰纹装饰，既是对南北朝喜欢在石狮身上刻花纹的一种有限继承，也是东汉与南北朝翼狮二翅的最后残留痕迹。隋朝蹲狮的下颌与胸部紧连成一个整体，从侧面观去，以头部为中心点，以绷直的前腿与紧贴地面的臀部为两个支撑点，整个轮廓几乎成等腰三角形，在稳定中透出了力量与自信。隋朝蹲狮的这些造型手法，既是对南北朝蹲狮的继承，也深刻地影响了唐朝石狮的相应处理手法。

唐朝蹲狮（图 17-9、10、11、12）的造型，基本上是隋朝蹲狮的延续，但造型更为丰满，一些细节的处理也较前写实。如图 17-10 蹲狮两前爪上部腕关节的强化表现、图 17-10、11、12 前臂上后部的鬃毛处理，以及蹲狮和走狮头部鬃毛丝丝入扣的塑造。

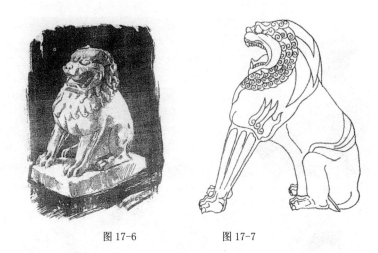

图 17-6 　　　　　　　　　图 17-7

图 17-8

　　唐朝蹲狮的胸部与肩部的处理与南北朝、隋朝的蹲狮相比显得宽大、厚实、非常壮硕，更显沉稳感。

　　唐朝石狮与以前石狮相比还有一个显著的差异，即用发型的不同来区分石狮的公母之别，公狮的发型为卷发状（图 17-13 左、14 左），母狮的发型为披发状（图 17-13 右、14 右）。此手法不仅前无古人，同时也影响着当今时尚人士的发型趋向。既然有性别之分，那么空间位置也应有所界定，原则上是遵循人类社会的男左女右的礼仪，即公狮在左（东方）、母狮在右（西方）。

　　唐朝的走狮整体造型圆浑壮硕、沉稳有力，和唐代以丰满为美的审美定位相一致（图 17-14）。与东汉和南北朝的走狮相比，唐朝走狮的尾巴不再触地。但不少石狮腿后的鬃毛得到了强化表现。唐朝走狮虽步履较小，但配合整体造型反倒表现出坚定自信、深沉威武的内在气质，充分显示出唐帝国的自信和强大。艺术作品往往也是一个时代的浓缩写照。这一对在顺陵的石狮不仅通过发式变化，同时也用表情来表现它们不同的性别差异，如公狮张着低沉而有力地吼叫的大嘴，表现出雄性的威猛，而母狮却抿着天包地的门齿在嬉笑，刻画了雌性的含蓄和温顺。这种性别差异的拟人化表现手法，也是人类社会伦理观在石狮身上的投射。艺术作品的内容多种多样、手法千变万化，但最终表现的还是人自己。

图 17-9 的唐代蹲狮是一件非常生动、优秀的艺术品，它表现了狮子在听佛讲经时，明白了佛理时的喜悦状态。大笑的嘴型，尤其是抬起并拍着胸部的前爪，完全是拟人化的又一例证。拟人化的趋向在于神似而非形似。

经过唐朝石狮的雍容、稳健与威严，宋朝的石狮风格开始朝秀丽化、世俗化迈进。宋代蹲狮从侧面观去再不是等腰三角形了，而是朝头部方向前倾的三角形。石狮下巴向上向前抬起，与胸部不再粘连，虽然发型还是随从唐之遗风，即卷发雄狮、披发母狮，但从宋朝开始石狮却被硬性套上了一个原来被狗所用的项圈。

图 17-9   图 17-10

图 17-11 图 17-12

图 17-13

图 17-14

虽然项圈上面铃铛、缨绥一应俱全，制作也颇费工夫和金钱，但这毕竟是把狮们的英武之气也给一块儿套没了（图 17-15）。图中可见用于雄狮的项圈较朴实，而用于母狮的项圈就显得较华丽，这说明古人也充分顾及了不同性别对待审美的不同倾向性。用心虽良苦，但狮们的八面威风却被扫地了。

图 17-16 的石狮为宋皇陵前的走狮，虽体格壮硕，转首远眺，很显活力，但在那个扎眼的颈部项圈上除了铃铛、缨绥外，还加了一条牵引链。链子虽细，但杀伤力很大，使狮降格为犬。去除石狮的尊严，使其从神瑞化的高台走向世俗化的人间。石狮从东汉起至唐代，其在建筑范畴内主要为阴气森森的陵墓做守护，或为佛家石窟、皇家宫殿做卫士。但从宋朝起达官贵人的私宅和官署衙门前也开始安置守门石狮了。虽然这在当时还是权势的象征，是封建等级制的体现，但石狮的使用无疑是在逐步世俗化了。宋朝石狮的威猛气势开始减弱，不仅与时代的审美风气转化有关，也与使用范围的逐步世俗化有关。

宋朝石狮世俗化表现在造型方面除了重装饰、重亲善感外，还有体量的缩小。从以前的大型体量过渡到中小型体量，从神圣型演变为驯化型，这也为宋以后的石狮艺术的进一步的世俗化和普及化在造型上开了先河。

金、元时期的石狮的性别差异不注重发型上的分化，雄雌两性的发型均为密布的一个个螺旋状圆锥形，颇似佛祖的发型。神瑞化通过发型作为一种隐喻符号

图 17-15

图 17-16

而存在。从此时期开始，石狮的性别主要用职能差异来表现，即雄狮用前爪耍绣球，而母狮用前爪抚小狮。这种用职能差异来表现性别不同的手法深刻地暴露了封建统治阶级的价值观念和秩序理念。这种有男尊女卑倾向的拟人化手法的应用，却把石狮艺术的世俗化推向了一个新的高峰。

这是一对元代的守门石狮，东为公狮（图 17-17），西为母狮（图 17-18）。两狮昂首左顾右盼，遥相呼应，非常生动，把以前的石狮，尤其是宋以前的石狮那种表现威猛、庄重的装模作样一扫而空，代之以人性的亲切。公狮前爪踩着绣球，口含锦带，宽松的项圈斜搭于肩上，显得自在洒脱。而母狮前爪轻抚小狮，较为华丽的项圈很规范地搭于前胸，再配上长波浪般的卷发，略显出几分妩媚。这长波浪般的卷发是唐、宋时对母狮鬃毛处理的微弱的回光返照。这对石狮无疑是世俗化的典范。

图 17-19 是元代的一个雄性守门铁狮。较其他朝代守门狮的材质而言，元代的铁质守门狮较多见是其时代特征。元代无论是石质守门狮还是铁质守门狮与其他朝代相比，在比例上、解剖上都较为写实，形神皆备，可谓独树一帜。

元代统治者在习俗上重秘葬，不存在长长的"石象生"陵墓大道。所以这也是在元朝只有守门狮而无守墓狮的根本原因。

元朝的宗教氛围较宽松，不排斥多种宗教信仰。佛教自南北朝以来的影响力相对有所减弱，大型的石窟艺术不再出现。与此同时，其他宗教信仰以及与此相关的各类宗教建筑纷纷得到了发展，如关帝庙、土地庙、城隍庙、祠堂、道观、文庙、药王庙等到处兴建。由于中国从未发生过类似欧洲中世纪的宗教战争，各教派间并无森严壁垒、你死我活的鸿沟存在，各种教理、教义也有相互渗透的情况存在。而中国百姓中有为数众多的人对宗教抱有实用心理，故有"临时抱佛脚"之说。所以这些与佛教无关的宗教建筑也问心无愧地把石狮搬来为其看家护院，大家都认狮子为共同的保护神。对此现象在历史上也无人说三道四，一切均显得正常、自然。这使中国的石狮艺术从世俗化又走向了普及化，石狮艺术在欣欣向荣中与建筑艺术的结合更紧密了。

　　明、清两代是中国封建社会的晚期与尾声。在一片逐渐衰败的景象中，中国

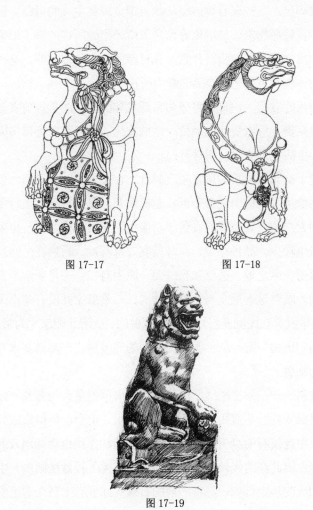

图 17-17　　　　　　　　图 17-18

图 17-19

的石狮艺术在世俗化中又逐步地发展为程式化、喜庆吉祥化，而且更为普及化、多样化、商品化。

在明代，当时的人们对来自西方的狮子的真实形象已经有了客观性的了解，如药物学家、医学家李时珍在《本草纲目·狮》中对狮的自然形态就作了较真实的描述："狮子出西域诸国，目光如电，声吼如雷，状如虎而小，色黄，亦如金色猱狗，而头大尾长，亦有青色者；铜头铁额，钩爪锯牙，弭耳，昂鼻，有形髯，牡者尾上茸毛大如斗，怒则吼，百兽辟易马皆溺血，其乳入牛马乳中，皆化成水。虽死后，虎豹不敢食其肉，蝇不敢集其尾。西域兽之，七日取其未开目者调习之，若稍长，则难训矣。"按理石狮造型从此可走上现实主义的道路，但匠人雕石狮还是依照前辈在臆测想象、神瑞化等作用下所产生的所谓的狮子形象为模特，对真狮的本来面目视而不见，我行我素。真可谓假作真时真亦假，这或许正是东方美学价值观的体现，也是艺术作品的魅力所在。

明、清两代的守门、镇墓狮可分为宫廷式和民间式两类。前者做工精巧，装饰华丽，用材高贵，后者受业主品位、地域文化、工匠手艺等诸多因素影响，作品风格多样，生活气息浓厚，用材普通。

明朝恢复了被元朝中断的皇家陵寝制度，在长长的陵墓通道两侧，站狮、蹲狮又在众"石像生"队伍中现身于世，重操旧业。皇家带头，上行下效。许多达官贵人、豪门大户均在其坟墓前设置"石像生"，虽规模远不及皇家气派，"石像生"的数量也较少，品种亦少，有时就剩守墓石狮。石狮在民间坟墓的小规模仪卫中仍然保留一席之地，甚至独当一面，原因有二：一是千余年来石狮造型早已被民间认同，既然是老朋友当然难分难离；二是皇家并没有禁止民间用狮作仪卫，而石狮最早就是在民间充当坟墓的镇墓兽的，从南北朝起才为帝王守陵而已，这也算是"回归历史"吧，清承明制，清朝的守陵狮、守墓狮基本与明朝同，还都把走狮变为站狮。

明朝的守墓、守门狮在民间广泛使用，至清朝更是大为普及。以至于清朝的统治者认为有必要立一些规矩，以免已走下神坛、走向世俗但余威尚存的狮子，最后在普及化中连仅有的身份、权势象征的功能和作用也会烟消云散，而有损统治阶级的尊严。因此在清代较早时颁布的清工部《工程做法则例》中对设置守门狮就做出了相应的规定：如一品官门前的石狮头部要有十三个卷毛疙瘩，并随官

图 17-20　　　　　　　　图 17-21

图 17-22　　　　　　　　图 17-23

图 17-24　　　　　　　　图 17-25

职的降低而逐级减少其数量。犹如现今的军衔、警衔一般，官大官小让人一目了然。而七品官以下就不准在门前设置石狮，平头百姓更无此殊荣。但这种限制在很短的时间内便自行废止了。此时石狮守门早已成了建筑上的一种积重难返的程式，况且能用守门石狮者亦是有钱有势者，而非等闲之辈。统治者去得罪自己的统治基础岂非蠢事。由此可见，当时守门石狮应用之普遍，连皇帝最后也得让步。

在明、清两代，无论是宫廷式的石狮或民间式的石狮，其造型总体特征均为头大、身小、腿短或腿细。东汉石狮的勃勃生气，南北朝石狮的厚重，唐朝石狮的端庄稳健等，这些造型因素在明、清石狮中是难以见到的。

图 17-20 是明代的天安门守门石狮，其头之大要占整体造型的三分之一强，图 17-22 是清代故宫太和门前的铜狮和乾清门前的鎏金铜狮（图 17-23），其头大身小一如明代。同为蹲狮，如与隋、唐之石蹲狮相比雄强之势显然不可同日而语，虽然明、清两代的一些宫廷式狮子的实际尺度并不是很小。为了表现狮子的强健、威猛，明、清两代往往在一些小细节上做文章，如狮眉紧锁、尖爪暴长，强化短小腿部的肌肉刻画，有些做得过火，犹如在搞肌肉解剖，额头部分往往还莫明其妙地生出一些大小不一的肉瘤。这些手法基本上已流于程式化，程式化是成熟的终结，亦是教条和僵化的开始。弃大关系而热衷小细节，总不得要领。

明、清两代的宫廷式蹲狮的座子比前朝前代任何蹲狮的座子都要考究多了，其座多数为须弥座，座面上锦披、绶带俱全，纹样细腻，雕工精良，令人感叹。但给人总的印象是重工轻艺，程式化大于个性化。

明、清两代有一些守陵石狮的细节处理令人费解，如图 17-21 的明代守陵石狮和图 17-24 的清代守陵石狮，其上、下嘴唇均被处理成波浪起伏状，露出了怪模怪样的嬉皮笑脸。此表情与它们身处的环境格格不入，这是程式化的恶果。

明、清两代的宫廷式蹲狮和站狮，不仅没了狮的威猛感，而且开始像狗了。再如图 17-24 和图 17-25 这两只清代守陵狮，尽管尺度不小，但前者像斗牛犬，后者像狮子狗，已是一目了然的造型倾向。虽然它们还被称为狮子，但在外表形态和内在精神的表现上，与汉、唐石狮相比，已有了非常大的差异性，有了质的不同。

民间的守门狮由于普遍追求吉祥喜庆的造型倾向，更是将狮子的形象向讨人喜欢、对人忠诚的狗的形象靠拢，如图 17-26 和图 17-27，这两只清代守门狮，其形状完全是北京狮子狗的写照。从南北朝伸出长舌模仿狗的石狮，到宋代戴上狗用的项圈的石狮，直到清代完全变成狮子狗的石狮，真可谓沧海桑田，石狮们名存而实亡了。尤其是如图 17-28 的清代石狮简直是连狗都不如，堕落成癞蛤蟆了。

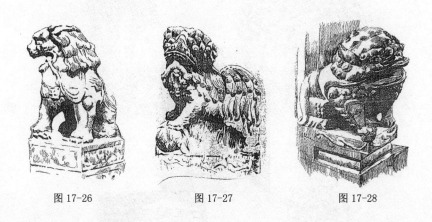

图 17-26   图 17-27   图 17-28

当明、清两代宫廷守门狮趋向程式化时，民间守门狮却向多样化方向发展，如图 17-29 是一只在海边寺院山门前的守门狮，其头部与尾部的鬃毛似乎被海风吹得飞扬而凌乱起来，与其地域环境相配合显得非常生动而又合情合理，另如图17-30 的守门狮整体造型的轮廓线非常流畅，似乎此狮不是用石雕成，而是用蜡塑成。许多民间守门狮摇头摆尾的肢体语言很是丰富，虽然这有失狮子的八面威风，但不墨守成规，正是民间艺术的鲜活处。

明、清时的民间守墓、守门狮得到了广泛的普及，但数量一多难免鱼龙混杂。另外手艺高、造型能力强的工匠毕竟是少数，况且他们中的多数被皇家和官方所垄断，所以民间守门石狮中粗制滥造者、造型怪模怪样者为数不少，前述的癞蛤蟆形石狮即是一例。还有在民间的不少守门石狮中的公狮要球的前爪和母狮抚小狮的前爪似乎都得了风湿病，均不会弯曲而是直愣愣地踩下来。有些整个上臂都缩到胸腔里去了（图 17-31），令人费解。虽然明、清时的石狮变得温和与驯良，但无论是宫廷狮还是民间狮，许多母狮前爪不是在抚小狮，而是恶狠狠地踩着小狮的腹部，小狮们都四脚朝天地在痛苦挣扎，这亦使人难以捉摸。明、清时的不

图 17-29　　　　　　　　　　　　　　　图 17-30

图 17-31

少宫廷狮（图 17-23）和民间狮（图 17-31）的前腿正前方部往往还出现一块既像伤疤又像护甲的长条形，此造型处理手法最早出现在宋代很少数石狮的前腿上，但到明、清时却很多见了。明代少数民间守门石狮还难分公母，因为东西两狮爪下都有绣球和小狮。

　　民间石狮受地域文化的影响，在清代还分北狮和南狮，由于清代朝廷在北方，故北狮造型比较接近宫廷狮，即吻部较为方正，整体较为壮实敦厚。南狮的原产地主要在福建、广东一带，南狮吻部宽扁，上唇中部往上翻起，外加两只较大的招风耳朵，显得有些好玩。南狮多数身体细长，背上亦披细腻长毛，细节处理精致而显花俏（图 17-33）。部分南狮不是蹲狮，而是趴狮（图 17-32），有些南狮的造型骨瘦如柴（如图 17-34），令人怜悯。

　　如果从东汉保存至今的最早的石狮算起到清王朝在辛亥革命中的轰然倒塌，中国的守墓、守门石（铁、铜）狮在封建社会中共存在、发展了一千七百六十余年。在漫长的岁月中，中国狮子艺术的造型处理和精神内涵的追求主要来自"中得心源"，而非来自"外师造化"，这是中国人的一种创造，是中国人的审美品位和智慧的结晶，无论它像什么，它就是狮子，是中国人的狮子，这也是对世界文明的一种贡献。

图 17-32

图 17-33　　　　　　　　　图 17-34

十八、古建筑的摩天者

塔

　　塔是佛教的三大类建筑之一，另两类为寺院和石窟。

　　塔是一种外来的建筑样式，它是东汉时随着佛教一起传入中国的，中国大地上至今还遗留有各朝各代所造的两千余座古塔。

　　一般而言，塔分地面和地下两部分。地面部分是日常能见到的各种类型的塔，其中有些还可进入并登临。地下部分又称地宫，难睹其真容，亦难有机会进入其中来感受其存在。

　　塔的地面部分自下而上一般有塔基、塔身、塔刹三部分构成，亦有特殊者。

　　古代印度梵语称塔为 stupe，我国古人最早将其翻译成窣堵坡，后又将其写作塔婆，最后才将其定名为塔，一直沿用至今。

　　在民间还称塔为舍利塔，这一称呼道出了塔的最早的功能，即作为埋藏佛的舍利之用，但释迦牟尼圆寂火化后的骸骨（舍利）数量毕竟有限，其他得道高僧身后能留下舍利的也是极少数（按佛教的定论，舍利应是"击之不碎，色彩晶莹"的）。如果塔下地宫里无舍利埋藏，再称此塔为舍利塔显然就名不副实了。

中国老百姓大多数人称塔为宝塔。塔下如埋有佛舍利当然宝贵异常，此塔当之无愧的可以称作宝塔。以后造塔成风，舍利有限，若无舍利，将如何办是好。对此佛经《如意宝珠金轮咒王经》上有相应指示："若无舍利，以金、银、琉璃、水晶、玛瑙、玻璃众宝造作舍利。"如连这也办不到，还可以"到大海边拾清净砂石为舍利，亦用药草、竹木根节造为舍利"。这后一段话表面来看似乎佛教也玩滥竽充数、鱼目混珠的虚招，其实不然，这正反映了佛教重精神、轻物质，重节俭、轻浮华的宗教内涵，这是境界之宝。所以，塔的地宫里仅有竹木根节，也是宝塔。

既可称舍利塔，又可称宝塔的典型实例为西安的法门寺塔。该塔的地宫里不仅埋有佛舍利，还埋有大量的珍贵文物和金银珠宝，令世界轰动。

中国俗谚："救人一命，胜造七级浮屠。"七级浮屠即七层高的宝塔。此言不仅显示了塔在佛教中的重要性，也暗示了佛教在与人为善和信佛敬佛上应是务实不务虚的。严格地讲浮屠并不是指塔，在中国的佛经中浮屠是指佛，它是梵文Buddha（佛）的译音。但是从广义上讲，把佛和塔混为一体也无伤大雅，因为在印度，窣堵坡最早就是佛的坟墓。

在中国两千一百余年的封建社会里，塔的存在和发展就横跨了封建社会大部分的历史时间。在这漫长的时间跨度里，中国古塔一共发展出五大类型：

（一）楼阁式塔

"楼，重屋也。"（《说文解字》）楼是具有两层以上的建筑。阁是楼的一种，如楼的二层以上外部带廊，使人可从室内走到室外来，犹如今天高层建筑室外带阳台者，这就是古人称为阁的建筑。所以楼阁式塔严格地讲可分楼式塔（不带廊）和阁式塔（带廊）两种，如图18-4、8为楼式塔，图18-5、6、7为阁式塔，但习惯上人们将它们统称为楼阁式塔。图18-1到图18-8全为楼阁式塔。

楼阁式塔是留存至今数量最多的一种古塔，也是在中国大地上出现最早的一

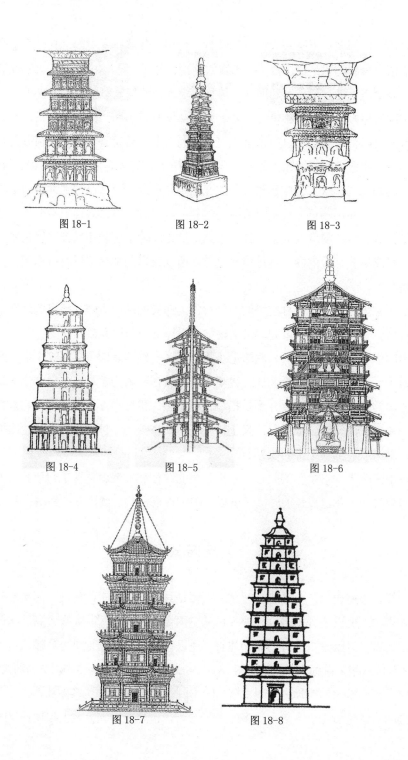

图 18-1   图 18-2   图 18-3

图 18-4   图 18-5   图 18-6

图 18-7   图 18-8

种古塔。中国的楼阁式塔是东汉时的一种创新，是古人对外来文化为我所用而进行改造的结果。印度的窣堵坡尽管体量很大，但是一种单层建筑（图18-9），类似中国古代已有的坟墓造型。东汉时的人们将印度塔的造型拿来加在汉代的高层建筑阙楼（图18-10）的顶部，使塔成为一种多层建筑，更显鹤立鸡群而引人注目，表示了对佛的敬意。在敦煌石窟的一些早期壁画上，可看出古人将中印建筑元素相结合的创意（图18-11、12）。

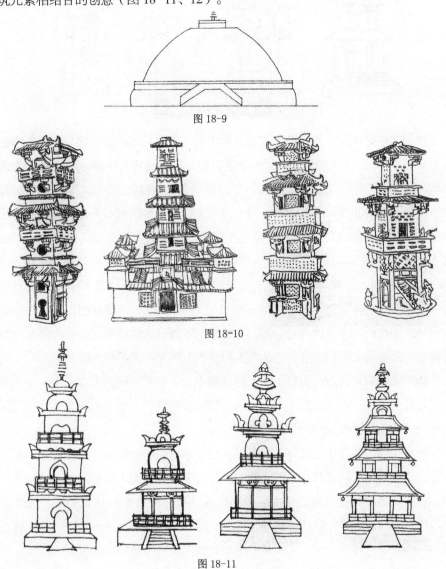

图 18-9

图 18-10

图 18-11

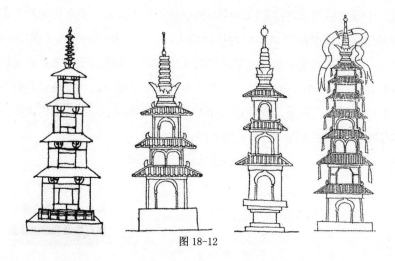

图 18-12

　　楼阁式塔是中国古代的高层建筑，其中有一部分可称作摩天楼。据《洛阳伽蓝》记载，约公元 5 世纪 30 年代的北魏时期，洛阳曾建有一座永宁寺塔，为木结构的楼阁式，高达百丈，"去京师百里已遥见之"，其高度约为现今的 110 余米。巍峨矗立，气势非凡，称其为摩天楼一点不为过。可惜后被大火烧毁，早已荡然无存。从中可看到我国古代木结构工程技术曾达到的辉煌高度。留存至今的最高木结构塔为建于（辽代清宁二年 1056 年）的山西应县佛宫寺释迦塔（图 18-6）。此塔八角，外观五层六檐，为全木结构的楼阁式塔。通高 67.3 米，为世界现存最高的木构架建筑。释迦塔的塔底直径为 30.27 米，为留存的古塔中直径最大者。此塔在历史上多次遇过地震，在民国的军阀混战中还挨过炮击，但至今完好矗立。释迦塔无论在造型上还是在工程技术上均为古塔中的杰作。

　　楼阁式塔的立面造型为自下而上逐层缩小，不管其实际高度有多少，上小下大是其基本面貌。不过有些上小下大的特征比较明显，如唐代的大雁塔（图 18-4），有些上小下大的差异不明显（图 18-6）。

　　楼阁式塔的材质在东汉时以木为主，由于木材坚固性较差，年代久远，难以保存，使今人无法睹其尊容。南北朝的部分楼阁式塔亦为木结构的，也没留下一个，只能从当时的壁画和石雕作品上间接地感受其风采（图 18-1~3）。南北朝至唐代主要以砖石来建造楼阁式塔，留存至今的为数不少。从五代起，砖木材质混用的楼阁式塔开始出现。辽代时木构架的楼阁式塔也开始重登历史舞台。以后还有纯砖石雕制的小型楼阁式塔。

砖木混用的楼阁式塔一般是塔身为砖筑，出檐、斗栱和平座为木构。由于木结构的强度逊于砖，而出檐、平座等部分又暴露于风吹、雨淋、日晒中，更易损坏，故时间一长，木构朽坏，仅剩直上直下的砖塔身，犹如冲天炮般孤立，此类现象在宋塔上可见，因宋代楼阁式塔多数为砖木混用。木结构和砖木混用的塔仅到辽、宋为止，元、明、清三代没有木结构的塔。

（二）密檐式塔

此类塔的立面造型很有个性：其第一层非常高，以上各层骤然变得很低矮，每层高度和面阔均逐渐缩小，愈往上收缩愈急，各层出檐紧密相接（图18-13、14、15、16），故称密檐式塔。

一般情况下，密檐式塔的层数较楼阁式塔的为多，在没有相应参照物的条件下，层数多容易给人很高的感觉。尤其当人站在密檐式塔下抬头仰望时，由于第一层很高，其他各层紧密相接而逐层收缩变小，强化了近大远小的空间透视感，会给人以比此塔实际高度高得多的视错觉的强烈印象。此类塔的造型手法对强化高度感很有效，但有高度感的物体有时也会产生瘦弱感的弊端。为了消除瘦弱感的不利方面，密檐式塔的外立面轮廓线往往处理为梭状，可以产生向外的张力感和丰满感（图18-13、14、16）。这是南北朝至唐代的密檐式塔的普遍手法。

虽然密檐式塔会强化实际的高度感，但多数密檐式塔不能让人满足"登高远望"的欲望。一部分密檐式塔只能让人登上开始的几层，要到上面的塔层会使人愈来愈低头哈腰，以至于要趴着走，直到无法再爬上去，如唐代的小雁塔即如此（图18-14）。有些密檐式塔是实心的，人是永远无法进入的，如五代的楼霞塔（图18-15）。虽然密檐式塔有这些缺陷，但许多密檐式塔的表面布满了精美丰富的浮雕，为楼阁式塔所不及，其浮雕内容从人物、动物、花草到几何图案不一而足。远观其势，近观其质，从审美角度看密檐式塔常可令人流连忘返。只能外观而不能入其内，使密檐式塔更像雕塑，而不像建筑。

密檐式塔在辽、金两代建得较多，故北方地区的一些百姓干脆称其为辽金塔。辽、金时的密檐式塔的整体轮廓线较直，多为八角形，金代较辽代的塔表雕饰更

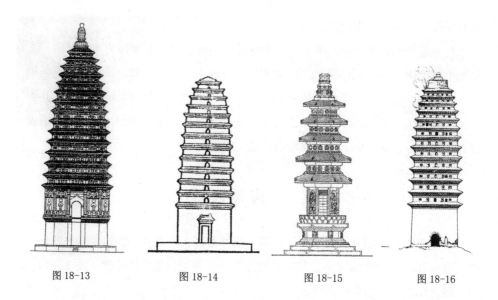

图 18-13　　　　　　　图 18-14　　　　　　　图 18-15　　　　　　图 18-16

为繁复华丽。密檐式塔与楼阁式塔均为多层塔，但从外立面到内空间两者都有很大的不同。密檐式塔全为砖石所造。

　　遗留至今最早的密檐式塔是建于北魏孝明帝正光元年（公元 520 年）的嵩岳寺塔（图 18-13）。此塔在外立面上有两个造型特征非常引人注目：此塔高 40 余米，共十五层，是古塔中层数最多者，此塔的平面为十二边形，亦为古塔中仅有的一个罕例。尤其是此时期其他塔的平面都为四边形时，它却突然蹦出个十二边形，令人瞠目，也令以后宋、辽、金各代出现的八边形塔难望其项背。嵩岳寺塔也是目前能见到的两千余座古塔中的最年长者，保存还非常完好。虽然密檐式塔的留存数量和分布面积不及楼阁式塔的多而广，但嵩岳寺塔确可称为古来群塔的领头羊。

（三）单 层 塔

　　此类塔均作为墓塔用。从功能到单层这两方面来看，此类塔较为接近印度的窣堵坡。

　　单层塔最早的实例为建于东魏时期的山东神通寺塔（图 18-22），该塔的平面是四边形，立面似一个砖石造的亭式建筑，四个方向均开有一门。以后历代所造单层塔用此形式者不少，故此类塔也被人称为亭式塔或四门塔。

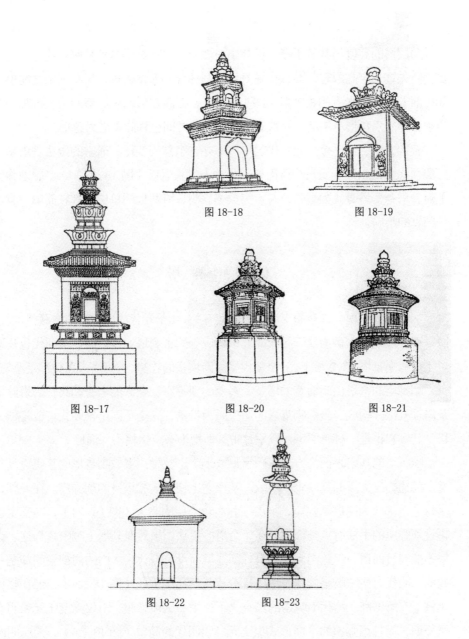

图 18-18　　　　　　　图 18-19

图 18-17　　　　　图 18-20　　　　　图 18-21

图 18-22　　　　图 18-23

　　唐代的多数单层塔与同时期的楼阁式塔或密檐式塔一样多为四方形（图 18-17、18、19），但也出现了一些八角形、六角形和圆形的砖筑单层塔（图 18-20、21）。唐代此类塔身大部分中空，内为穹窿顶，外部出檐有用叠涩的，也有用砖雕出斗栱、椽以及立柱、额枋、门窗等。唐代以后的单层塔多数为实心砌体。

单层塔的高度虽其貌不扬，但其中一部分不仅加高增厚其基座以补先天之不足，犹如矮子穿高跟鞋，而且在塔身和塔刹部分亦大搞雕饰，极尽美化之能事。如山西五台山佛光寺的祖师塔（图18-18），在四方形的单层塔的顶上再加一个带须弥座的六角形单层塔，显得非常花俏，故民间也称此类塔为花塔。

五代、宋、辽、金、元各代的单层塔亦有丰富的变化，通常的做法是塔基为二层须弥座，如建于元代的河南登封少林寺的长老塔（图18-23）。二层须弥座上矗着塔身，塔身犹如炮弹，有点另类感。明、清两代的单层塔都较简单，有返朴归真的趋向。

（四）喇 嘛 塔

喇嘛塔的出现与佛教的支流藏传佛教有关，由于元代的统治者信奉藏传佛教，所以现存最早的实例为建于元代的北京妙应寺的舍利塔。以后明、清两代也建造了不少的喇嘛塔。在数量上，三个朝代呈逐渐增多的趋势。喇嘛塔大多数都是墓塔。

喇嘛塔的全塔由高而宽的塔基、多变的须弥座、肥硕的塔身和长长的塔脖子及塔顶五部分构成。虽然喇嘛塔的造型颇为特殊，完全不同于楼阁式塔或密檐式塔，其实它也是一种单层塔，只不过跟其他塔形有点格格不入而已。

喇嘛塔的基座平面为方形、凸字形或十字形数种。多数喇嘛塔的基座之高与宽为前述的三类塔的基座难以匹敌。基座之上便是承载塔身的须弥座。在元朝，塔身之下部分为两层须弥座，下层须弥座较上层的略大（图18-24），在基座上再设须弥座的手法有点类似部分辽、金塔的手法，虽然在外形上喇嘛塔与辽、金塔不能同日而语，但这两类塔只有外部造型而没有可让人入内的内部空间却是一致的。明代有些喇嘛塔的塔身之下部分也是两层须弥座（图18-25），但在整体比例上有所增高。清代喇嘛塔的塔身之下只用一层须弥座，不仅高度比元、明有所降低，而且须弥座的平面形式也比元、明两代的简单（图18-26），元、明两代喇嘛塔的须弥座部分的平面为较复杂的多棱亚字形，使人在其立面部分看起来有丰富的光影变化和复杂的轮廓线变化。

元代喇嘛塔在须弥座以上以硕大的莲瓣承托平面圆形和上肩略宽的塔身部分，肥硕的塔身素平光滑，没有任何装饰，在细细的塔脖子和多棱的须弥座的上

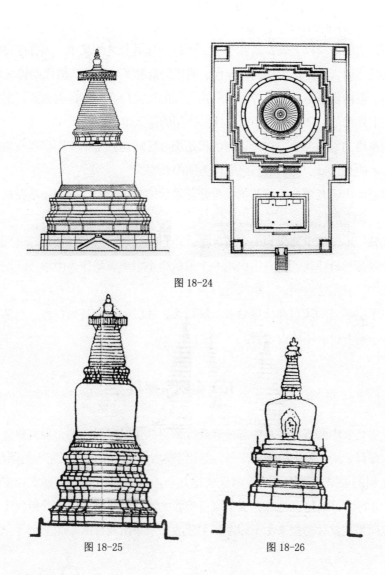

图 18-24

图 18-25   图 18-26

下衬托下反而更引人注目。相对元代塔身部分来看，明代的略显"瘦"高，与须弥座的连接亦用莲瓣过渡。莲瓣以上有小线道数层，线道内或夹以莲珠，此手法元、明两代基本相同。清代喇嘛塔的这部分与元、明两代有显著差异。清代喇嘛塔在须弥座以上不用莲瓣，而是用三层重叠收分、平面为圆形的金刚圈来承托塔身。虽然清代喇嘛塔的塔身部分同为圆形平面和上肩略宽的桶状造型，但较元、明两代而言，清代的塔身最为"苗条"，而塔身亦非素平，其正面开有壁龛形的"眼光门"，内置佛像，独显清代特有风采。

喇嘛塔的塔身以上就是塔脖子了，塔脖子与塔身之间又用一须弥座过渡，这一手法元、明、清三代均相同。元代、明代的塔脖子较粗壮，清代则较瘦高。

元、明两代喇嘛塔的塔脖子与塔顶之间的过渡形态为铜盘垂流苏，远观之，似塔的上部戴了一顶斗笠；而清代这部分用的是天地盘。

喇嘛塔的塔顶部分，在元、明两代是用宝珠或迷你型铜质喇嘛塔收顶的，而清代更多的是用日、月、火焰造型作为顶部处理。

喇嘛塔中还有塔身为葫芦状或重叠花盆状的另类分子，它们还站在高大的门洞之上，神气活现，这都是清代的作品。

喇嘛塔不仅可单独作为一个塔存在，而且也可以作为建筑的装饰部分而存在。一部分藏传佛教建筑的正脊中央用一个或数个小型喇嘛塔作为中墩，既别致又将该建筑的宗教属性点明，一举两得。

由于喇嘛塔的表层通体抹白灰、刷白浆，故民间俗称其为白塔。当然另类的喇嘛塔中塔身也有不刷白浆者。

（五）金刚宝座塔

此类塔在中国五大类塔中起步较晚，留存数量又是最少的，但整体造型却非常丰富多样，让人无法忽视其存在。金刚宝座塔最早见于敦煌石窟中的隋代壁画，现能见到的最早的实物是建于明代成化九年（1473 年）的北京真觉寺金刚宝座塔（图 18-27）。这也是一种属于藏传佛教的塔，此类塔在中国存世仅十余座。金刚宝座塔的整体造型来源于印度，主要散布于东南亚各国。

图 18-27

图 18-28

金刚宝座塔的基座高大，座身上遍布雕饰。有些基座给人以一幢独立的多层建筑之感，人称其基座为金刚宝座，金刚宝座塔名称由此而来。有的金刚宝座在基座下还有两层高台（图18-28），使整个塔更显高大。

基座上一般为一大四小的密檐式五塔，亦有中间为一喇嘛塔，四周围以四个楼阁式八角小塔的。由于部分金刚宝座塔的基座很大，使其上的五塔远观之犹如是整幢建筑上的集中式顶一般。部分金刚宝座上还不止五塔，如图18-28，除五座密檐式塔外，另建有一穹隆顶的小型亭子和两座小型喇嘛塔，形式颇为特殊。

楼阁式或密檐式塔的塔基多数为方形台基，随着塔身平面的变化，方形台基的平面亦相应变化。由于塔身高大，故使台基显得低矮而不起眼。楼阁式或密檐式塔也有使用须弥座作为塔基的。这两类塔的塔基另有在方形台基上再加须弥座的手法。单层塔的塔基使用，亦有上述多种语汇。

塔的平面从东汉到唐代多数为四方形，这显然与早期造楼阁式塔时以汉代阙楼为载体有关。由于在同样尺度的范围里，四方形的垂直立面受不同季节的季向风所造成的推折力的影响较大，对塔的寿命造成了损耗。故从宋、辽、金时代起塔身平面就变成了多边形。辽、金代的塔均为八角形，这样可减弱季向风的推折力，在视觉上也可造成丰富的光影效果。宋朝不仅有八角形的楼阁式塔，而且又出现了六角形的。明、清两代仍多用八角形和六角形的平面。塔的平面与塔身的变化是一致的。自宋代至清代，楼阁式塔的平面大多数为八角形，少数为六角形，四方形的为极少数。

唐代的塔壁为单层，内部为桶状，设木楼梯和楼板。宋、辽、金各代均在塔心砌砖柱。砖柱与塔壁间为登塔的楼梯或走廊。

佛家认为单数为净数，双数为不净数，所以塔的层数绝大部分为单数，双数的极罕见。塔的层数最少的为一层，最多的为十五层，一般为七层和九层。楼阁式的层数较少，密檐式的层数往往较多。一般人的思维定势认为层数多的楼房比层数少的要高，但塔则不一定，如十五层的密檐式嵩岳寺塔总高40余米，而七层的楼阁式大雁塔总高为64.45米。

塔是佛教的标志性建筑，百姓也视其为佛教的象征。佛教禁杀生，这是佛教徒必须遵守的大戒。所以塔的存在，不仅给人以美感，还给人以安全、祥和之感。但北宋时曾将一幢80余米高的楼阁式塔，命名为料敌塔。此塔被用于军事目的，与佛教无关。"站得高看得远",料敌塔用来观察辽兵和金兵的动向,保家卫国,佛祖当不会怪罪。

中国古塔在历代佛教场所中的空间位置是不同的。东汉、南北朝时塔居于佛教寺院的中心位置,此手法来源于印度,显示了塔的重要性。由于年代久远和早期所用材质的原因,东汉时的塔一个都没保存下来。在南北朝的一些石窟中可让今人了解到那个时期塔的居中位置(图18-1、3),而且这些塔在建筑设计上也非常巧妙,它同时还作为石柱撑住石窟的顶部,给空间跨度较大的石窟提供了安全保证。从唐代起,佛教场所是以寺为中心的,塔一般在寺的侧面另辟塔院,塔的重要性有所削弱。宋代的塔在寺院的平面布置上关联性不大,塔多选点在寺院附近的高丘上,只是作为寺院所在的标志。明、清时又出现了塔、寺解体的现象,即建寺不一定造塔,造塔也不一定建寺。明、清时部分塔成了风景的点缀,已违背了原来的宗教意义,塔的重要性被进一步削弱,但塔的独立性与观赏性却被增强了。

一般情况下,塔多数是单个耸立的,显得有些孤独。也有双塔并立的,犹如双胞胎,这现象在苏州、福州等处可见到。在云南的大理还有三塔鼎立的,一塔为方形密檐式,建于唐代,后建于宋代的两塔为八角楼阁式。另外,在少林寺内还保存有从唐至清的220余座墓塔共处一地,人称塔林。当然,孤傲独立是中国古塔的基本面貌。

出檐用木材的塔往往还在檐角处挂风铃以驱鸟雀,以免它们在木构的旮旯处筑巢而污损了塔。有些塔用砖石出檐也在檐角处嵌入木块以挂风铃,这是审美惯性使然和捍卫塔的尊严之需。木质出檐起翘较大,而砖石仿木出檐起翘往往较小。

以木材为主或砖木混用主要被楼阁式塔所采用,喇嘛塔和金刚宝座塔则采用砖石结构,且无一例外。留存至今的密檐式塔和单层塔也均为砖石结构。部分楼阁式塔也全用砖石建造。塔的材质以木开始,逐渐被砖石取代,但在国人心目中,木构建筑才算正宗,故历代最高等级的宫殿均为木构架。因此历史上许多纯砖建筑的塔在形式上常会模仿木构架的一些造型元素,如多根立柱或繁杂的斗栱等,以适应人们先入为主的审美惰性。这些模仿虽有点"多此一举",但形式感、时代特征、民族特色等往往也要借助于这些"多此一举"而得到凸显。

宋代创立了在塔的外部贴琉璃面砖(上釉陶砖)的手法,开明、清琉璃塔之先河。

建于宋代的河南开封祐国寺塔的外表由于贴有深褐色琉璃面砖而被人俗称为铁塔。建于室外真正的铁质塔也有，不过数量少，体形亦较小。至于在室内当摆件用的各类塔，其材质更是五花八门，这些属于工艺美术品，不是本书表述的范围。

在塔顶部的塔刹亦极有表现力。刹在梵语中为土地、田地之意，后被转义为佛寺、佛国之意。塔刹的材质有砖石和铁两种。一般情况下，砖石造的塔的塔刹多用砖石制（图18-29），木或砖木造的塔的塔刹多用铁制（图18-30）或砖、铁混制（图18-31）。砖石制的塔刹多数造型整体敦实，而铁制塔刹多数玲珑剔透而略显琐碎。铁制塔刹现存最早实例为辽、宋时期。

从南北朝到元朝，许多与塔共建的大型寺院都在充斥着自然灾害与人为破坏的历史长河中湮灭，唯独塔还站在那儿述说着往昔的故事。从中可知古代工匠们造塔的高超技艺。虽然这些工匠并没留下姓名，但他们的作品还将与世共存。

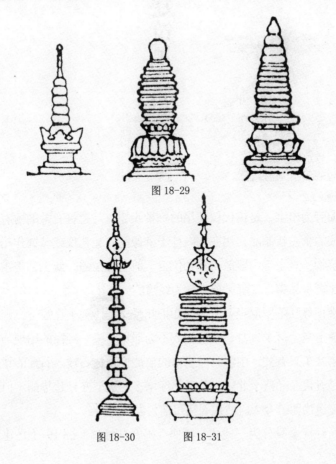

图 18-29

图 18-30　　　　图 18-31

十九、古建筑小品

幢

幢的偏旁为巾字，是古代仪仗用的一种旗帜。与建筑有关的幢有两类：一类是丝绸做成的伞盖状制品，用在室内挂于佛像前，起礼仪或装饰作用。另为石制的细高建筑物，立于寺中殿前，犹如仪卫。前者称幢幡，属工艺美术品；后者称石幢，属建筑小品类，二者又被人称为经幢。

据《佛顶尊胜陀罗尼经》所述，如把此经文写（刻）在幢上，则幢影映及人身，甚至幢上灰尘落于人身，都能使人不为罪垢所染。经幢的出现与公元 7 世纪下半叶时密宗东来有关，中唐时净土宗的信徒们也造石幢。石幢的建造在中国始于初唐，经五代而鼎盛于北宋，数量逐渐增多，造型亦日趋华丽。但元、明两代不见有石幢遗物留给今人。清代石幢目前仅发现一个。

唐代石经幢全身分为三段式：幢座、幢身和幢顶。图 19-1 是建于唐宣宗大

中十一年（857 年）的石经幢。幢高 3.2 米，幢座为一八角形并被省去上枋的须
弥座（典型的唐代手法），有两层束腰，上层刻狮子，下层刻壸门。幢身分两节，
下节粗长，上节细短，均为八角形，两节中用类似幢幡的八角形宝盖过渡。幢顶
为仰莲宝珠，据考证此顶为后世之物。图 19-2 是建于唐乾符四年（877 年）的
石经幢，幢高 4.9 米，下为一层束腰的八角形须弥座，幢身与前者差别不大，幢
顶与幢身间有八角形出檐，檐上为仰莲宝珠，此为唐代原物。图 19-3 是建于北
宋宝元元年（1038 年）的石经幢。幢高 15 米余，幢座为三层八角形须弥座，底
层与中层须弥座的束腰部分刻有力神、仕女、歌舞乐伎，造型生动，而上层须弥
座的束腰部分每面各刻有廊屋三间。再上为宝山承托的六节层层收分的八角形幢
身，每节幢身间穿插宝盖、仰莲、兽头、城墙、出檐等众多物件。宝顶为近代重
修之物。此幢虽高大华丽，刻工精美，但有点过于花哨，而显统一性不足。

　　八角形平面是石经幢的基本语汇，幢身上刻经文也是造石经幢的基本目的。
也有极个别的石经幢上刻的却是对地方官吏的歌功颂德，云南昆明大理国的石经
幢便是一例。

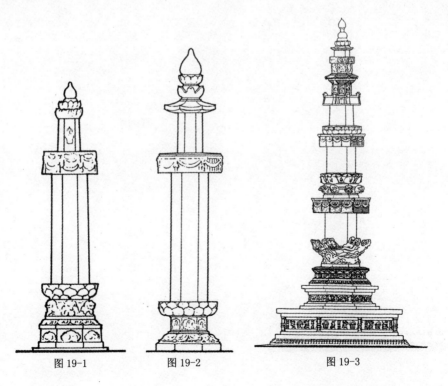

图 19-1　　　　　　图 19-2　　　　　　图 19-3

　　如佛寺中以奉弥勒佛为主的只在大殿前立石经幢一座，以奉阿弥陀佛或药师为主的则在大殿前分立两座或四座石经幢。也有少数石经幢立于十字街中，这种地方往往是古代的行刑场所。无论是寺内或街中的石经幢都是佛教信徒们为自己或亡灵修行祈福而建造的。

二十、古建筑小品

牌　楼

中国古建筑中有面阔而无进深的建筑，非牌楼莫属。牌楼的名称意为薄的楼。虽然不少牌楼从屋顶到屋脊装饰、从瓦到瓦当、从斗栱到额枋、从立柱到雀替，直至彩饰，一个建筑立面应具有的东西基本不缺，就除了门窗以外。因为无门窗、无进深，所以牌楼为非实用性建筑，而是标志性、纪念性、装饰性的建筑小品。

牌楼虽不能住人，但使用的范围却较广，在陵墓区的入口处就能见到它，如明十三陵的总入口处就以一座很大的石牌楼作为进入陵区的标志性起点。另在一些重要道路的出入口处亦设牌楼作为空间界定的标志，如老北京的东四牌楼和西四牌楼，牌楼虽早被拆毁，但名称至今仍朗朗上口，也是老人们重要的怀旧主题。有些桥梁的两端也设置牌楼以增美观，如峨眉山虎浴桥牌楼门。一些重要区域和村口也矗牌楼作为导引，如颐和园门前的木牌楼等。牌楼在古代还作为广告具有宣传作用，如安徽歙县和黟县就有许多这类牌楼，无非是夸赞状元及第者、为朝廷建功立业者，以及贞女、节妇、孝子和乐善好施者们的美德等等。解放前北方不少商家也在店门面上装饰牌楼，上挂幌子招揽生意。一些大户人家和权势者也把住宅的大门装饰成牌楼门以示美观和高人一等（图20-1）。

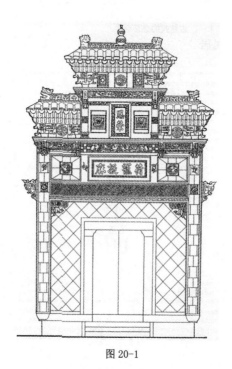

图 20-1

　　牌楼无论放在什么地方，起何作用，但它作为一种大门入口的特点是显而易见的。中国古代建筑就单幢建筑来看体量不是很大，内空间也并不十分复杂，为满足多种社会基本需要，中国古代建筑在多数情况下是成组成群出现的，如四合院、三合院、东北大院、一颗印住宅等均是例子，宫殿、官府、寺院、祠堂等自不必说。在组群建筑中为生活方便及安全起见，造墙围院自是顺理成章之事，因此院门就成了与外界保持各种关系和交流的最重要的大门了。这种大门早期是直立两根柱子，上部加一根或两根横木即成，古人称其为"衡门"。古代军队扎营时的临时大门，乡间贫苦农家的院门或崇尚简朴并有思古幽情的隐士家的院门等均为这种衡门。为防木质材料因日晒雨淋而过早损坏，有些衡门的横木上被加上

图 20-2

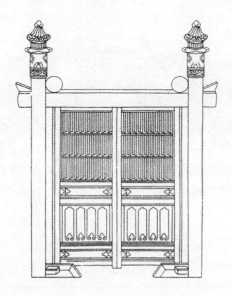

图 20-3

了木板的两坡顶。这种两坡顶以后又分草顶和瓦顶，至今还可在民居上看到这种加了顶的衡门（图20-2）。宋代的《营造法式》里记载了一种称为乌头门的木质大门（图20-3），制作合理考究，造型大方美观，是衡门的官式化。无论是衡门还是乌头门，都是牌楼的雏形。真正独立性的牌楼起源于明代。今天能见到的牌楼都为明、清两代所建。

牌楼按所用的材质来分有木牌楼、石牌楼、琉璃牌楼等三大类。无论木牌楼或石牌楼，其主要构成都是立柱加横枋，至于开间的大小和多寡，屋顶的数量，斗栱的有否等均为形式的变化而已。木牌楼的承重木柱都插在大于柱直径的夹杆石内，以增加整个牌楼的稳定坚固性。有时还会在每根立柱的前后用木戗柱斜撑住牌楼，使整个木牌楼更为稳定坚固。有些木牌楼的两侧或中间若干根柱并不着地，而是做成垂花柱悬于半空，可以增强美观和加大空间跨度。石牌楼的石柱有用夹杆石的，也有不用夹杆石的，如果不用夹杆石的则在每根石柱下部的前后置以抱鼓石，最外两根石柱的外侧面还要各夹一个抱鼓石。用抱鼓石的石柱多为方柱。石牌楼无垂花柱手法。一座实用性建筑的立柱不管多少根，其屋顶一般只有一个，而牌楼则不然，如有些木牌楼的立柱仅四根，但屋顶倒有七个，而且正脊、垂脊、吻兽、戗脊、走兽等一应俱全，热闹非凡（图20-4）。石牌楼的屋

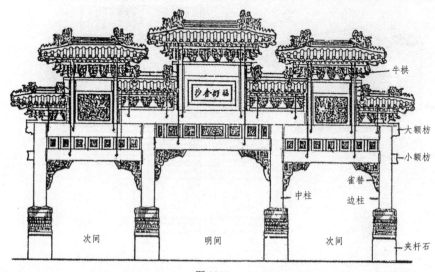

图 20-4

图 20-5

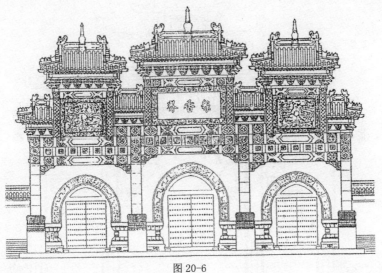

图 20-6

顶相对较少，一般是一个开间一个屋顶（图 20-5），但也有与木牌楼做法一样的。木牌楼或石牌楼的柱间无门框，也无门扇，仅是一个框架而已。琉璃牌楼柱间有门洞也无门扇（如果作牌楼门亦安门框和门扇）。琉璃牌楼是在砖墙上用琉

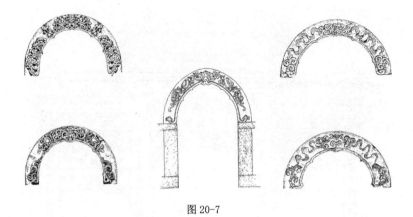

图 20-7

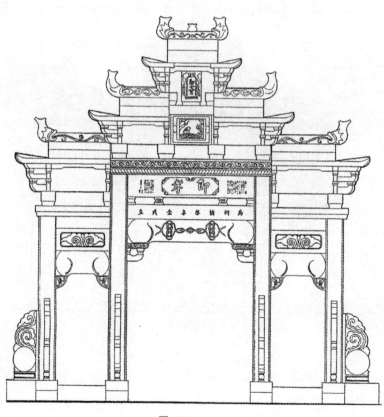

图 20-8

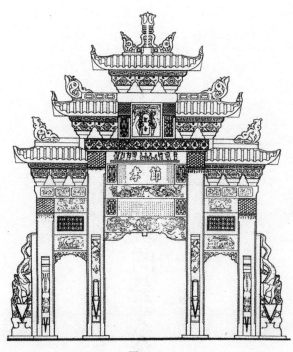

图 20-9

璃面砖砌出的一个浮雕与圆雕相结合的牌楼而已，它其实是一个砖牌楼（图 20-6）。因为是砖结构的，所以琉璃牌楼不用梁柱结构，而用券拱结构。半圆形的券拱边沿常施以精美的浮雕（图 20-7）。虽然有些石牌楼非常细腻地模仿木牌楼（图 20-9），但多数石牌楼还是在木牌楼的基础上做些相应的简化和变化处理，以适应石结构的合理性和施工的需要（图 20-8）。

　　牌楼最小的为两柱一间，最大的为六柱五间，多数为四柱三间。部分牌楼的立柱超屋顶出头，此称牌坊。不少牌坊无屋顶。牌楼（坊）的屋顶以两层为多，少数为三层。牌楼（坊）的屋顶以歇山、庑殿为多，亦有悬山。牌楼（坊）的大、小额枋间的由额垫板较实用性建筑的更为宽大，以便在上题字表明该牌楼（坊）的类别、性质与意义。木牌楼（坊）表面有彩饰，其图形、色彩一般与实用性建筑相对应部分类同。琉璃牌楼也是浓妆艳抹的，多数以黄绿色为主。除题字部分外，石牌楼几乎不着色。既有装饰作用也具实用意义的牌楼门多数用水磨青砖雕制而成，一般情况下亦不着色。

二十一、古建筑的芸芸众生

民 居

　　以往任何一个朝代在建筑技术和建筑艺术上最具代表性的均是宫殿建筑、官方建筑或宗教建筑，但在数量上最多的却是民居建筑，中外莫不如此。由于受社会地位和经济条件等因素的制约，民居建筑最优先考虑的是实用性功能，这种实用性功能也受到民族传统、区域文化、地理气候、物产资源等因素的影响而产生了丰富多样的民居形式。在古代生产力低下、交通不便、信息传播慢等客观外力作用下，中国古代民居的建造基本遵照"因地制宜"、"就地取材"、"因材致用"等这几条原则，因此作为百年大计的民居建筑的立面造型和空间处理都有相对的稳定性，千百年来很难见到突变的发生，尤其在农耕社会中更是如此。

　　中国是一个历史悠久、疆域辽阔、物产丰富、民族众多的文明古国，因此也是一个民居形式非常丰富的大国。中国民居在封建社会里大体分北方与南方、山区与平原、汉族与各少数民族等几个板块，其统一性与多样性共存，承继性与变化性相间。

（一）四 合 院

汉族民居除黄河中游少数地区采用窑洞式住宅外，其余多数地区都采用木构架系统的院落式住宅。这类住宅的布局、结构和造型，由于受自然条件、文化习俗、经济状况、社会等级的影响，造成了历史和区域的显著的多元差别。

北京的四合院是北方最具代表性的住宅系统（图21-1、2）。四合院的平面布局是以南北轴线为中心，四周用房屋围合，中间形成院子，四合院的名称由此而来。受阴阳五行说的影响，四合院的大门多位于东南角上。大门内迎面建影壁，以增加居住区域的私密性和安全性。入门转西到前院，南侧有被称作倒座的排屋，通常做客房、私塾、杂用间或佣人住房。自前院经中轴线上的二门，进入面积较大的后院。坐北朝南的正房供长辈居住，东西两侧的厢房给小辈居住，周围用走廊联系，形成全宅的核心部分。在正房的两侧，还附有耳房和小跨院，这里是厨房、厕所和杂物间的所在。有时在正房后面，再建后罩房一排（图21-2）。住宅的四周，

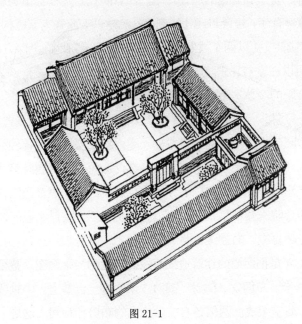

图 21-1

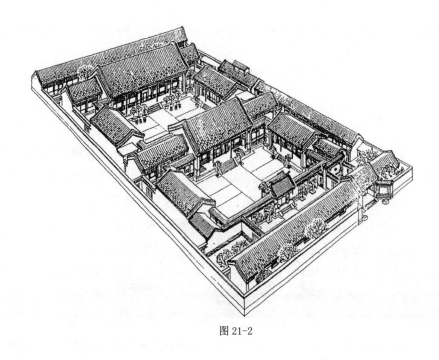

图 21-2

由各排房屋的后墙或围墙所封闭，对外部空间一般不开窗，在院内配上绿化，构成了一个安静、安全和安逸的居住环境。四合院在封建社会里另有两个好处非常明显：一是尊卑有序，符合封建礼法制度；二是以家族式大家庭构成的社会细胞，当人口不断增加时，可以两个或两个以上的四合院不断地向纵深方向增建排列（图21-2），也可以在左右建别院。

北京四合院的个体房屋一般在抬梁式木构架的外围砌砖墙，屋顶式样基本为硬山顶，次要房屋亦有用单坡顶或平顶的。因北方寒冷，所以墙壁和屋顶较厚重，卧室设炕床取暖。室内外地面铺设方砖。室内按需要，使用各种罩、博古架和屏风等划分空间。用纸棚吊顶做天花。在封建社会里，除贵族府第外，一般的民居建筑是不准使用琉璃瓦、朱红门墙和用金色做装饰的，故普通四合院的色彩基调为青灰色。四合院一般都是平房，极少有楼房。四合院最明显的缺点是只有正房才能获得"冬暖夏凉"的最佳日照效果。

图 21-3、4 是据西周的建筑遗址复原的立面图与平面图。整个建筑建造在一个南北长 43.5 米、东西宽 32.5 米、高 1.3 米的夯土台基上。中轴线上由南到北为门道、前堂、后室组成。两侧各有前后相连的厢房各八间。这是一座相当工整的

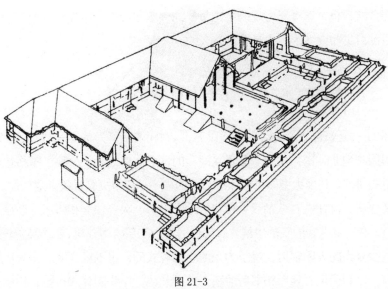

图 21-3

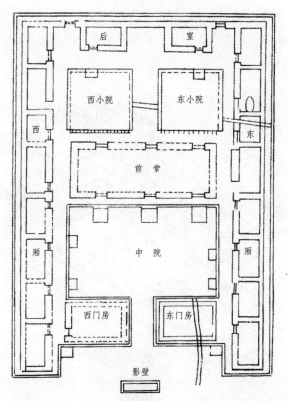

图 21-4

两进四合院，也是迄今所发现的中国最早的一座四合院，距今已有近三千年的历史，由此可见四合院的历史是非常悠久的。

（二）江南民居

图21-5是长江下游地区的江南民居，以封闭式院落为单位，沿着纵轴线布置，所有房屋都坐北朝南，均有"冬暖夏凉"的良好居住效果，反映了富裕地区对生活质量的讲究。其中大型的供大家族居住的住宅，在中央纵轴线上建门厅、轿厅、大厅及住房，再在左右纵轴线上布置客厅、书房、次要住房和厨房、杂屋等，为左、中、右三组纵向的院落组群。后部住房常为二层楼房建筑，二楼都宛转相通。为了减少夏天的太阳辐射，院子为东西向横长式的，再围以高墙。多数房屋都前后开窗，以利通风。客厅和书房前还会叠石开池，作些园林式布置，构成美观而幽静的庭院。江南地区民居的木构架多数为穿斗式或穿斗式与抬梁式混用。在大的色彩关系上一般为白墙黑瓦，明快而素雅。整个布局主次分明，井然有序。

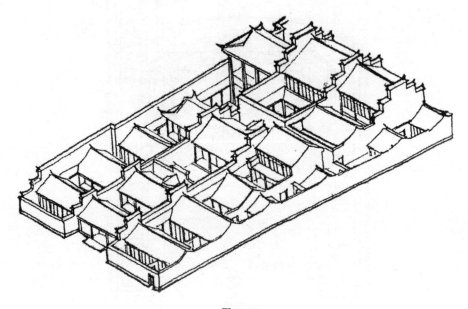

图 21-5

（三）客家土楼

在福建西南部和广东、广西两省的北部，有一种被称为客家土楼的住宅建筑。土家是当地人，客家是外省份来的移民。在封建社会里土家和客家经常发生矛盾，甚至流血冲突。这些地区兵灾匪患亦较多。为了自身的安全和各种利益关系，长期以来客家聚族而居，形成了巨大的单独性集体住宅。这种住宅的格局有两种形式，一种是大型院落式住宅（图21-6），平面前方后圆，内部由左中右三部分组合而成，大小院落重重叠叠，建筑参差错落，布局非常复杂。另一种为平面圆形（图21-7）、方形或矩形的砖楼和夯土楼。图中这幢客家住宅楼的直径有70余米，三层环形房屋相套，共有300余间房屋，相当于一个村落。外环为四层建筑，内两环均为一层建筑。外墙是很厚的夯土承重墙与内部的木构架相结合，并加若干与外墙垂直相交的隔墙。外墙下部无窗，仅开一个大门供人进出。大门非常厚实、沉重，大门上方有水槽可防人对大门实行火攻。二楼只开小窗，必要时可作为对外射击的枪孔。三楼以上开窗稍大。外立面像一座军事堡垒，使建筑具有很强的防御性也是建造这类客家住宅的目的。客家土楼曾受到了国内外许多建筑界专家的重视和称赞。

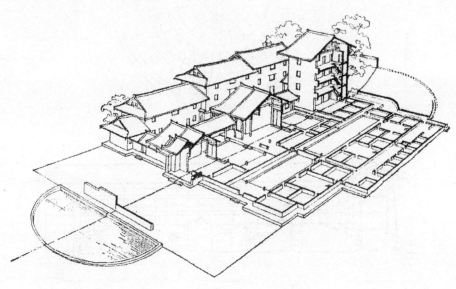

图 21-6

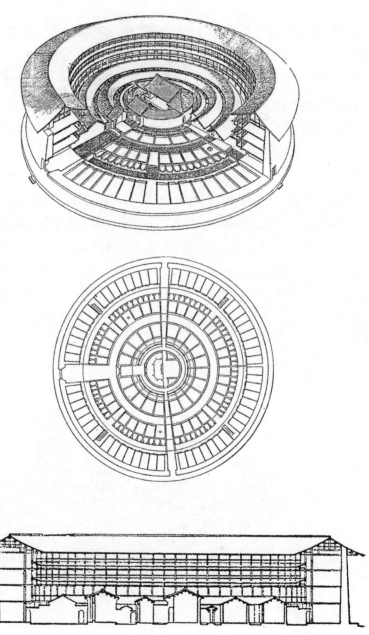

图 21-7

（四）"一颗印"住宅

我国南方有不少地区的民居也采用四合院的形式，如云南中部地区的"一颗印"住宅即是一例（图21-8）。

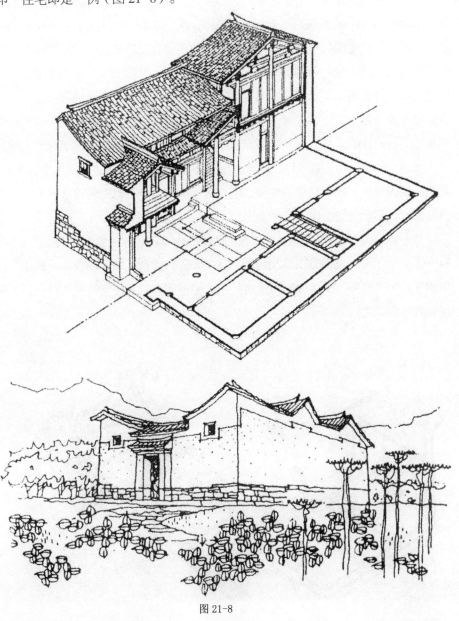

图 21-8

仔细地分辨一下，云南的"一颗印"住宅与北京的四合院还是有诸多不同。云南的"一颗印"住宅有四合式的，也有三合式的。北京四合院的四座内向围合的房屋是各自独立的，仅用廊相连接，而云南"一颗印"住宅内向围合的三座或四座房屋从屋顶到屋身均是相连接的，因此这类建筑也被称为三合头或四合头建筑。上海的石库门民居亦如此（石库门无四合头，仅有三合头）。另一个不同点是"一颗印"住宅四周房屋都是两层的，少数正房有三层楼的。"一颗印"住宅的正房面阔三间，左右两侧为耳房，耳房面阔两间（共四间）。前面临街一面是倒座（如三合式则无倒座），中间为住宅大门。住宅外面都用高墙围合，很少开窗。整个外观方方正正，犹如一枚印章，故俗称"一颗印"。进入大门可看到四周房屋围合而成的天井，天井虽高而狭小，但抗炎热的功能明显优于北方大院，在人多地少的地区也更显经济。正房底层明间多做客堂用，两边次间为主人卧室。耳房底层为厨房、厕所和牲畜栏圈，楼上正房中间为祭祀祖宗的祖堂或为诵经供佛的佛堂，其余房间供住人或储物用。

"一颗印"的屋顶均为硬山顶，正房两侧的山墙有时升起做朝天式封火墙（图21-9）。为了要与整体方正感相协调，所以无猫拱式封火墙。不少"一颗印"住宅的耳房为单坡顶，如做成硬山顶也是朝里的顶面大，靠外墙的顶面短小，正房屋顶有时亦如此。

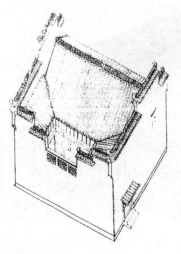
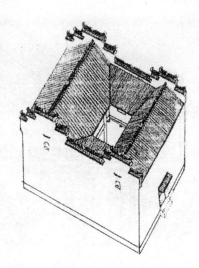

图 21-9

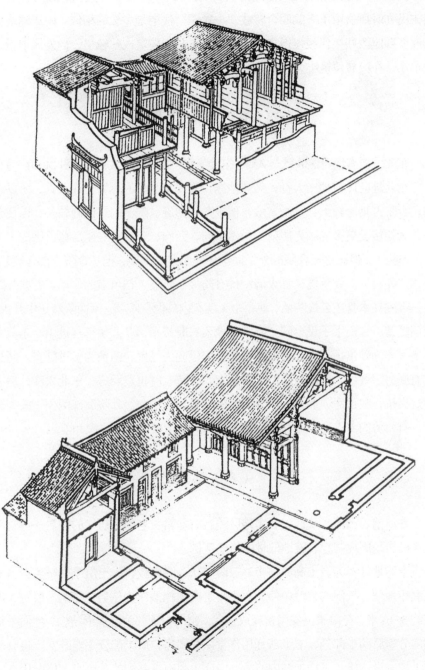

图 21-10

图 21-10 是两座明代民居的剖立面图。从中可看到它们与我们现今能看到的清末民初时所遗留下来的四合院或"一颗印"住宅是多么的相似。民居建筑样式的改变要比改朝换代缓慢得多。中国古代木构架建筑成熟较早，但发展很慢、变化很小，在民居建筑上尤其如此。

（五）东北大院

东北民居有代表性的就是人称"东北大院"的三合院式建筑（图 21-31- ①）。

东北地区以前地广人稀，天寒地冻，马车是当时的重要交通工具，所以这里的三合院占地比较大，院子宽敞，便于车马回旋。院子的东西向较长，以便正房在冬天能接受更多的阳光照射。虽然南向、西向、东向的三座房屋已围成一个院子（内院），但在这三合院的外空间里还要圈造一围墙，把三合院全部包裹起来，俗称"外院"。外院墙又称火墙，具有防火、防盗、挡风雪的作用。有些外院里的三合院其本身还会设院墙，使一个大院有内外两层院墙。南面院墙正中开大门，大门较宽。大门下不设台阶，院内外地表一般齐平，以方便车马进出。东北大院住宅大多为硬山顶平房，楼房较少。正房中间为堂屋，两侧为多进卧室。两边厢房有厨房、餐厅、储藏室等，亦有卧室。外院有时也建厢房。东北太冷，房内必须烧火炕，故正房、厢房的一侧或两侧均有烟囱竖立。外院后部两侧一般为囤粮处，有权势的富人往往还在外院四角建高大的炮楼，以防仇家和匪患。

（六）窑　洞

在河南、山西、陕西、甘肃地区流行着非常古老的穴居式的民居——窑洞，此类民居是因地制宜、就地取材的最佳范例。

上述地区多为黄土高原地带，丘陵起伏，降雨较少，土层厚且坚实。当地居民利用地理、气候的自然条件，在山崖上向里挖洞作为住房。窑洞一般宽 3 米、深约 5~10 米，在口子上安门窗就成住房。窑洞内顶部为券拱形结构，地面平整。洞内分前后两半部分，前半部分用作堂屋和厨房，后半部分用作卧室。也有在洞壁上挖龛设炕床，可增加洞内的活动空间。另有将并列的几个窑洞横向用券门打通联成一体；还有将上下做成两层或多层窑洞的。也有在窑洞外另建房屋，再用围墙合起构成院落（图21-11）。若无山崖，也可在平地上向下挖一深约七八米的长方形大竖井，然后再在竖井四壁挖窑洞并挖出从地面到井底的阶梯。成为一个下沉式四合院（图21-31-⑬）。

窑洞结构简单，施工方便，经济成本又低，且冬暖夏凉，应视作低投入、高产出，与环境相和谐的"土生土长"的高效环保建筑。

图21-11

（七）江南水乡民居

长江下游入海口的长三角地区，因河道如网、湖泊密布，人称江南水乡。水乡地区航运业发达，商业繁荣，沿河两岸发展出许多县城和小镇。这些地区的民居多数紧靠河道两岸而建（图21-12～14）。

江南水乡小镇的民居住宅若临河而建，绝大多数是后靠河，前临街，这也造成了水乡小镇的河、街并行的基本格局。临河民居在住宅的后墙上开有后门，并

图 21-12

图 21-13

图 21-14

建有石台阶直至河里，可洗东西，但居民不取河水饮用，另挖井取水饮用。沿河两岸民居的后墙多数较为封闭，但有的住宅屋后带廊，并设坐凳、栏杆，以便观望水景或乘船（图21-12）。不少水乡小镇民居宅前临街部分开店做买卖，一派商业氛围。

江南水乡民居的木构架以穿斗式为主，也有直接在砖墙上架檩建屋顶。屋顶形式是悬山、硬山杂处。因江南水乡经济发达，人口密度亦大，家家户户基本紧密相邻，而为了防火与安全考虑，不少硬山顶的主建筑两侧山墙升起作为封火山墙，以五岳朝天式为主，亦有猫拱式掺杂其间（图21-14）。因江南水乡地区夏天炎热，小镇民居以两层楼房建筑为多。卧室一般设在二楼，前后开窗，以利通风降温。也有在二楼山墙处破墙设廊（图21-13），犹如现今的阳台，用于晒物、通风、观景、纳凉。因河道两侧地价贵，不少沿河住宅"身板"单薄，前后距离有限。殷实人家可造带天井的住宅，更有九进住宅，这完全是水乡豪宅了。因沿河而建住宅，临河部分又为住宅后墙，故江南水乡民居的朝向多数只能因河而定了。在水乡小镇有些区域是沿河处造路而非住宅，这往往与船码头或货物集散以及交通要冲甚至风水有关。

白墙黑瓦是江南水乡民居的基本色调。木构材质有刷成赭色或保留木材本色的。江南水乡小镇另一景观特点是桥多，因此构成了"小桥，流水，人家"的诗情画意。

皖南民居虽不在江南水乡地区，但他们的居住环境亦有水乡式的处理手法；如在黟县宏村中可看到古代建筑规划设计者将河水、山溪经过曲折的水道引入村中的景象。河水引入村中聚水为塘，塘边盖有住宅、寺庙和祠堂。引入的河水还沿着与道路并行的水渠流经家家户户的门前。有些住家又将门前活水引入自家小院成一小池，池边叠些太湖石，池中再种些许莲荷，平添不少情趣。大人在家门口洗衣洗菜，小孩在塘边戏水玩耍，构成了另一番水乡情景。

（八）山区民居

中国疆域辽阔，地形复杂多变，其中山区面积不小，如何因地制宜在山区建房，也是民居建筑的一个重要课题。浙江、四川等地坡度较缓的山区民居，利用地形灵活合理地先建成一组如梯田般高低大小、错落有致的平台型台基，在其上再建房屋。此法虽经济，但住宅的朝向往往取决于地形的限定（图21-15~17）。在平面布置上，主要房屋仍有中轴线，次要房屋则根据地形不一定左右对称，室内也随着平台产生高低错落的空间节奏。院子的形状大小灵活多变，不拘一格。房屋木结构通常都用穿斗式，高度按需要建一至三层楼不等。墙体按房屋的功能不同和经济合理的前提而因材致用，有砖、石、夯土、木板、竹篱笆等墙体。屋顶形式多数为出檐和挑出均很大的悬山顶，少数也会在其中用一部分歇山顶。白墙、黑瓦、木构部分多为木料本色是这类建筑的基本色彩面貌。建筑外观朴素多变而富有生气。

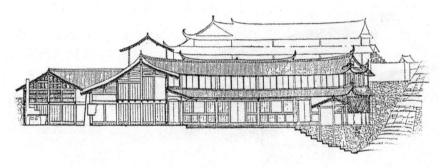

图 21-15

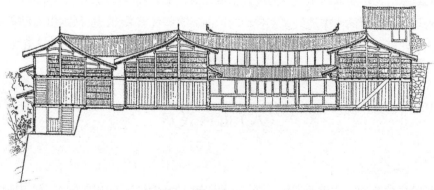

图 21-16

图 21-17

（九）藏族碉房

分布于西藏、青海、甘肃等地域的藏族民居自成一格，大多数传统的藏族民居的外立面造型像一座碉堡，所以被称作"碉房"或"碉楼"（图 21-18）。

由于藏族生存区域雨量稀少，盛产石材，所以当地藏民就地取材以石料为他们的主要建材。碉房的外部用石墙，内部以密梁法构成楼层和平屋顶。碉房一般二至三层楼，三层为多，但也有四层楼者。碉房的楼层不管有几层，最高一层楼中必设有一间装修精致的经堂。藏族地区崇信藏传佛教，虔诚信徒众多，几乎家家户户都诵经拜佛，所以经堂在住宅中成了必不可少的部分，而且占据着极重要的地位。碉房底层设牲畜房、草料房和杂物间，二楼为卧室、厨房、储藏室等，三楼以经堂为主，还附以杂间、晒台等。整幢住宅的四周房屋围合着中央用来采光和通风的小天井。

藏族民居的平面布局一般都较为方正而规则。不少碉房底层外墙用色彩深重、质地粗犷的石块垒造，一般不设窗，只开一些通气孔。二层及以上墙面均为白色粉面墙，与底层的外墙面形成了强烈的色彩与肌理对比效果。二层与三层的外墙面开有成排的窗，三层楼上的窗一般比二层楼的稍大，每个窗洞上都带有色彩华丽的出檐口。二层或三层每有木构挑楼伸出墙面外。农村的藏族民居一般靠山而建，在造型上善于结合地形，使房屋组合高低错落、虚实相间。造型严整，朴实凝重，装饰华丽，饶有情趣是藏族民居给人的最深印象。

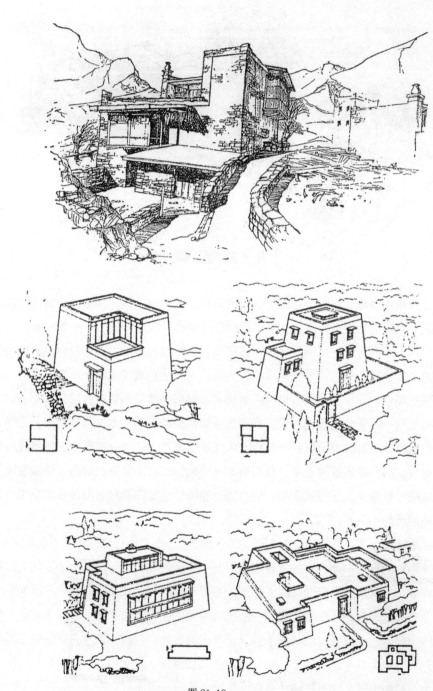

图 21-18

（十）维吾尔族民居

新疆维吾尔族民居的墙非常厚，尤其是吐鲁番地区，干燥炎热温差大，所以基本上是厚土坯墙，密梁式平屋顶（图21-19）。平面布局虽有楞有角，但不规整，根据需要自由安排（图21-20）。内部用土坯花墙、拱门等划分空间。室内用地毯、壁毯做装饰。外墙不开窗，而利用小天窗采光。住宅以多套前室与后室相结合的方式相连而成，既有家庭成员间的公共空间，也有个人私密性空间。室内一般多用地炕，在平屋顶上有烟囱。住宅最前部设院子，院内植大树或搭棚遮阴。院子连着入宅的厨房门，通过厨房才能到达各室。多数为一层的平房。宅旁多设有晾葡萄干的凉棚，用砖砌出漏空花纹，有良好的通风性。

喀什一带的维吾尔族民居虽也是土坯厚墙不开窗，密梁式平屋顶，房屋亦是多套前后室相合相连而成，但不同的是喀什的维吾尔族民居是依地形将平房与楼房相穿插围合而成院落式住宅。与院子相连的前廊建有列拱，空间宽敞，房型错落，灵活多变，很有西域情调。室内的壁龛变化丰富，很具装饰性，火炉边、密梁上、门框、门板上常雕精致的细密花纹，并施华美色彩，给人以值得回味的审美享受。

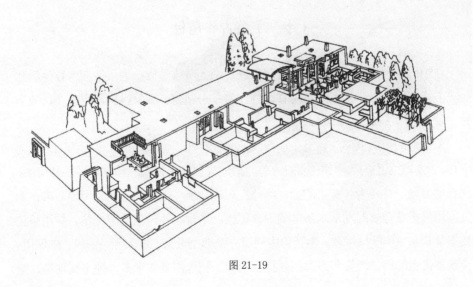

图 21-19

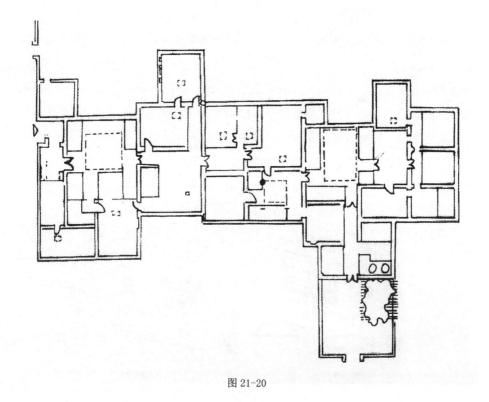

图 21-20

（十一）蒙古族毡包

在中国各民族中，蒙古族和哈萨克族是两大游牧民族。为了适应游牧生活和生产方式的需要，产生了一种可移动的住房——毡包，因蒙古族用得最多，故俗称"蒙古包"（图 21-21）。

蒙古包的历史很悠久，至少在西汉前应已存在。毡包的形状平面为圆，顶为伞状，犹如想象中的天穹宇宙。蒙古包的搭建极似现代建筑的预制件现场装配法：先在地上画一直径为 4~6 米的圆，然后在周边立事先备好的木柱若干根，再在木柱间用可折叠伸缩的网形木条框架围合相连。木骨架外再包上羊毛毡，并用骆驼皮条紧紧系住，以抗风寒。伞状顶中间留一圆形小天窗，供采光、通风、排烟用。传统蒙古包的门一般在东方，门外挂有门帘。毡包内高 2 米多，地上铺地毯，壁

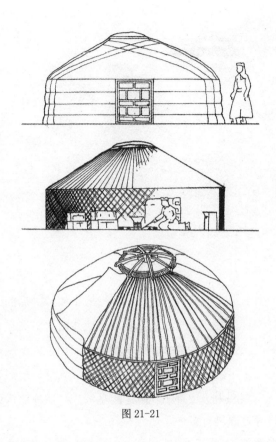

图 21-21

上挂壁毯，色彩鲜艳，进门就让人眼前一亮。蒙古包安装、拆卸均很方便，只需几匹马便可带上一个蒙古包的所有建材而随主人云游四方了。"随水草放牧，居住无常"的人们选择蒙古包为居所是最妥当的了。

（十二）傣 族 竹 楼

中国的亚热带地区的气候炎热、多雨、潮湿，而且动植物的种类和数量也较多，这些地区的民居因为需要防雨、防潮、防兽，多采用史前先民早已应用过的干栏式建筑的样式（图 21-22）。

干栏式建筑在云南西双版纳地区的傣族民居中表现得较为典型和集中

图 21-22

（图21-23）。由于那儿盛产竹子，竹子自然成了傣族民居的主要建材。用竹子盖房，远比木材快捷而经济。竹子的导热性也比木材好，其在炎热气候中的好处自不必说。傣族民居都为二层竹楼，底层架空，二层住人。屋顶为陡峭的悬山式歇山重檐顶，也有丁字脊顶。重檐部分即在二层住人处，故傣族有些竹楼外立面几乎无墙，但这更有利于快速排水，减少雨水侵蚀。傣族竹楼在通风、抗热、防雨、防潮、防兽等方面确有多种好处。

傣族人大多数都信奉小乘佛教，几乎村村都有佛寺。规定在佛寺的对面和侧面不能盖房，竹楼楼面的高度也不能超出寺中佛台的高度。这也是傣族竹楼每村高度几乎一样的重要原因。以前封建头人还规定，百姓民居屋顶不能盖瓦，不准雕刻装饰，楼梯不得分作两段，甚至木柱不能通长，不准用石柱础等等，严重阻碍了傣族民居的发展。

景颇族多数聚居于云南西部瑞丽一带的高原地区（平均海拔1500~2000米），虽然景颇族的民居也像傣族竹楼一样采用干栏建筑的高架形式，但屋顶却是盖着厚厚稻草的悬山顶，以抗高原的寒冷。悬山顶的挑山很大，以至于在挑山下形成了一个廊。景颇族民居的构架竹木混用，有些部分用井干式筑墙。以前由于景颇族聚居区的生产力和经济条件比较落后，因此建筑物一般也都较简陋（图21-24）。

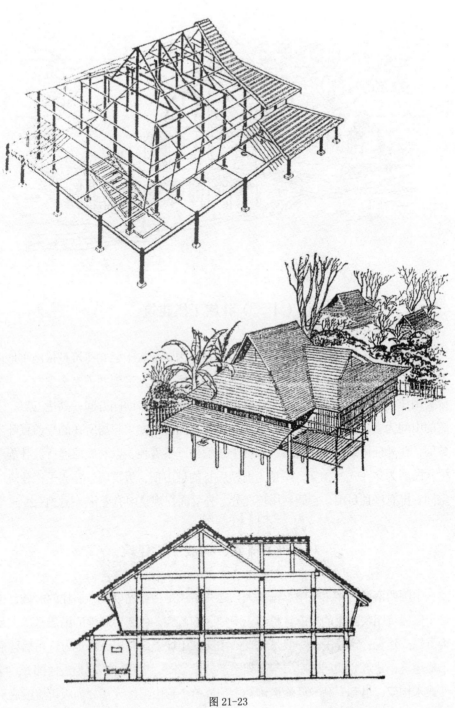

图 21-23

图 21-24

（十三）壮族干栏建筑

广西壮族民居亦多干栏式建筑。因地理原因，壮族干栏式建筑是依山平地而建。住宅正面的台基是依山开出的地坪，底层用木柱架高但并不完全架空，一部分会围作猪圈、牛栏和杂物间。壮族的干栏式民居一般面阔五间，高达三层。上层的中间为堂，两侧各加过间，形成较大的空间。全家人起居所在的堂前置卧室数间，在外部用梁挑出成挑廊，廊柱上顶檩但下不着地，以利底层通行。壮族干栏式民居为穿斗式木构架，屋顶为前短后长的悬山顶，板筑墙。壮族干栏建筑的空间安排有序且自由，空间利用较充分，外立面在规整中有变化（图 21-25）。

（十四）苗族、侗族干栏建筑

中国西南地区多山多雨，湿气大，这儿不仅是少数民族集中居住的区域，也是干栏建筑比较多见的地方。贵州东南地区的苗族、侗族聚居地的民居基本上都为干栏式建筑。这儿民居一般是先在不太陡的山坡上修整出一块地方，然后建造干栏建筑，建筑分两层，底层架高架空部分设猪圈、牛栏，二层为人住部分。穿斗式木构架，也有一高一低的连体悬山顶或单个悬山顶，大部分为版筑墙或底层

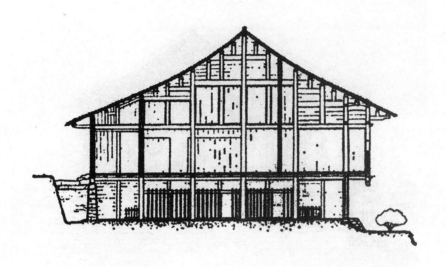

图 21-25

少部分为碎石墙。有些二层用木梁挑出做廊，廊下不设立柱。有木楼梯供人上下。
木质部分基本上都保持木材本色，显得质朴自然（图 21-26）。侗族聚居区的中
心地带还建有类似密檐式塔的木构架鼓楼，形式颇为特殊，亦极富标志性。

在中国山区还有一种类似干栏建筑的，被称作"吊脚楼"的民居。它一部分
建于山坡的平地上，另一部分悬于平地外的山坡上空，其底下用几根依山势而长
短不一的立柱支撑上部屋身。为提高安全性，这类民居一般体量不大。山西的悬
空寺是这类建筑的代表作。

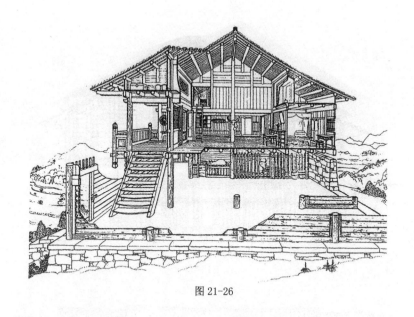

图 21-26

（十五）朝鲜族民居

中国东北延边地区的朝鲜族民居没有三合或四合院的格局，但其平面布局有对称和不对称的两种形式。农村住宅大多数不对称，屋身为略带曲尺形的一层条形平房，一般面宽为三间到五间房。因生活起居习惯，住宅多数带廊，廊下在台基以上一踏步的高度再设一层木地板与室内木地板齐平，以便在其上脱履入室内。由于东北冬天严寒，因此宅内多用火炕取暖，大部分人家的住宅边都有一个高高的烟囱。

朝鲜族民居的屋顶材质有瓦顶和草顶两种，瓦顶多做成歇山顶，正脊从中间向两侧缓缓起翘，很有古风韵味（图 21-27）。草顶盖得较厚实，以利冬天保温。草顶以硬山为多，亦有庑殿式（图 21-28）。朝鲜族民居为了保温，墙体均较厚，但门较单薄，多数为左右移动式格子门。

（十六）黎族民居

中国最南部的海南岛以前被古人视作天涯海角，不仅地理气候条件不尽如人

图 21-27

图 21-28

意，而且经济也非常落后。那儿黎族群众以前所居住的干栏建筑亦极简陋，它们
为竹构架，底层架空较底，屋顶与屋身连成一个半圆弧，但进深较大，表面蒙毡
布（图 21-29），有点类似上海解放前城市贫民所居住的"滚地笼"。

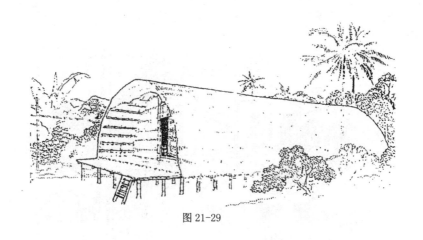

图 21-29

（十七）台湾民居

　　祖国宝岛台湾省的民居因地缘关系其实与福建闽南民居无大的差别。平面
布局完全是院落式的，中间轴线上为一个四合院，两侧各有一个别院。木构架、
硬山顶、白墙黑瓦是其基本面貌和色调。中轴线上主建筑的正脊从中间向两侧很
夸张地高高翘起，上面还满布色彩艳丽的堆塑花纹，基本是闽南建筑的翻版（图
21-30）。

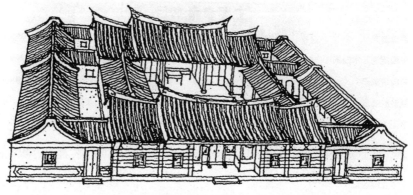

图 21-30

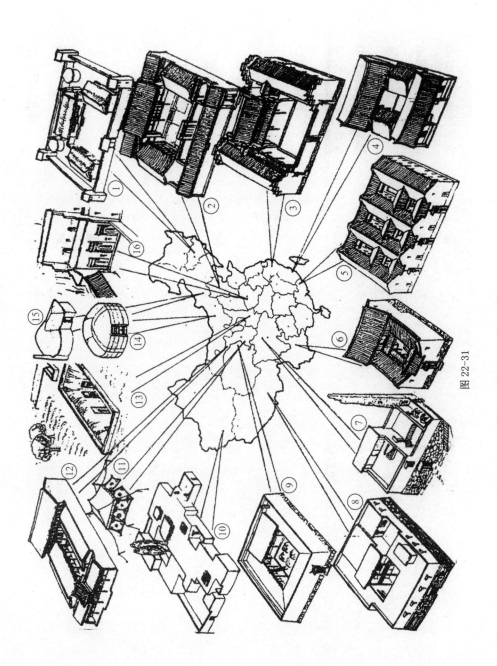

图 22-31

外国古建筑部分

二十二、古埃及建筑

在国人中提到古代埃及，大多数人便会联想到金字塔。这不仅因为金字塔简洁的造型便于记忆，而其悠久的年代和不少令人难以置信的客观现象以及种种诡异传说也会给人留下深刻而持久的印象。金字塔那庞大而沉重的体量，让每一个实地参观者都深感震撼，终身难忘。

近五千年前建成的一批金字塔，在工程技术上是大大超越时代的。如今动用一切现代建筑手段来仿造一座胡夫金字塔（金字塔之王）亦是一件万分困难之事，更何况当时人口不足 30 万、生产力仅处于青铜文明边缘的古代埃及。

古代埃及人克服万难要建造这种方锥体的石头陵墓，原因在于他们当时的宗教信仰。

宗教信仰对古代埃及人的生活具有举足轻重的影响，其中最主要的一条，是埃及人相信"死后复生"之说；死亡不是生命的终结，而是迈向永恒的、类似世俗生活的过渡之瞬间。人死后，只要把尸体保护好，不让其腐烂，三千年后，出游的灵魂辨认出自己的本体后，会返回尸体，使死者复活，并得到永生。为此，他们在建筑上创造出了保护尸体的金字塔，在医学上发展了防腐术，将尸体制成不易腐烂的木乃伊，还要为死者雕制石像。陵墓中所使用的石像，如果说是为了艺术或树碑立传而作，还不如说是为了尸体万一毁坏后灵魂还尸还能找到依附体而作更客观些。这是作为一种防范措施来使用的。将陵墓建成三角形状也出于宗教信仰；古埃及人认为三角形的左下角象征人的出生，右下角是死亡，而顶角侧是复活。许多装饰纹样取三角形亦为此意。

无论是建筑、雕塑、绘画等，宗教信仰对埃及艺术的影响是巨大的，宗教是埃及艺术发展的温床。

（一）历 史 分 期

王国前期：第一、第二王朝，公元前 3100—前 2650 年左右

古王国时期：第三至第六王朝，公元前 2650—前 2290 年

中王国时期：第十一、十二王朝，公元前 2065—前 1787 年

第十三至第十七王朝：第二微时代，公元前 1787—前 1585 年

新王国时期：第十八至第二十五王朝，公元前 1580—前 1090 年

王国晚期：第二十一王朝至罗马时代，公元前 1100—前 30 年

（二）建筑造型特征

从古埃及开始，人类的建筑文明进入了"石文化时代"，在 19 世纪前，世界上大多数优秀建筑都是"石文化"的产物。而"石文化"的创造者正是古埃及人。

古埃及的建筑造型是高度几何化的，基本以垂直线和水平线为主，极为简洁有力。

1. 平顶

由于古埃及的地理位置处于干旱少雨区域，所以古埃及的建筑，从小型的住宅到巨无霸的神庙、宫殿，甚至坟墓，建筑的地面部分除了少数类似平顶的囤顶外（图 22-21），均作平屋顶处理（图 22-1），而且连门框、窗框的上部也作

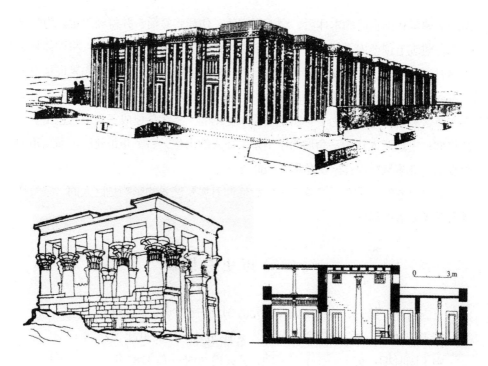

图 22-1

平直处理（图 22-17、19），这倒也与周围茫茫沙漠形成了横向的整体统一感。由于干旱少雨，所以古埃及的建筑也不使用台基。

2. 柱式

古埃及人是世上最早使用石柱的民族，这也与古埃及的建筑为梁柱结构式有关。最早的石柱出现在昭赛尔金字塔周围的配置建筑上，当时的石柱为壁柱。以后自然出现了独立的截面为圆形的石柱。在古埃及的许多大型建筑中使用石柱的密度很大，因此数量众多。为了石柱的美化，古埃及人除了在许多柱身上刻有大量的有特殊意义内涵的象形文字作装饰外，还在柱头部分进行了重要的艺术处理，在发展过程中，形成了一些规律性、系统性和程式性的东西，这被后人称为柱式。柱式的出现也标志着建筑从低级迈向了高级。

古埃及人在柱式的处理上手法很多，主要以植物为母题，还有人物或植物与人物相结合等。古埃及人在柱头（柱帽）部的造型处理上以纸莎草、莲花、棕榈这三种植物形式最为多见。

纸莎草在古埃及文明的传承和传播上起着极重要的作用，因此，创建于古王国的纸莎草柱式经久不衰，直至王国晚期。该式的柱帽为纸莎草的苞蕾形，柱身为六枝纸莎草茎围成一束，每根茎截面均作棱形，下部柱身收分，底部承于一圆饼状柱础上。柱帽与柱身间围有五道束带（图22-2、11）。

另有变式纸莎草柱式是一种简化的手法，其柱身变一束为一根，通体平滑，上常刻象形文字，上部柱帽较变式前略大，下部柱身收分较小，整体比例粗壮，富于沉重感，此柱式出现于新王国时期的第十九王朝（图22-3）。

开花纸莎草柱式是变苞蕾式为开花式的结果，因此柱帽上端向外伸展，明显大于柱身。柱身平滑，均为直线，给人感觉挺拔舒展，故多用在大厅正中部位或走廊。柱头下端施以三角状装饰，其下亦围有五道束带。这也是出现在新王国时期的一种柱式（图22-4）。因年代和地区的不同，此式有着较多的变化（图22-14~16）。

混合式的柱帽与开花纸莎草柱式的大体轮廓略同，均为上大下小，混合式的柱帽用四个半瓣的纸莎草花围列在柱的四面，花朵分上下二层，也有多至五层的，看上去像许多纸莎草花束在一起，极富华丽感。柱身不分束，仅底部略有收分，柱身亦常刻有象形文字或其他图形，很具装饰性。柱身与柱头间也刻有五道束带。混合式虽极华丽，但仅出现在古埃及最后一个王朝即托勒密王朝，也是辉煌的古埃及建筑艺术的最后余辉（图22-5）。

现已成埃及国花的莲花，在古代埃及同样备受关注，这可在古埃及的莲花柱式中得到印证。其柱头部分以一束含苞未放的莲花作饰，柱身用莲花的花茎四至六根成一束状。柱身下部有收分，柱身与柱头间也有五道束带相缚。束带下茎与茎间刻有细茎小花。该柱式流行于古王国至新王国间（图22-6、12）。另有开花莲花式（图22-13）。

图 22-2

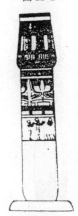

图 22-3

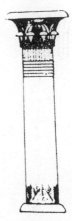

图 22-4

图 22-5

图 22-6

图 22-7

高大的棕榈树是热带地区的常见乔木，古埃及人在柱式上创造了棕榈式。这种柱式有较强的写实风格。柱头部分用八片棕榈叶围合成圆柱状。其柱帽在古埃及各式柱帽中的整体比例上为最高大者，虽不华丽，亦引人注目。棕榈式柱身平滑，显得较长。柱身上端亦围以五道束带，这成了大多数古埃及柱式的标志性符号，也使多样化中有了一定的统一感（图 22-7、10）。

哈托尔是古代埃及神话中司音乐、爱情、欢乐、生殖之神，虽不舞刀弄枪，却也备受古埃及人的恭敬，中王国时期古埃及人将其尊容现于柱头部，出现了哈托尔柱式。哈托尔柱式分普通式和混合式两种，普通式的柱头作四方形，表面雕有哈托尔神的头部浮雕，柱身作圆形（图 22-8）。混合式的柱身作一束花茎状，柱头被处理成开放的大莲花，其上中心处加一表面同样雕有哈托尔神头部浮雕的立方形柱冠。其柱身底部同样立于柱础上（图 22-9）。古埃及无论何种柱式，全垫有一个简洁的扁圆状柱础，这是古埃及柱式的共性。

古埃及的柱式类型之多、处理手法之丰富可谓前无古人、后无来者，令世人刮目相看。古埃及虽有头像柱而无独立的人像柱出现，但许多石雕直立人像贴墙而站也暗示着以后将会有独立的人像柱现世（图 22-35）。

图 22-8

图 22-9

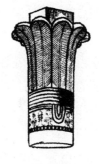

图 22-10

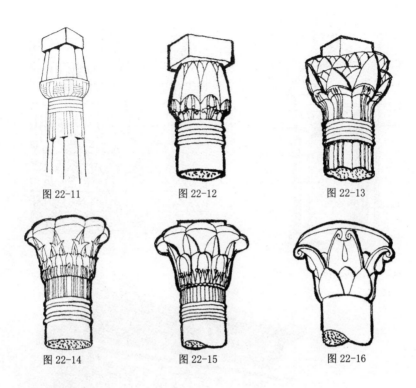

图 22-11　　　　　图 22-12　　　　　图 22-13

图 22-14　　　　　图 22-15　　　　　图 22-16

3. 建筑装饰

　　古埃及人是一个极富艺术感悟力的民族，他们在建筑上的主要装饰手段是绘画和雕刻。无论是墓道、墓室和神殿等的墙上均大量地用壁画和浮雕来美化或表现宗教、政治及生活等诸方面的观念，这些艺术作品让今人还能直观性地了解当时埃及人的种种生活形态，在这些艺术作品中古埃及人还创造出著名的程式化处理手法，尤其是人物常表现为侧脸、正身和侧脚，这并不表示古埃及人没有三度空间的观察和表现能力，而是为了让这些艺术造型与墙面的二维性保持高度的统一感。这是一种智慧之举，令人肃然起敬（图 22-18）。

　　古埃及人在建筑装饰上还首创了天顶画，他们在一些巨大的神庙的天花板上刷上深蓝的颜色，并在其上用金色描绘飞翔的老鹰和闪光的群星，内容与空间位置结合得非常自然。

　　圆雕性的人物和动物在古埃及的各类建筑空间中亦不鲜见，这些用于建筑范畴的雕塑作品造型动态都很小，多数都是静态的，其中透出的庄重肃穆与高度几何化的古埃及建筑在气质上亦十分吻合。

图 22-17

图 22-18

图 22-19

在石柱和圆雕、浮雕上施色也是古埃及人的常用手法。

古埃及建筑与绘画、雕塑高度结合的手法也深刻影响了以后建筑装饰的基本取向。

金字塔形的陵墓、巨大的石筑神庙、石窟墓和庙及方尖碑等也是古埃及人所创的前无古人的新的建筑类型。

（三）建筑发展过程

1. 王国前期

这一时期，古埃及的氏族制度开始解体，奴隶占有制逐渐形成。埃及虽已统一，而中央集权的专制国家还没有最后确立。

这段历史时期基本上没有建筑遗迹留下来，但据专家考证，当时的居住建筑已形成两种基本样式：一种是土坯房屋，平屋顶，外墙面极其简单平整，为了求得牢固而墙面自下而上渐渐后倾，看上去稳定、简洁。另一种是木构架与芦苇编壁相结合的房屋，柱子露在墙面上，在大轮廓上与前一种基本一致，但看上去较前一种轻巧。这两种房屋在墙面上还开有少量门窗，用芦苇、纸莎草等植物编织物作遮挡物。另有专家推测：上埃及的狩猎民族首领可能住在以木或草为柱之弧形屋面帐棚。下埃及的草屋，可能为了坚固而在四角隅及檐桁部加立草柱，再夹盖以草帘，而草帘可能延伸至檐上。后代石造建筑上的四角隅上特殊的凸圆线脚，及所谓埃及式檐口、凹曲面之檐饰等，均起源于此。虽然当时在建筑艺术和建筑技术上有代表意义的皇宫、神庙等没有遗留下能表明立面造型的实体例子，但考古发掘出的"蛇王之碑"，多少能打开我们的视野，使我们感受到当时较先进的建筑物之端倪。发掘出来的第一王朝扎特国王墓穴的一块石碑上清晰地显示了三座塔楼夹峙着宫殿的两个入口的建筑立面图，三座塔楼的身上有增强垂直感的线条装饰，整幢建筑显示出有很强的封闭性和防御性。此手法一直使用到新王国时期，数千年来基本未变，有很强的承继性和稳定性。由于缺乏金属工具，石材加工困难，故石材在建筑上主要用于陵墓。

上埃及聚落外廓有一片干燥的沙漠，适合建墓地。人们在此挖坟，上用生砖或土坯筑以外表和住宅基本一样的被称作玛斯塔巴（Masttaba）的坟丘（图22-

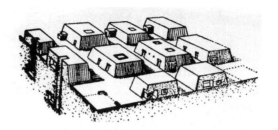

图 22-20

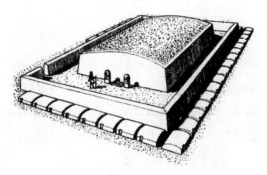

图 22-21

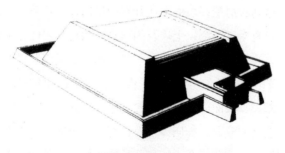

图 22-22

20~22），并在坟丘平顶朝下挖竖井，达到地下一定深度时，再横向挖墓道和墓室，
墓室里面放置死者生前享用的一切设备。下埃及较低湿，在较高而干燥的村落里
也挖坟埋死者，上筑以土丘，或将死者葬于其生前住家的地面下。在这里死后的
生活与现世生活共存。万人之上的皇帝的陵墓里开始使用石材，如第一王朝皇帝
乌歇法依的墓地的地面是用加工得很光滑的花岗石板铺成。第二王朝皇帝赛海姆
伊的墓穴是用经过精确地凿制过的石灰岩块用叠涩法砌筑。第二王朝末期，皇帝

们的坟墓在地面上的形态是玛斯塔巴，而地下的墓穴往往挖得较宽较深，里面间隔成许多房间，周壁绕以砖墙，亦有木板装修者。天花板则以木柱、木梁支撑，间有砖造拱形顶。地下的阶梯和走道，均有在埋葬后门扉陷落而即自动封闭的设施。在坟墓内使用坚硬的石材料，适合于灵魂的"永恒的居住"，埃及人已经开始为不同类型的建筑物寻找合适的材料了。把玛斯塔巴设计得与住宅一样，有两方面的原因：一、虽然埃及人设想着人死后的生活比死前更美好，但他们还只能以日常生活为依据来设想；二、人们在开始探索住宅以外的建筑物形制时，往往以住宅为蓝本，因为这是他们最熟悉的，而且古埃及人认为死亦是另一种生，故坟墓形式与住宅一致在本质上是无伤大雅的。

2. 古王国时期

古王国时期是中央集权国家政体的巩固和强盛时期。物质文化比前一个时期有飞跃的进步。金属工具的出现和应用也有助于建筑的发展。

至今有着迷一般魅力的宏伟的金字塔就产生于这一历史时期。埋葬法老的金字塔，以其奇妙的数字关系、奇异的物理现象、简洁的造型特征、超时代的上乘技术质量等等，令人遐想联翩。对金字塔的产生与作用众说纷纭，近年来 UFO 学的兴起，金字塔更是被罩上了一层浓浓的超自然的色彩。

金字塔与玛斯塔巴在立面造型上虽有巨大差异，但并不是相互割裂、独自一蹴而成的。从玛斯塔巴到金字塔，亦有个"造型进化"过程。

被确认为世界建筑史上第一座巨型石结构建筑物的，是建于公元前 2650 年的第三土朝的昭赛尔金字塔；附属在它周围的同时期建造的一系列祭祀用建筑也是最早的一批具有巨大规模的石头建筑。昭赛尔金字塔的建成在埃及建筑史上开创了一个新时代（图 22-23、24）。

昭赛尔金字塔的立面造型成六层阶梯形式，这其实是将大小不等的六个玛斯塔巴按序相叠而成，是石建筑从模仿向创造的过渡形式。昭赛尔金字塔的基底为长方形，底边各为 126 米和 106 米，塔高约 60 米，通体用白色石灰岩筑成，以红黄色的沙漠为背景，表现力异常强烈。昭赛尔金字塔大笔触的六层横向划分，使整体造型沉稳高大、气势恢宏，在旁边一些建筑物的衬托下，更显雄伟不凡。

该金字塔的设计者是当时书吏出身的伊姆霍太普，这位被后人称为"历史时代第一天才"的年轻人；后被国王封为宰相。同时，他又是祭司、学者、占星家

图 22-23

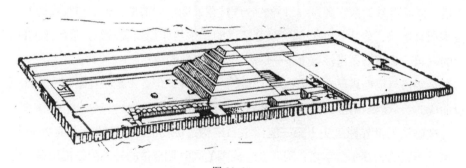

图 22-24

和幻术家，而且精通医道，以至 200 年后被敬奉为药神，后又被崇拜为"智慧之神"。伊姆霍太普对建筑艺术的更大贡献，是将当地建筑中为增强泥巴墙的牢度所使用的芦苇束，转化为石头建筑艺术的基本要素——圆柱。当时还无独立的圆柱被发现，当时的圆柱约四分之三突出于墙面作为护墙之壁柱。

　　昭赛尔王之子瑟靠凯姆克特曾建造了七层阶梯式金字塔。公元前 2620 年出现了八层阶梯式的梅杜姆金字塔（图 22-25）。40 年后在第四王朝出现了塔面改变角度的屈折形金字塔，即代赫舒尔金字塔（图 22-26）。

公元前 2570 年在开罗近郊的沙漠化地区吉泽村出现了最后定型为方锥体的胡夫金字塔（图 22-27、28、30）。这个金字塔高为 146.6 米，四条底边长度都为 232 米，这个被人赞叹为"通天之塔"的高度不仅对古埃及来说是绝无仅有的，而对整个人类的文明史来说，其高度作为世界纪录一直保持到中世纪的乌多姆教堂诞生时才被实质性地超越。在 53000 多平方米的底面积上，其倾斜度仅 16 毫米，在高科技的今天，也很难达到这一工程技术的高标准。巨大的胡夫金字塔用了每块重约 2.5 吨的立方体大石块共 250 万余块，墓道中作防护门使用的大石块重达 50 余吨。石块采用干砌，石块与石块之间严丝合缝，连利刃都插不进。胡夫金字塔外部原贴有一层灰白色的石灰岩，现都已风化。

金字塔的艺术表现力主要在于其外部空间：单纯、稳定而有力的灰白色的外形，在蓝天、黄沙的映衬下，闪射着耀眼的光芒，在沙漠特有的炎热而沉闷的空气中，洋溢着一种永恒、悲凉、壮阔的人类自豪。这种艺术感染力与金字塔内部迷宫般的通道、墓室和阴暗霉热的氛围形成了强烈的对比。这种内外空间的强烈对比也显示了金字塔的功能是双重的，它必须埋葬和保存法老的遗体，使之免于腐烂毁坏；同时它又是歌颂法老万能，体现埃及宗教精神和供后人永志不忘的实体纪念碑。在金字塔的外部空间中还漫延着神秘而压抑的宗教气氛：金字塔的祭殿紧靠东面脚下，而门厅远在东边几百米之外，这样长的距离是为了使朝圣者从

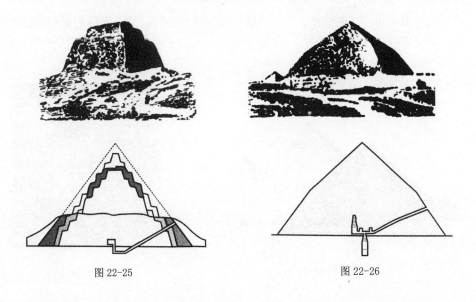

图 22-25   图 22-26

入口到祭殿的行进过程中，心灵得以净化。从门厅到祭殿要通过一个用石头砌成的密闭的狭窄通道，这种通道仅可以供两个人并排通过。人们在这黑暗、狭窄、漫长的行进过程中，心中产生恐惧，心灵深处怀有一种强烈的期盼；一切杂念均被恐惧所替代和净化，当人们怀着恐惧和期盼在黑暗和狭促之中走出这长长的通道而进入后院时，猛然见到在灿烂炫目的阳光下端坐着的法老雕像，上面是摩天掠云的金字塔，恍惚、恐怖、不坚定的心情立刻被沉重、强烈的物质存在压垮，正是此刻强烈的崇拜意识便产生了，这就是法老所希冀的精神感染力。无论怎样，金字塔的出现是人类建筑文明的巨大进步。

在胡夫金字塔周围还有哈夫拉和孟卡拉金字塔，这祖孙三代的金字塔构成了著名的吉萨金字塔群，它标志着埃及金字塔的黄金时代，被誉为"世界七大奇迹"之一。

贵族们的坟墓仍以玛斯塔巴的形式散置于法老金字塔的周围。巨石雕成的狮身人面像也是吉萨金字塔群中令人瞠目的艺术品，希腊人称其为斯芬克斯，其6米高的头传说原型即哈夫拉法老的尊容（图22-29）。这个石雕像的存在，也使金字塔更显神奇而不凡。

第五王朝始，中央权力下降，法老们的金字塔开始缩小，底边长度连胡夫金字塔的一半都不到，但他们的荣耀感在祭殿的建造中得到部分补偿。这时的祭殿开始变得华丽，这主要体现在装饰性浮雕的迅速发展和在祭殿里的广泛应用之中。这时的浮雕采用浅浅的线刻，为了不破坏墙面的整体性，故不强调形象的明暗效果。此时，形象处理已程式化，不追求细节的真实，强调装饰效果。为了避免透

图 22-27

图 22-28

图 22-29

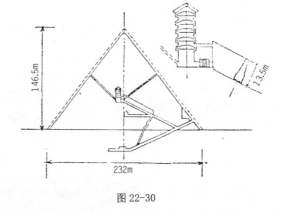

图 22-30

视，力求使形象在一个平面上，与二度向的墙面取得一致。因此侧脸、正身、侧脚的人物形象开始大范围地用于墙面装饰上（图 22-18）。古埃及人已注意到整个墙面的构图匀称，一般来说构图都较饱满，充满了张力。古埃及人对建筑墙面浮雕往往施色，用颜色来增强浮雕的艺术表现力。

古王国时期石柱的比例修长，为 1∶7，二柱间距为 2.5 倍柱底直径。柱式也随着石柱一起产生，柱式是古埃及建筑中极有表现力的部分，随着时代的演变有着许多变化。

古埃及独自固守着尼罗河流域，也可以说它靠的是和平的环境，埃及人不必集中到设防的城市，所以，古埃及的城市全都发展得十分缓慢。其最早近于城市的是由坟墓构成街道的"死城"。古王国时期，破格地出现了活人居住的城市，当时奉法老之命建筑了一座住宅城镇，供为法老建筑金字塔陵墓和公共工程的人们居住。城中方盒子式的住宅密布在狭窄的方格式街道两旁。

3. 中王国时期

由于中央集权衰落，所以这是个缺乏大建筑遗迹的时代，但建筑活动的地域比以前远远地扩大了范围。此时金字塔的体积不仅比以前大大缩小，而且多用砖筑。阿苏启司法老的陵墓是一座砖造的不大的金字塔，上面刻有铭文："不要因为和石造的金字塔相比而小看我，因为我比它们优秀得多，就好像阿蒙神与其他诸神相比一样。人们把竿子戳到湖里面去，并把附在竿子上的泥土收集到一起做成砖，而我就是这样修筑起来的。"在自以为是的背后充满了无可奈何的自卑感。

迁都南部山区后，陵墓与神庙大多因地制宜，凿岩壁而成（图 22-31~33、36）。

因此，中王国时代最丰富的建筑遗迹是在具尼哈桑、亚斯文等各地的岩窟墓。其
形式有诸多变化，大墓则削平岩山之斜面造出前庭，而在正面开门。在门口做柱

图 22-31

图 22-32

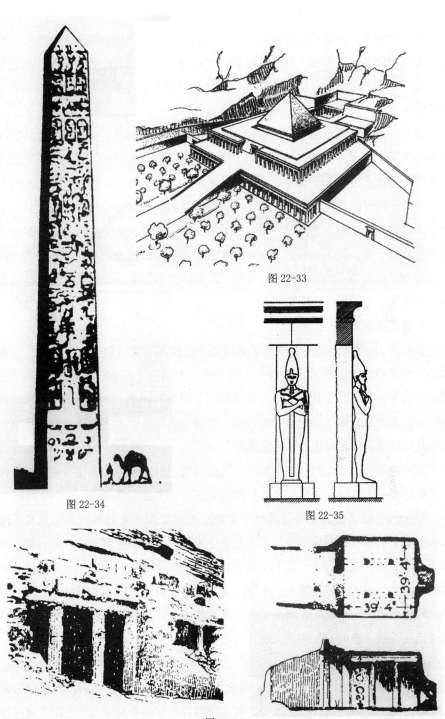

图 22-33

图 22-34

图 22-35

图 22-36

廊的例子也很多，内部则连接前后二厅，中间设长走廊以增加深度者亦不少。墓室一般经由后面大厅地面下隐秘的阶梯、走道进入，竖穴等配置在更深一层之地下。与环境和谐是此时建筑的特征之一。建筑借助山势可显出的宏伟感当不亚于吉萨金字塔。

第十一王朝初期之法老在巴哈里山谷北面建造了岩窟墓，在山脚外部建造的祭殿的平顶上筑了一个砖造小金字塔，金字塔的功能在此已被异化，金字塔作为陵墓的主要样式被画上了句号（图22-33）。

与古王国时的建筑风格相比，中王国的建筑显得较轻快。从中王国时代起，庙宇入口两侧开始竖立方尖碑（图22-34）。方尖碑是太阳的象征，它是最伟大的神的一根手指，其上刻有国王的名讳和封号。方尖碑通常用一块整石雕成，其高与底宽之比为10∶1，截面为正方形。方尖碑的顶部是一小形金字塔，这或许是一种回光返照的历史表现吧。

4. 新王国时期

公元前1600年，埃及人驱逐了来自亚洲游牧部落的入侵者，并建立了军事式的中央集权国家。此时天人合一，国王成了太阳神（Amon）的化身，国王的权力空前强大，王宫与神庙的合一，更显示了国王的神圣。此时经济、技术、贸易的空前发展和青铜工具大量得到使用，均预示着建筑艺术将有新高潮的到来。古埃及的建筑创作此时进入了最繁荣期。

此时期最具代表性的建筑是神庙。这些体量空前庞大的神庙往往积聚着几代人的艰苦卓绝的劳动，也是埃及人智慧的见证。（图22-37~52）

新王国时期遗留的众多建筑物中卡纳克的阿蒙神庙无疑具有典型意义（图22-39~43、47）：该神庙的入口前有长达1千米多，两侧密密地排列着石雕圣羊像的石板大道。大道的尽头是为了整个建筑出入而建造的大塔门。大塔门被具有斜面墙壁之二高塔状建筑物夹于中间，据说这是出自二山中间太阳诞生而升天之意境的建筑化。两个塔状大墙之平面、高度等同，以几何化的简洁造型表现出埃及建筑的特质，庙内宽敞的露天庭院与被134根柱子填满的柱厅形成强烈对比。这些柱子每根均需由多人合围（中间二排石柱高20.4米，直径为3.57米，两边石柱高12.8米，直径为2.74米），这么大的石柱至今仍空前绝后，而且两根石柱间的距离还不到一根石柱的直径，使神庙内容人空间所剩无几。太阳光通过细

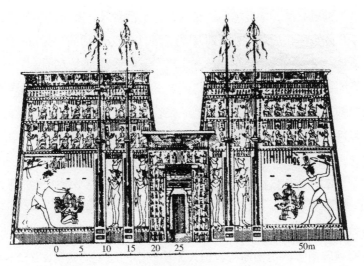

图 22-37

图 22-38

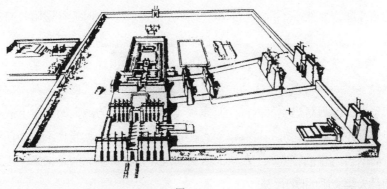

图 22-39

长的天窗，穿行于密集如林的石柱之间，形成了光影的强烈破碎和精神的沉重压仰。愈进入神殿后面，地面愈高；相反，天花板愈低，采光更受限制，而最后的神室几乎是完全黑暗的。这就是埃及对于神的神圣建筑的表现。新王国时期的神庙具有双重意义，它首先是用庄严、崇高的形象来歌颂法老的权力，然后才是对广大信徒的宗教作用。建筑整体构思的意义在于凭借冗长的道路引导信徒，然后在巨大的神庙前否定自我，实现强烈的宗教崇拜。一切宗教仪式均在巨厅内的阴暗空间里进行，信徒在经历了尘世的喧闹后，来到这介于尘世与天国的灰色地带的神庙时，寄托他们对天国的向往和对威严法老的崇拜。

阿布·辛贝勒石窟庙也是新王国时期激动人心的一个优秀建筑物。该庙在尼罗河的一个拐弯处凿崖而筑，高 30 米，宽 40 米，纵深 56 米。在狭小入口的两边安放着四尊气宇轩昂的拉美西斯二世的巨大坐姿雕像，他们那令人生畏和困惑的目光凝视着南方，仿佛期待着别人无法洞察的愿望的实现（图 22-48~52）。由于此窟的入口窄小，而内部纵深又很大。因此一年里只有两天太阳光才能照到窟底的太阳神身上，而这两天分别是拉美西斯二世的诞生日和登基日！古埃及人的天文知识令人敬佩。

5. 王国晚期

这一历史阶段是古埃及的混乱期，其间先后被波斯人、希腊人和罗马人统治过。国家遭受侵略和被奴役，建筑工程自然减少，而只有小型神殿的建造，及对前代建筑之修补和增建等，古埃及的建筑活动滑入了低谷。虽被波斯、希腊人统治，但埃及的建筑文化并没受到丝毫影响而续存。至罗马人统治时，埃及的建筑样式才受到一定的影响；柱头虽保持开花纸莎草形，但在倒钟状外围却做出各种植物的高浮雕，显然受了古罗马的科林斯柱式的影响。当时的神殿附设有特色的小建筑，其一是所谓"诞生殿"的小神殿，此神殿被认为是神母育婴之家；其二是称为"基欧斯克"的小凉亭，专供神出游时休息之用。

从金字塔到神庙，高度简洁的几何形式和巨大的空间尺度给人以无法忘怀的深刻印象，外部烈日当空而内部阴暗幽秘（图 22-44）与阔大的墙面上嵌入窄小的门道都是古代埃及建筑的特有语汇。在永恒的神往中，埃及人不曾向任何人学习过，而以自力建造着世界上最早的石头建筑。方尖碑指向的是未来，压抑中透出的却是人类文明的曙光。

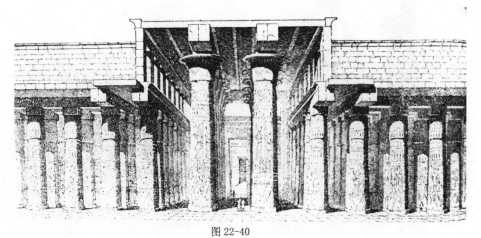

图 22-40

图 22-41

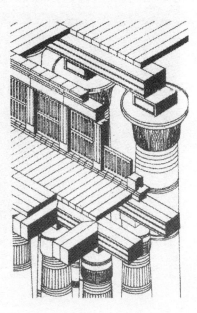

图 22-42

图 22-43

图 22-44

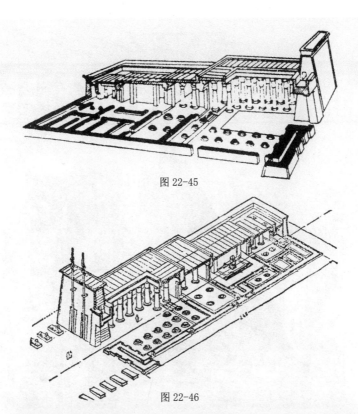

图 22-45

图 22-46

图 22-47

图 22-48

图 22-49

图 22-50

图 22-51

图 22-52

附录：有关胡夫金字塔的相关数据与不可思议性

1. 金字塔底平面的四边正好向着东、南、西、北四个方向，不差分毫。

2. 将新鲜食物置于金字塔内可起到保鲜作用。金字塔内部有很强的防腐功能。

3. 将生锈铁器置于金字塔内，若干天后可将铁锈除尽，铁器光亮如新。

4. 偏头疼者在金字塔内逗留数小时后，偏头疼症状可消失。

5. 金字塔底平面的南北向中轴线，竟然就是地球的子午线，如把这条中轴线延长绕地球一圈，这条线正好把地球的大陆与海洋平分成相等的两半。

6. 金字塔的自重 $\times 10^{15}$ = 地球的重量。

7. 金字塔的塔高 $\times 10$ 亿 = 地球到太阳的距离。

8. 金字塔的塔高的平方 = 塔面三角形面积。

9. 金字塔底周长：塔高 = 圆围：半径。

10. 金字塔底周长 $\times 2$ = 赤道的时分度。

11. 金字塔底周长 $\div$（塔高 $\times 2$）= 圆周率

12. 自 1940—1989 年间，共有 200 个年轻力壮者爬上了胡夫金字塔顶，但最后全"像木头一样滚下来"摔死（众多目击者的一致描述），无一生还。现埃及法律已禁止任何人攀爬金字塔。

二
十
三
、
古
希
腊
建
筑

　　闻名于世的古希腊雕刻作品爱神维纳斯，是世上最大的美术博物馆——卢浮宫的镇馆之宝。

　　古希腊的优秀建筑作品也像这座维纳斯雕像一样，给人以端庄、典雅、亲切、开朗的审美感受，这两类不同的造型艺术在审美上趋向同一性的原因之一，就是古希腊人将他们最好的建筑是献给神的。

　　由许多大小不一的城邦集合而成的被统称为希腊的地方，是一个泛神论的国度。在各个自然与非自然的领域里都有形形色色的神存在。所以每个城邦也都有各自的保护神。

　　这些城邦间除了经常会发生大小不等的以吞并、复仇、掠夺等为主旨的战争外，在两场战争间的和平时期也会尽其国力为他们的保护神和其他诸神建造最好的神庙，并以此作为夸耀于其他城邦的争胜手段。建筑艺术在泛神论中得到了极好的滋养。

古希腊的神话是古希腊一切文学艺术的武库。古希腊是将神作为人的一种延伸而存在的，神性即人性，所以古希腊以神话为平台的艺术充满了对人类自由精神及对美的肯定。并以深刻的现实意义、热爱生活的积极进取精神和对人的崇高品质的尊重而震惊并激励着今人。在人造的神光中，古希腊人不仅将神和人高度和谐地融合在一起，也在更大、更深刻的范围里，创造了比古埃及更灿烂的人类文明，在历史上完成了一次大的变革。

（一）历 史 分 期

荷马时期：公元前 12—前 8 世纪

古风时期：公元前 7—前 6 世纪

古典时期：公元前 5—前 4 世纪

希腊普化时期：公元前 4 世纪末—前 2 世纪

（二）建筑造型特征

如将古埃及的建筑与古希腊的建筑相比较，可以明显发现古埃及是粗加工的石文化，而古希腊则是精加工的石文化。但这不是两个民族的能力造成的，而是时代造成的。

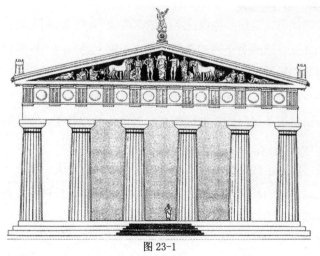

图 23-1

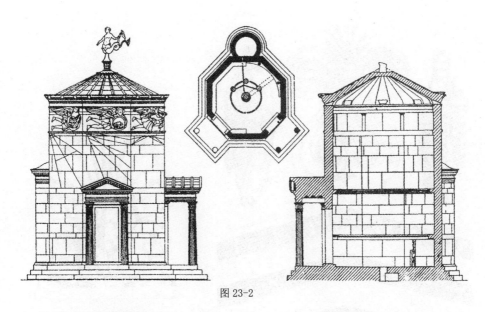

图 23-2

1. 人字顶与攒尖顶

　　古希腊的优秀神庙均用人字顶（图 23-1），这也成了古希腊建筑的标志性屋顶，虽然人字顶并非古希腊人首创，但古希腊人对人字顶坡斜度的把握、两侧山墙上精美雕刻的创作（图 23-5）、山墙尖上掌形叶或人物与山墙檐端的蹲兽及檐部瓦兽头等的装饰手段有节制的使用（图 23-3、4），让整个人字顶散发出典雅的气质和淳厚的艺术韵味，希腊人无疑是做得最好的。攒尖顶的出现也不动声色地成为以后中世纪广泛使用尖锥顶的先导（图 23-2）。攒尖顶也是人字顶的全息化的结果。

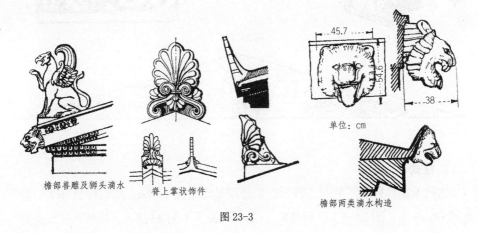

檐部兽雕及狮头滴水　　　脊上掌状饰件　　　　檐部两类滴水构造

图 23-3

图 23-4

图 23-5

2. 柱式

古代希腊的柱式一共有三种，它们分别是陶立克（Donic）（图 23-6）、爱奥尼（Ionic）（图 23-7）、科林斯（Corinthian）（图 23-8）。虽然在柱式类型

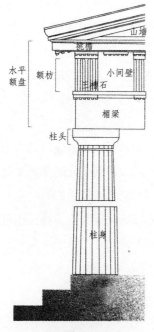

图 23-6

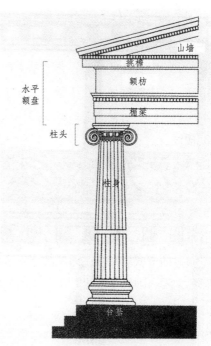

图 23-7

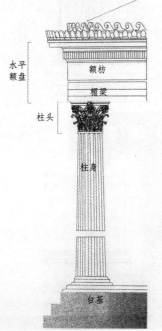

图 23-8

图 23-9

的数量上不能与古埃及的相匹敌，但在艺术质量上却胜于埃及。希腊的柱式不仅比例和谐，情调各异，而且将人性也投射于柱式的创立中：陶立克象征男性的刚健，爱奥尼隐喻女性的柔美；艺术是人创造的，因此在艺术中表现人性是至崇至高的境界。艺术的好坏不在于量，而在于质。当然没有埃及也就没有希腊，艺术需要承前启后，不断发展。

3. 槽线

古希腊多元化的城邦制也是艺术发展的社会基础，三柱式就先后诞生于不同类型的城邦制国家中；艺术的百花齐放需要和谐的环境，而多元的平衡无疑是和谐的重要组成部分。虽然古希腊三柱式产生于不同的城邦，但它们的柱身均刻有较密的垂直凹槽线，这些槽线的存在不仅可强化立柱的高度和挺拔感，还可与周围平整的墙面形成虚实对比而增加艺术表现力，最关键的是还可消除强烈的阳光照在白色大理石圆柱上产生耀斑对人眼的刺激。在槽线中充满了人文关爱，在艺术中有爱才能产生美。

4. 柱廊

原先是为了保护土质墙而采取的简单有效的方法，以后被希腊人上升到艺术的高度，成了一种新的建筑艺术语汇，扩大了以后建筑立面设计的选择范围。柱廊不仅可与墙面产生虚实对比，还可在阳光下形成生动的光影效果（图23-10）。希腊人在继承和发展上做得非常自然而完美，就像他们的世界名雕维纳斯一样。柱廊的处理手法也很多，造成了多种围柱式建筑（图23-11）。

图 23-10

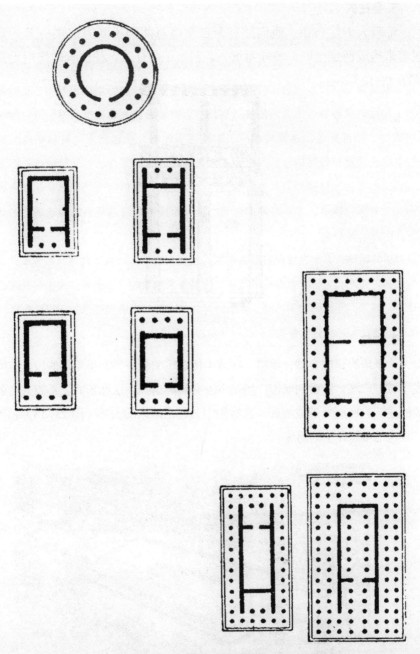

图 23-11

5. 叠柱式

　　希腊人天性自由，他们随意而自然地将两种不同的柱式一上一下地叠置着来构成两层空间，多样而统一，创造了叠柱式，使柱式的使用更富变化（图 23-12）。

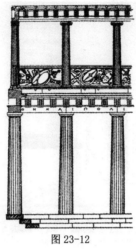

图 23-12

6. 广场

　　这是新的建筑类型，希腊人在城中用建筑围起一平面呈矩形的较大空间，构成了城市广场，以后的城市广场基本没有脱离这一手法和形式。希腊人将朝向广场的建筑的底层处理成敞廊，在实用中又透出浓浓的美感（图 23-13）。当时的广场也是希腊民主的温床。

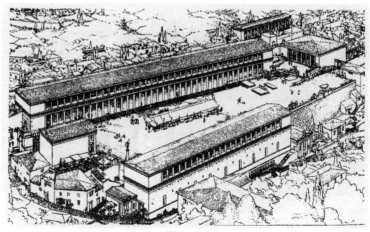

图 23-13

7. 剧场

这也是建筑新类型。古代希腊是戏剧艺术的摇篮，世上最早的剧场也是由希腊人创建的，钵形的观众区与圆形的表演区使观者都有良好的视野与声效。希腊人在许多的美好事物方面，不仅做得很早，而且起点也非常高。这是一个非常了不起的早熟的"婴孩"，他常使很多"成人"汗颜（图 23-14、15）。

图 23-14

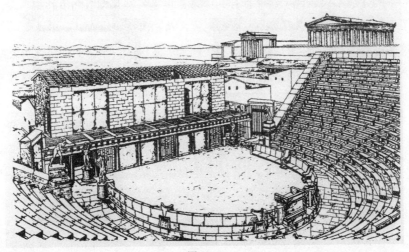

图 23-15

（三）建筑发展过程

1. 荷马时期

氏族社会开始解体，出现了许多小型的氏族国家。这些氏族国家都有各自的神明，多神论在空间上的结果是敬神地点众多，山林、岩洞、水泽等均应有神可敬。随着人与神逐步结合，希腊的先人们亦给神住上与人同样的住宅，最早的神庙雏形就此出现：用没加工的石块砌成，或用木框架填以生砖，或用夯土筑成。由于气候条件的影响，古希腊的屋顶为人字顶，这与古埃及少雨而建平顶屋有着显著的形式差异。为阻止雨水对生砖或夯土的冲刷以防过早损坏建筑，在外墙外侧顺屋檐加披并用木柱支承是一有效方法，这种带廊建筑的基本形制对以后神庙的发展产生了重大影响。

这时期还初步形成了一些规模不大的城市，在城中有广场和卫城，卫城为军事、政治、宗教的中心。这些城市的出现对以后希腊城邦制的形成有着因果关系。

2. 古风时期

许多氏族国家相互并吞的结果是在沿海形成了 30 余个城邦国家，其中最为繁荣的有雅典、斯巴达、科林思等。这些城邦国家从未统一过，实力也有差异，但战争与贸易的频繁交往，促进了统一的民族文化的形成。此时氏族宗教汇总成希腊比较固定的神话，各个城邦都有自己的保护神，并为这些保护神们设立庙宇。这些庙宇的建造不仅表现了对保护神的虔诚，也是各城邦相互间争胜的手段，故集中了当时建筑艺术的最好经验，这对形成古希腊建筑风格有着决定意义。

这些献给城邦保护神的神庙普遍用优质大理石建造。平面通常是将长轴配合东西方向而建造的。最重要的神庙是四面被墙所围绕的长方形，仅在东侧开有入口，神像被安置于内部，庙内靠东部入口射入的光线来照明，这还能让神沐浴早晨第一缕阳光。在正面的短墙内置有两根立柱的正面双柱式、神庙前面安置外柱的前柱式及前后柱廊式、四周围绕外柱廊的围柱式、大规模的双重围柱式等多种平面样式均可被神庙所用。神庙的立面造型是由台基、圆柱、水平额枋以及人字形屋顶构成。此时早期石柱较瘦长，上细下粗，柱距小，因此神庙平面较窄。以后加大了柱距的跨度，正立面的跨度也随之增大，平面长宽之比逐渐接近 2：1。

最早出现的柱式是陶立克（Doric）柱式，这种柱式短而粗壮，其高度为底部直径的 4.5~5.5 倍，柱身在三分之一处稍稍隆起，然后向上逐渐收分成梭状。这样处理可以纠正看立柱时所产生的柱体两侧向内凹陷的视错觉。柱身刻有16~20 条凹槽，凹槽相交间成尖锐状。柱头由蚌形圆块及方形托板所组成。蚌形圆块的外轮廓和圆块下部的线脚处理有着丰富而微妙的诸多变化。柱子支撑楣梁，在其上的额枋是由刻有三条直槽的三槽石与几乎是正方形的小间壁交互排列，而将神庙的屋檐下方围住。

起源于爱奥尼亚人定居的爱琴海诸岛及小亚细亚西岸的爱奥尼柱式（Ionic），是以轻快、优雅的美为其特色。圆柱立于具有复杂线脚的柱础上。柱身与陶立克式相比显得细长，其高度为底直径的 8~9 倍。柱身的梭状感较弱，凹槽深，通常刻有 24 条，凹槽间有弧面过渡。柱头有一对相连的卷涡装饰。卷涡造型前后一致，而二侧无卷涡形，故有很强的方向性。希腊人常将在角柱上顶角的卷涡做成 45 度状，以适应侧视的需要。额枋无三槽石而一律呈带状连续（图 23-9）。

柱式的使用在一定的程度上可增强建筑物的个性。作为男性象征的陶立克柱式不用柱础，突兀中显刚劲，而爱奥尼柱式底部使用富弹性状的柱础，更显此柱式的女性柔美感。在早期保护土坯墙措施的基础上，围绕神庙的柱廊逐渐形成，使建筑与大自然互相渗透，给人以亲切开朗的视觉感受，也使建筑的各个立面有连续的统一性。

古希腊的制陶业很发达，早期在木构件上用陶片贴面以防腐、防火，以后石建材取代了木建材，但用陶贴面的传统还是被部分地保留了下来，装饰意义逐渐取代了实用功能。额枋以上部分基本上保留了陶饰面的形式。陶片色彩主要为黑、褐、红、黄等色。神庙的山墙部分是雕刻艺术大显身手的所在，为使人看清山墙上的雕刻作品而使山墙向外作一定的倾斜，以减弱透视带来的变形。城邦保护神的神庙往往建于城市的中心卫城中，神庙不仅是卫城的主要建筑物，而且还常被作为国家的财库使用。卫城周围的城市没规划，均自发形成，故街道很窄，临街多数为二层楼房，当时有简单的建筑法规限定二楼不许挑出而悬于街道上空。

3. 古典时期

这是古代希腊繁荣期，市民自觉意识的成长和自由民积极参与社会生活，使民主共和政体大大巩固，文化艺术也达到了当时最灿烂的高峰，并影响了以后世

界文化艺术二千余年，其影响至今还起着不可忽视的积极作用。这时期建筑艺术
所达到的成就，在某种意义上成了不可超越的典范。当时的建筑艺术由于受亚里
士多德、毕达哥拉斯、赫拉克利特的哲学、美学思想的影响；追求理想的数学比
例关系和崇尚人体，将人体视作美的最高化身。此时神庙的平面长宽之比被基本
确定为2:1，围柱式神庙立面的正与侧的柱数之比也被确定为a：2a+1这一公式（图
23-20）。从遗留的实物看，基本上都按这些比例关系而建筑。

公元前5世纪末华丽的科林斯式柱子出现，达1:9的修长柱身也站在有复
杂线脚的柱础之上，双重的毛茛叶形装饰包住柱头下部，由其叶群中伸出的长卷
蔓伸向上部正方形托板的四角，另外，短的卷蔓充满了叶丛上的空隙处。至此，
古希腊的三种柱式已全部齐集，不仅展示了建筑艺术语汇的增叠与演变，也影响
了以后欧洲及世界建筑艺术的发展。科林斯柱式作为爱奥尼柱式的一种变体，多
用于建筑室内空间装饰，古典时期晚期人们的审美趣味倾向于纤丽的科林斯柱式，
其逐渐被用到室外，取得了与陶立克和爱奥尼柱式一样的独立价值。各城邦间对
抗的减弱也导致了在同一建筑上各种柱式的混合使用，增强了建筑艺术表现力的
选择性。

在抵御外来侵略的过程中，雅典城邦领导希腊其他城邦彻底战胜了波斯入侵
者。战后，希腊进入了繁荣期，雅典城邦高高地超出其他城邦。在伯里克里特当
政的16年间，雅典从一个破旧的小城变成了拥有许多雄伟壮丽建筑物的伟大城
市。城市的发达产生了许多新型的公共建筑，促进了建筑艺术的向前发展。卫城
往往是各城邦建筑艺术精华的所在地，雅典城邦在这方面更具当时的典型代表意
义，成了古希腊建筑艺术的最高象征。

雅典卫城位于今雅典城西南的一块山地平台上，雕刻大师菲狄亚斯是此项工
程的总监督。每逢宗教节日和国家庆典，公民们列队上山进行祭神活动。卫城仅
西面有一通道可盘旋而上，建筑主要分布在山顶的天然平台上，建筑群自由布局，
高低错落，主次分明，无论是身处其间或在城下仰望，都可以看到较为完整的建
筑形象，被誉为建筑群体组合的经典范例（图23-16，17）。建筑群中最为著名
的是帕提农神庙和伊瑞克先神庙等。

帕提农神庙（公元前447—前432年），雅典卫城的中心建筑，它是为歌颂
雅典娜女神和纪念战胜波斯侵略者的历史事件而建。设计者为雕刻家伊克梯诺和

图 23-16

图 23-17

卡里克拉。其平面为希腊神庙典型的长方形列柱围廊式。神庙建在一个多级台基上，人字顶及东西两端形成三角形山花墙，这种格式被认为是古典风格的基本形式。神庙外围廊上的陶立克柱式被誉为是此种柱式的使用典范。该建筑尺度适宜、饱满挺拔、风格开朗，各部分比例匀称，有较强的内在统一感。外部空间在建筑物的渲染下有一种辉煌中的恬静、安详的气氛。在空间的人体尺度方面，它是无与伦比的，它的建筑空间具有高度完美的概括力和自信的沉思默想的魅力，它充满了人类理性精神的庄严性（图23-18~21）。

帕提农神庙的神室以古希腊的尺来计算，深有一百尺，称为百尺殿。内部是上下二层的陶立克列柱，沿着左右及后面的墙面排列，恰好形成了围绕雅典娜女神像的回廊。在这神室的西部，有一以墙隔断的房间向西开门。在其内部，4根陶立克式的圆柱支承着格子形的天花板。这房间原称帕提农，但以后这称呼则指神庙全体了。帕提农神庙的东西向各有8根陶立克柱、南北向各有17根陶立克柱，这么许多围在四周的柱子就像是为雅典娜女神演奏的竖琴之弦。两侧山墙及建筑其他部位的装饰雕刻，由以菲狄亚斯为首的许多艺术家参与制作。神庙的所有石柱都进行了校正视差的处理；对于会产生中部塌陷感的所有水平线（如额枋和柱廊的台座）也都进行了反向的校正；另外，还将转角上的柱子做得比其他柱子粗些，其柱距比邻近柱距小一些，以便在以明亮天空为背景时，柱子不显得过于细高；把柱子上端略向内倾，以避免产生上端向外倾斜的错觉。从中可看到古希腊人对建造大型建筑的熟练技巧（图23-22）。

伊瑞克先神庙（公元前421—前405年）位于帕提农神庙之北，是希腊神话传说中雅典人的祖先伊瑞克先的神庙。建筑师是皮式欧。神庙设计根据地形高低起伏和功能要求，运用不对称的构图手法，成功地突破了神庙一贯对称的格式，成为一个特例。它由三个小神庙、两个门廊和一个女像柱廊组成，柱式有爱奥尼柱式和女像柱式两种。伊瑞克先神庙以小巧、精致、生动的造型与帕提农神庙的庞大、雄壮、有力的体量形成对比，它不仅衬托了帕提农神庙的庄重与雄伟，而且体现了神庙自身的精巧秀丽，同时实现了自己的艺术价值。爱奥尼式建筑在这座神庙里达到了优美的顶峰，从整个建筑结构一直到细部的处理，其比例都恰当、正确。柱子细腻入微的装饰，体现出女性的轻快与柔和之美，装饰虽然丰富，却保持了建筑的力度感，表现了古希腊建筑完美的艺术理想（图23-23）。

图 23-18

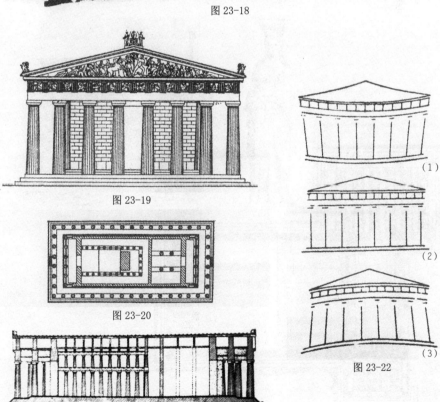

图 23-19

图 23-20

图 23-21

（1）

（2）

（3）

图 23-22

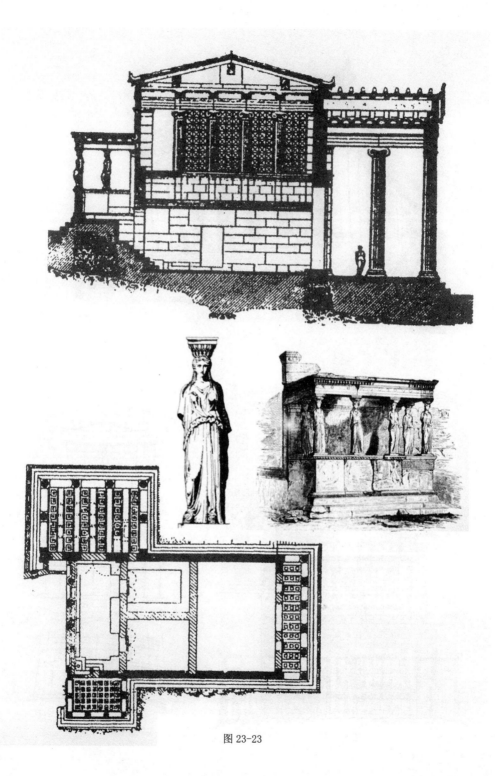

图 23-23

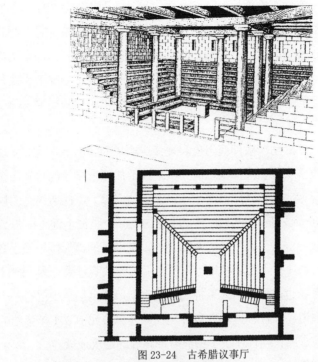

图 23-24　古希腊议事厅

图 23-25　古希腊民居

古希腊神庙一方面有着辉煌的外部立面，另一方面也有着封闭、不发达的内部空间。这个内部空间从没有任何创造性发展，希腊的宗教仪式是在神庙周围的露天举行的，希腊神庙的内部不是设计成宗教礼拜的公共场所，而是诸神的不容入侵的神圣场所。雕刻师兼建筑师的技艺和热情往往倾注在把建筑构件装饰成高超的造型艺术品上面，倾注在建筑外形的雕塑性处理上，而封闭的内部空间正是雕塑作品的特征。

希腊人喜欢户外活动和敬神演出也表现在对剧场的建造上。他们发现钵形的声学效果很好，故喜欢找一块可以轻而易举地改造成圆形剧场的自然山坡地段，这类场地还必须很大。约在公元前330年，建筑师皮克力雷托斯建造的埃比道拉斯剧场可容纳1300人，其声学效果十分理想，在每个座位上都可以听到来自圆形歌坛的耳语。取得这种良好效果的原因之一，是剧场的钵形体增强了音响；另一个原因，是在石条座位下面巧妙地运用了大陶罐的共鸣效果（图23-14）。

竞技用的体育场也是受希腊人重视的建筑类型。体育场至少得有一个供赛跑用的200英尺的跑道。同样，体育场也被建在郊外。公元前331年修建的雅典体育场拥有6万个观众席，同样显示了古典时期辉煌的建筑成就。

4. 希腊普化时期

公元前4世纪后期，希腊城邦制日趋没落，北方的马其顿发展成军事强国，统一了希腊，并建立起包括埃及、小亚细亚和波斯等横跨欧、亚、非三洲的马其顿帝国。希腊文化也就随着马其顿帝国的远征而传到了北非与西亚。这时期称为希腊普化时期，希腊的古典建筑风格与各国各地传统风格相结合就是希腊普化时期的建筑风格。同时期希腊本土的政治、经济衰退，建筑规模与创造性远不如前，在建筑上对华丽的科林斯柱式的偏爱，折射出人们的审美倾向已从庄重趋向华美。人性与神性的高度融合也开始融化，以后历史上再也没出现过这种人神和谐的景象，取而代之的是人对欲望的追求和享受。如果说古典时期是希腊国内建筑艺术最辉煌的时期，那么希腊普化时期是希腊的建筑艺术在国外最具影响力的时期。

古希腊的建筑在美学上达到的至高境界，也使它成了以后世界各地兴起的多种建筑风格的基础，它的成长与发展形成了建筑史上最令人消魂的一段史诗。古希腊的建筑文化是青春、朝气、开朗、明快和具有永恒精神魅力的文化。古希腊建筑空间里的人体尺度和民主意识给后人留下了一笔丰厚的精神财富和艺术遗产。

二十四、古罗马建筑

古罗马是世界上第一个横跨欧、亚、非三洲的大帝国。古罗马人非常热衷对外扩张征服和追求物欲享受。这在他们的建筑文化上也打下了深深的烙印：宏伟与豪华。

古罗马人的建筑功能指向非常明确——为人，建筑是为满足人的各种欲望而发展的。类型最多和最好的建筑永远服务于政治和军事的寡头们、脑满肠肥的富豪们以及游手好闲的自由民们。

强悍的古罗马人不是仅有发达的四肢与简单的头脑的武夫，这是一个富有学习能力和创造精神的优秀民族。当希腊归于古罗马的版图后，古希腊的一切优秀文明也被古罗马人全盘继承并被传播到它那不断扩张的地理区域里。不过混合着人类希望与野心的古罗马人从古希腊人手中接过人性的旗帜后，削弱其中庄严、典雅的一面、发展世俗、享乐甚至残暴的一面。

在毫无偏见地学习古希腊建筑艺术的基础上，古罗马人在建筑实践、建筑理论以及建筑的材料、结构、艺术手法和类型等诸多方面对世界都作出过巨大贡献，并不断地影响着世界建筑文明的进程。

（一）历 史 分 期

王政时期：公元前 753—前 510 年

共和时期：公元前 510—前 30 年

帝国时期：公元前 30—公元 395 年

（二）建筑造型特征

古罗马在建筑文明史中的贡献是全方位的，有继承也有更多的创造，许多方面的成果是前无古人的，又给后来者以巨大的影响。在以后的诸多建筑流派中均可发现古罗马建筑文化母体对它们的滋养。

1. 天然混凝土

这是罗马人所采用的新的建筑材料。这种新建材是将天然火山灰与石灰等按一定比例用水混合起来使用。它在干结前的可塑性和干结后的防水性及高黏结力、高强度都是以往土、木、砖、石等建筑材料所无法比拟的。使用天然混凝土的施工与运输也明显比石材的开采、加工和搬运更为便利（图 24-1）。这也为建造宏大建筑提供了物质基础。

2. 券拱

这是罗马人所创造的一种新的结构手法，在建筑的大跨度承重方面，半圆形的券拱结构也明显优于以往横平竖直的梁柱结构（图 24-2）。这也给建筑艺术带来了弧线表现力，破除了直线的僵硬感。

3. 十字拱

罗马人将两个筒形券拱十字相交后形成了一种新的建筑结构，这可使建筑空间朝多向发展（图 24-3），在造型上也更显变化。

4. 拱顶

这也是罗马人所创造的又一种新的结构手法和新的屋顶样式，半球形的罗马拱顶是券拱全息化的结果，也破除了以往平顶或人字顶的直线条所表现出的僵硬感，使建筑的立面造型更有表现力。同时，拱顶对室内特有的笼罩感也给人提供了新的视觉经验（图24-4）。

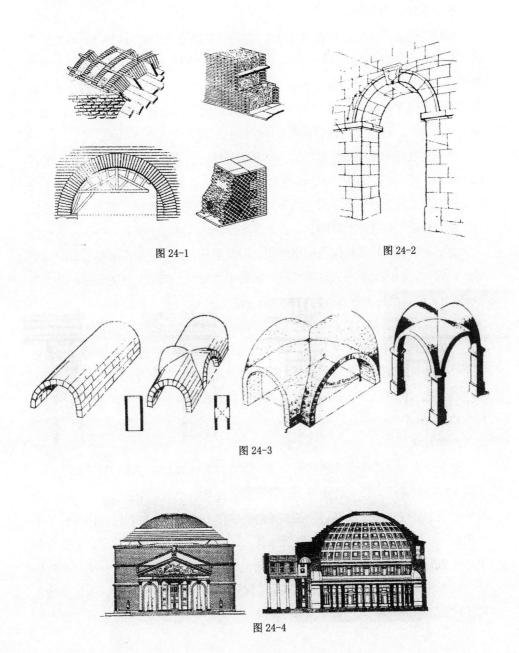

图24-1

图24-2

图24-3

图24-4

5. 五柱式

罗马人在继承希腊的三柱式的基础上，加上罗马人自有的塔什干柱式和罗马人将爱奥尼柱帽加于科林斯柱帽上所新创的混合柱式一起构成了古罗马的五柱式，丰富了柱式的表现语汇。

罗马的陶立克柱式（图24-5C、6C）与希腊的陶立克（图24-5A）有明显的不同：罗马人将柱帽上的方托板变薄，还在柱底部加了柱础；在蚌圆形柱帽上雕以卵形连续图案，还在其下加了小花饰和外凸装饰线条（图24-7），柱身上下的剪刀差没有希腊的明显。罗马的陶立克柱式更像是其塔什干柱式（图24-5B、6B）的秀丽化，这些变化将罗马人个性强悍的一面表现得淋漓尽致。

罗马爱奥尼的柱帽与希腊的也有不同的处理，一部分罗马爱奥尼柱帽的前后四个卷涡并不平行，而是各成45度角朝外伸出，虽弱化了方向性，却增强了空间使用上的适应性和视觉观赏上的一致性。罗马爱奥尼的卷涡背部及一些空隙处有时都会被雕上丰富的浮雕图案，给人以浓妆艳抹的感觉（图24-8）。

由于希腊的科林斯柱帽已经很华丽，所以罗马的科林斯与希腊的造型区别不是十分明显，不过是罗马人对毛茛叶的雕饰更为细腻，疏密关系更弱化而已（图24-10）；同时罗马人也有很简洁的处理手法（图24-9）。

罗马人所创的混合式柱帽其实是将科林斯柱帽的上端向爱奥尼柱帽引申而已，因为科林斯柱帽的上端四角本来就有四个分别朝外伸卷的小卷蔓状，将这四个小卷蔓状的卷涡放大成爱奥尼的大卷涡就成了新创的混合式，所以在柱头比例上混合式与科林斯是一致的。罗马人在混合式柱帽上还有丰富的变式（图24-11、12）。

6. 券柱式

这是券拱与立柱相结合的结构手法，直线与弧线的结合很富视觉表现力。由于高大开阔的券拱有强大的承重力，这可将立柱从承重中完全解放出来，所以古罗马的很多券柱式的立柱仅是靠在二券之间壁体上的一根壁柱而已，因为柱子不承重，所以很多古罗马的柱子比例较细长，而且有不少古罗马的柱子底部还会加上一个高高的基座，使柱子变得更高，这也是前所未见的样式。在券拱与立柱相结合的多种建筑处理手法中，不仅显示了建筑结构上的多样与进步，也极大地丰富了建筑艺术的表现词汇（图24-6、13）。

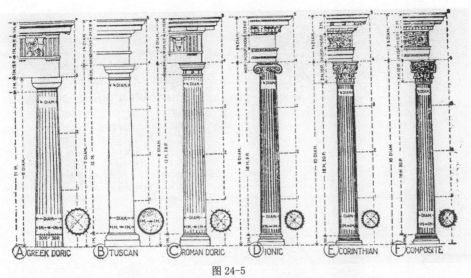

图 24-5

塔什干　　陶立克　　爱奥尼　　科林斯　　混合式
B　　　　C　　　　D　　　　E　　　　F

图 24-6

图 24-7

图 24-8

图 24-9

图 24-10

图 24-11

图 24-12

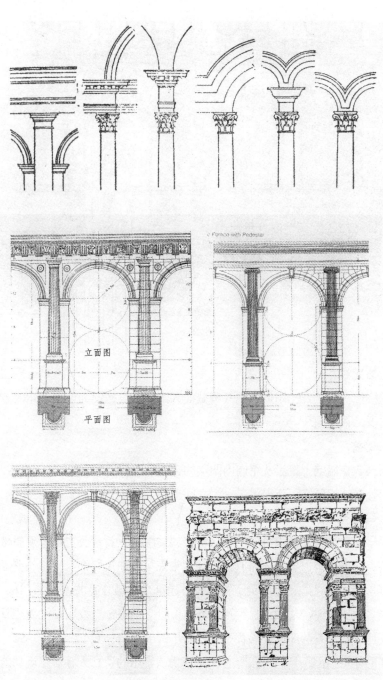

立面图

平面图

图 24-13

图 24-14

7. 方壁柱

壁柱虽在古埃及已出现，但其横截面为圆弧形。截面为方棱方角的方壁柱确实为古罗马人所创。

8. 壁龛

罗马人在墙壁上挖了一个向内凹陷的龛，使墙体的二度平面向三度空间发展，也给内外墙体的装饰，新提供了一个空间支点（图 24-14）。

9. 马赛克镶嵌

最早出现在古埃及家具上的用各种金属、陶片、石片、宝石等硬质材料装饰的马赛克镶嵌，被古罗马人富有创意性地拿来用在建筑装饰上，这使整幢建筑都得到打扮变成了可能，也满足了罗马人对建筑豪华感的追求（图 24-16、17）。人的很多欲望在道德层面上显得不足取，但世上很多创造发明都是欲望驱使的结果，任何事物都有两面性，马赛克镶嵌即是例子。

新的建筑类型：具有扩张野心和重视物欲享乐的罗马人，对建筑功能有许多新要求，促使了新的建筑类型的诞生。主要有输水道、巴西利卡建筑、公共浴场、竞技场（斗兽场）、凯旋门、纪功柱等。

（三）建筑发展过程

1. 王政时期

伊特鲁里亚曾是意大利半岛中部的强国，其建筑在石工、陶瓷构件、券拱方面有突出的成绩。自拉丁人推翻了伊特鲁里亚人的统治，成立了罗马城邦国家后，伊特鲁里亚的建筑成就也就成了罗马以后辉煌的建筑成就的基础了。古罗马的五柱式之一的塔什干柱式在这时期形成，这是类似古希腊陶立克柱式的一种新柱式，所不同的是塔什干柱式下部带柱础，而柱身没有任何垂直槽沟（图24-5B、6B）。这时期的住宅外墙除了门以外几乎完全封闭，为保安全，有时只开有少数窄缝透气。在中间明堂的屋顶中央开一个口以解决采光和通风，雨水从这个口中流下，积蓄到明堂中央的水池里。古罗马的住宅格局到帝国时期亦基本如此，无甚大变（图24-15）。

2. 共和时期

古罗马在统一意大利半岛和对外扩张侵略的战争中聚集了大量的奴隶劳动力、财富和自然资源。公元前146年对希腊的征服，又使它承袭了大量的希腊和

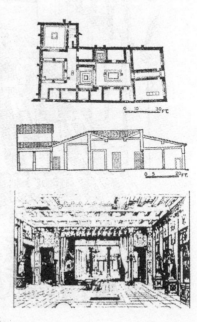

图 24-15

图 24-16

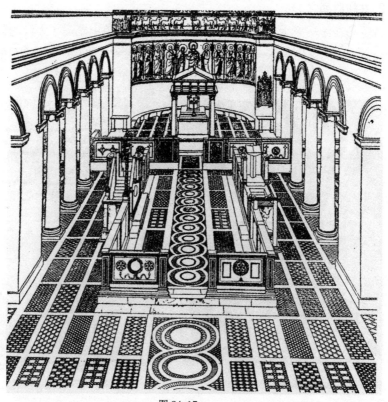

图 24-17

小亚细亚的文化和生活方式。罗马继承了希腊普化时期的全部建筑遗产，征服者成了被征服者。

从共和时期的中期至晚期，罗马的券拱技术得到了空前的尽善尽美的发展。公元前144年，为了解决比以往历史上都规模空前的城市用水问题而建筑了马尔采输水道，此输水道全长40千米，其中有10千米长的一段高架在三层的券拱上，其最高处为49米，最大的单个券拱跨度为24.5米。这充分展示了罗马人的建筑技术和创造能力（图24-18）。这也是一个全新的建筑类型。

此时罗马人开始采用了新的建筑材料，即天然混凝土。天然混凝土技术与券拱技术都在此时同时得到了发展，这为罗马人发展宏大建筑准备了强大的技术手段和理想的物质材料。罗马人喜欢在用天然混凝土浇筑的建筑体表面再砌筑砖和石，这也是罗马建筑的一个手法特点。罗马人的砖石砌筑手法也较为丰富（图24-1）。

共和时期，马赛克镶嵌艺术被罗马人创造性地从家具艺术上移植到建筑艺术中来，丰富了建筑装饰艺术的语汇，使宏大的建筑物再朝豪华方向发展。

在公共建筑方面，一种叫"巴西利卡"的新的高大的厅堂类型，于公元前184年在巴西利卡·波尔恰地区首次出现，而后成为整个罗马的普遍形式，并被用在日渐成熟的法律和商业建筑上。巴西利卡的形状通常为长方形，有时一端或二端设有半圆龛，其长度为宽度的两倍，中央部分设有主厅，其一侧或两侧用柱子隔成侧廊。屋顶常为木质，因主厅高出侧廊，光线可从主厅上部假楼的高侧窗照进大厅。巴西利卡一端的半圆龛还被用来设置法庭的审判席。这种模式后来被用于大主教堂的神坛，成为早期基督教与拜占庭时代教堂的规范。如将一个古希腊神庙的平面图叠放到一个古罗马巴西利卡的平面图上去，就能看出，古罗马人所做的就是将包围希腊神庙各部的柱廊包融到室内去了（图24-19、20）。

在希腊文化的影响下，为丰富生活娱乐需要，罗马人也盖了不少剧场，但在形式上有诸多不同。希腊建筑形式在剧场上的集中表现是以里为外；希腊剧场不存在外表，而是建在山坡自然形成的凹部，通常位于郊外。在山坡上自然形成有坡度的座位给观众提供了良好的观赏视野。自然界的山峦、大海时常成了舞台上演员们固有的天幕。罗马剧场是直接造在平地上，用券拱技术将观众席层层叠起，其有里有表是区别于希腊剧场的显著视觉特征。由于罗马剧场的建造不受环境的影响，这也促进了戏剧事业的发展。由内来看，希腊剧场的演区是正圆形的，钵

图 24-18

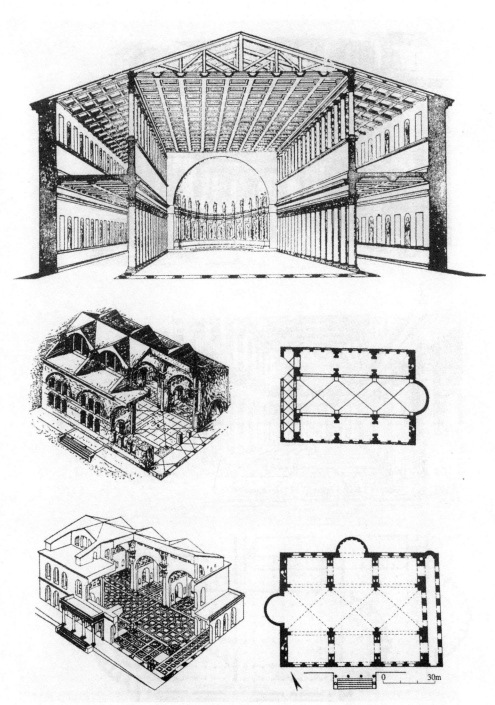

图 24-19

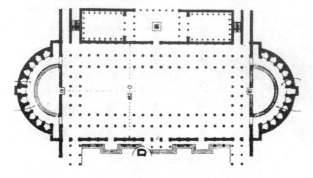

图 24-20

形看台虽不是正圆形的，但最两侧的观众对表演区有一定的"包围"倾向；罗马剧场的舞台是正半圆，钵形观众席亦为半圆形，舞台背景的建筑物加大到整个观众席的宽度，背景的建筑物和观众席中最高层同高，舞台和观众席被同一高度的连续墙壁包围。罗马剧场舞台背景墙壁前面有二层或三层的圆列柱廊，圆柱上的山墙亦装饰成华丽建筑物的正面，舞台上方并架设有木造的屋顶。罗马剧场观众席上的最顶部有柱廊，柱廊可使剧场内部显出豪华气氛，还可作避雨之用。共和时期晚期罗马剧场形制完全成熟（图24-22）。

公元前2世纪，公共浴场成了罗马人生活中所不可或缺的场所。公共浴场不仅是罗马人洗涤污垢的地方，罗马人还将它的功能扩展为社交、健身、侃谈和享乐的场所。这些公共浴场建筑内外空间之大往往是空前绝后的。

这时期罗马人建造的一些神庙基本上是希腊神庙的翻版，而且在社会地位上也远不能与希腊相比。（图24-29、30）

斗兽场的建筑也是罗马人此时期的血腥发明物，这是将两个罗马剧场背对背连接而成，但整体轮廓并非圆形而是椭圆形，表演场上并非表演戏剧，而是人与人的格斗，或是人与兽、兽与兽的相斗。

3. 帝国时期

公元前30年，罗马共和执政官奥古斯都称帝，建立起一个富于侵略和扩张意识的大帝国，从帝国成立至公元180年左右，是帝国的兴盛时期。这时期歌颂权力、炫耀财富、表彰功绩是建筑的主要任务。许多雄伟壮丽的与战争有关的新建筑类型如凯旋门、纪功柱和以皇帝名字命名的城市广场、神庙等建筑物纷纷出现在罗马城的各处。此外，斗兽场和公共浴场等建筑的规模更加宏大，型制更加成熟，装饰更加豪华，建筑形式空间里表现出强烈的战争意识和征服欲望。

丰富的建筑活动也促成了建筑理论的完善，这又促进了建筑技术和艺术的进一步发展。对于从古希腊以来到古罗马帝国初期的建筑实践经验的总结，今天流传下来的只有两千年以前奥古斯都时代由维特鲁威撰写的《建筑十书》。这部著作不仅是全世界保留到今天的唯一完备的最早的西方古典建筑典籍，而且也是对后世的建筑科学有参考价值的建筑全书。《建筑十书》论述的范围非常广泛。从总体上看，它包括城市规划、建筑工程、市政工程、机械工程等范畴。从细目来看，它包括建筑教育、城市规划原理、市政设施、建筑构图基本理论，建筑型制，

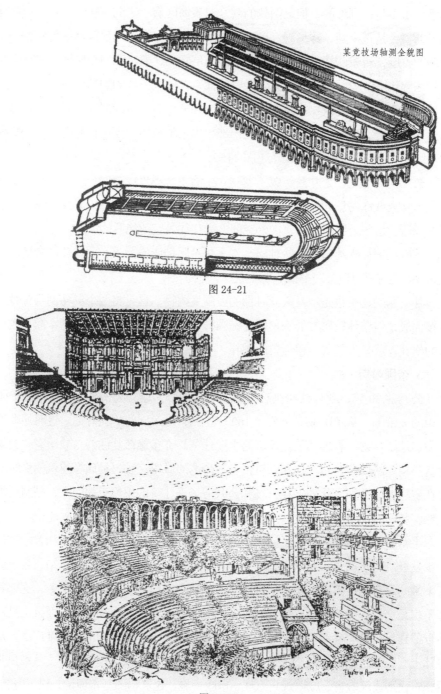

某竞技场轴测全貌图

图 24-21

图 24-22

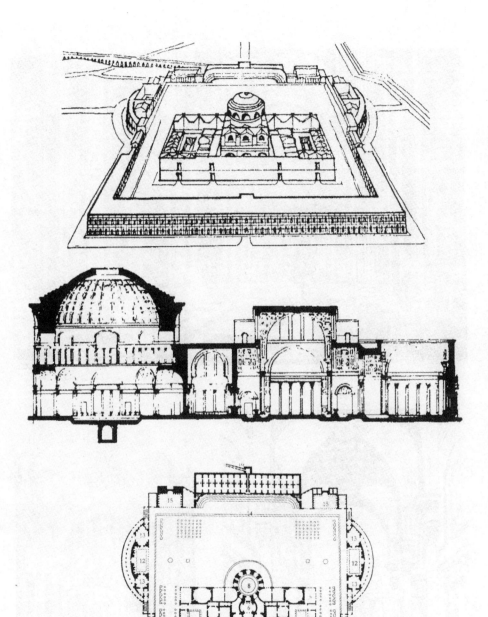

图 24-23

图 24-24

图 24-25

图 24-26

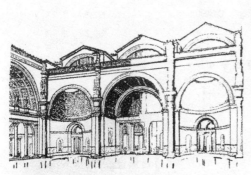

图 24-27

图 24-28

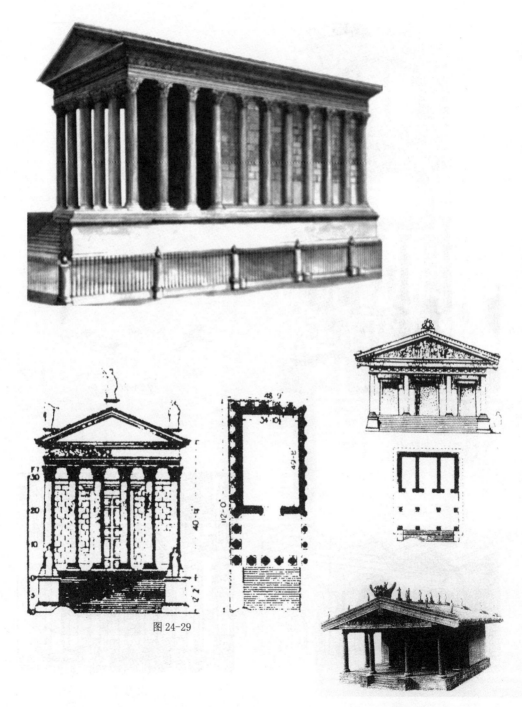

图 24-29

图 24-30

图 24-31

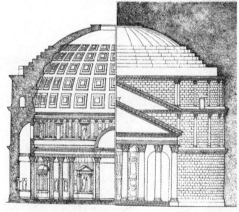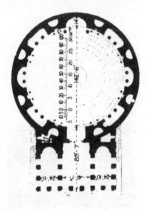

图 24-32

各种建筑物的设计原理，建筑环境控制，建筑材料，施工工艺，建筑经济等方面。这部著作记载了大量的建筑实践经验，阐述了建筑科学的基本理论，为了奠定这些理论的基础还引用了一定数量的自然科学和社会科学的分科理论。《建筑十书》奠定了西方直至 19 世纪的建筑科学的基本体系。

从遗留的实物看，至少在帝国初期罗马人已经创造出了一种崭新的柱式——混合柱，至此，罗马人在继承古希腊三柱式的基础上再加自行创造的塔什干和混

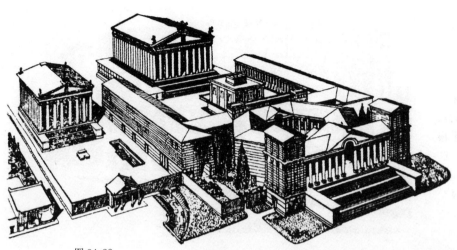

图 24-33

图 24-34

图 24-35

合式两种柱式，构成了古罗马建筑艺术的五柱式。这五柱式在以后的西方建筑历史上还将被人反复多次应用，生生不息，成了某种金科玉律般的象征。

帝国时期的罗马人不仅在墙上搞出了方壁柱，还在墙上开出了壁龛。壁柱与壁龛都有装饰作用，不过一个是向内表现，另一个是向外美化（壁柱有审美作用，有时也起结构作用）。

帝制的成立，对外扩张的成功，出现了一批对皇帝的侵略扩张政策歌功颂德、树碑立传的纪念性建筑，这些也是前无古人的新建筑类型。凯旋门是罗马帝国炫耀武功的标志性建筑，常位于城市主干道交汇处和城市广场的中央。常见的有单拱门和三拱门等形式（图24-36、37）。泰塔斯凯旋门是现存有代表性的凯旋门之一，此凯旋门是罗马皇帝泰塔斯为自己树功，于公元82年而建。它位于从罗曼努姆广场到罗马大角斗场的路上。是单券洞凯旋门的典型。檐上口高14米，宽13.5米，外形几成正方形，进深为6米。因基座较高，檐部上又有威武雄壮驾战车奔驰的武士雕像，故这座凯旋门给人以雄伟、壮观的深刻印象。此门为天然混凝土现浇，外贴白色大理石，檐部刻有凯旋而归的部队向神灵献祭的雕刻作品。门洞两侧的混合式柱式，被认为是此种柱式现存最早的实例（图24-36）。这是建在累累白骨上的地狱之门。

与凯旋门有异曲同工作用的是纪功柱，其造型与方尖碑一样直指上苍，不同的是前者横截面为圆形，是为表彰帝王战功而建。图拉真纪功柱直径为3.71米、高达35.23米。柱子中空可拾级而上，表面雕刻带宽1.17米，绕柱23匝，总长224米，共雕有人物2500个，表现的是图拉真指挥战役的场面，柱顶也站着该皇帝的雕像（图24-38）。这根纪功柱耀武扬威地站于一广场中央，这也是对广场功能作用的玷污。

大斗兽场是罗马公共建筑的顶峰之一，也是这类血腥建筑中最大的一个，是为纪念提多斯皇帝毁灭耶路撒冷而建造。大斗兽场位于罗马市中心的东南处，平面呈椭圆形，长径188米，短径156米，可容纳8万名观众。该斗兽场由三大部分组成，中央是表演区，也是椭圆形，长径86米，短径54米，周围是观众席，共有环形座位60排，按观众身份等级区分座位，这和古希腊剧场里的平等精神是截然不同的。看台底下是服务性设施，内有兽栏、角斗士预备室等，大斗兽场的外形是规模巨大的三层连续券拱，在三层连续券拱上高耸着牢固的石砌墙垣，

图 24-36

图 24-37

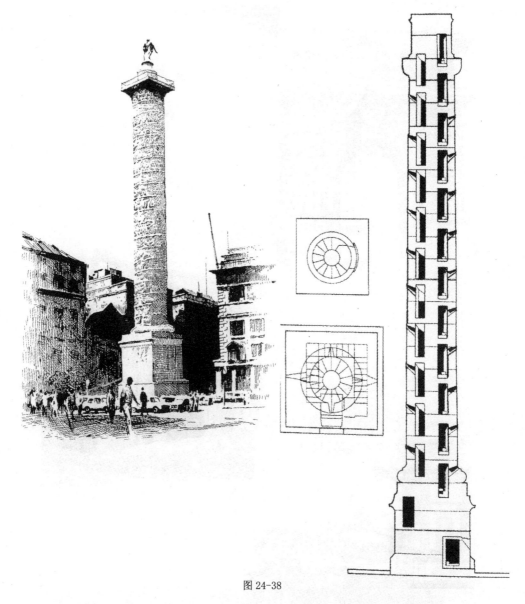

图 24-38

由科林斯方壁柱划分。作为罗马建筑的象征，把多层的连续券拱和柱式因素结合
为一个有机的整体体系，在大斗兽场上得到了完美的体现，其底层为陶立克柱式，
二层为爱奥尼柱式，三层为科林斯柱式，成为柱式的"字帖"。多层的连续券拱
构成了建筑物的一种骨架结构，而柱式因素则作为水平划分立面的装饰手段和精
彩的收头，使这个庞然大物表现出轻松自信的外观，这是罗马建筑师处理大体积

建筑物的高度技艺。另外，大斗兽场的建筑功能与建筑结构的完美结合为后来的体育建筑作出了典范（图24-35）。

古罗马还建有平面为U字形的竞技场，主要用于赛马和驾马车比赛，其中有些建筑规模超大（可容25万人），至今无人能及（图24-21）。

罗马人在完美发展券拱技术的同时，使拱顶技术也得到了相应的发展，这项结构技术在帝国时期建造的万神庙中得到了最大限度的发挥。它所创造的室内空间单一跨度的世界纪录一直到19世纪采用新技术后才被打破。

虽然古罗马人对神的虔诚、崇敬远不如古希腊人，但他们一旦认真起来造一神庙，也能成为旷世杰作，其中的万神庙便是一个典型例子（图24-31、32）。

万神庙是一座以大拱顶覆盖的庞大圆形建筑物，神庙外表以被特别强调的单纯而动人心弦。希腊神庙的建筑形式在这儿仅仅成了一个门廊，巨大圆形建筑物的四周厚达6米的墙垣几乎没有窗的存在。神庙的内部空间气氛和建筑的外部形象成了十分强烈的对照。进入神庙是拱顶下单一辽阔的空间，这是一个直径和高度都为43.3米的球柱形空间。建筑物外部形象的简单粗犷，内部比例和谐、气势壮丽，给人留下异常宏伟的印象。尤其是大拱顶底下层层向上收缩的同心圆藻井，将人的视线和精神带向顶部中央直径达9米的圆洞——神庙唯一的采光口，暗示人们通过这个洞口可以体会整个宇宙，并摆脱尘世间苦难的缠绕，建筑物仿佛和天体运行联系在一起了。

古罗马建筑的空间特征在万神庙中得到了最好的概括：古罗马空间的基本特点在于其构思是静态的，不论圆形还是方形这两种空间，其共同规律都是对称性，与相邻各空间的关系都是绝对各自独立的，厚重的分隔墙越发加强了这种独立性，以超人的尺度构成双轴线的壮观效果，基本上是不因有观者存在而在效果上具有任何变化的、沉静独立的存在。

古罗马有不少神庙的立面造型与古希腊的似乎颇为相似，但这些古罗马的神庙还是有自己的语汇：古罗马的神庙很少使用围柱式，那些构成空廊的立柱在罗马神庙上都成了壁柱；一部分罗马神庙的人字顶出檐很大（图24-30）；门庭的进深普遍大于希腊神庙；罗马神庙的方向性很强，仅正面设台阶（图24-29、33），而不似希腊神庙前后左右均设台阶。

罗马人建造的公共浴场在帝国时期也达到了登峰造极的地步。巨大的建筑

图 24-39

体积和空间都显示了罗马人在建筑方面的无比能力。戴克里先浴场和卡端卡拉浴场（图24-23，24）都是这方面的物证，前者可同时供3000人洗澡，后者也可同时供1600人沐浴。一般公共浴场都具备有冷水（图24-27）、温水（图24-26）、热水（图24-25）等多种浴池。卡端卡拉浴场的热水浴池被笼罩在一个高49米、直径为35米的球柱形的室内空间中，在大拱顶底下的墙内铺设有多条热气管道，使水温和气温都具有热的性质（图24-26）。

古罗马的疆域辽阔，城市众多且发达，多数城市规划均做得较好，街道基本按井字形设置，井井有条，至今仍有借鉴意义。

古罗马人还建筑了优秀的桥梁系统（图24-39）和十分发达的公路网，以至于圣经上都说：条条道路通罗马。

疆域辽阔的罗马帝国作为历史已经消失，但古罗马人在建筑领域里对建筑史作出的全方位贡献并没消失，以后也不会消失，而且还会对人类文明进程继续作出积极影响。

二十五、拜占庭建筑

古罗马帝国的晚期，国内的各种政治、阶级及民族的矛盾日益尖锐，经济亦严重衰退。为了抵抗外族入侵和挽回颓势，古罗马皇帝君士坦丁在公元 313 年颁布《米兰敕令》，宣布基督教为国教，并宣称自己为耶稣的第十三个门徒，这为教会至上、神权横行的中世纪拉开了序幕。

公元 330 年，古罗马首都从罗马城迁至当时相对稳定与繁荣的帝国东部城市拜占庭，还将其更名为君士坦丁堡。60 年后罗马帝国分裂成东、西两部分，东罗马帝国即后来的拜占庭帝国。东罗马帝国经过实践，开始出现了一种完全不同于古罗马建筑的拜占庭建筑风格。

拜占庭建筑风格孕育于罗马技术、东方情调和基督教精神之中。它在建筑技术、建筑艺术、建筑空间等方面都有自己的创造和对古罗马的超越。

国家的分裂也导致宗教的分裂。东部教会自称为"正教"，即东正教。拜占庭帝国成了东正教的发源地和堡垒。拜占庭建筑风格也主要流行于信仰东正教的国度里。和欧洲一切中世纪国家一样，最有代表性的建筑风格均体现在宗教建筑上。拜占庭建筑亦如此。

土耳其人入主拜占庭后，虽将许多拜占庭教堂内的东正教的精美壁画予以铲除，但对建筑的立面和结构都没破坏，仅在主体建筑四周造了一些细高的邦克楼，以适合他们的宗教需要。并将拜占庭教堂作为他们以后所造的伊斯兰清真寺的范本。所以他们虽曾是破坏者，但也是很好的继承者，使拜占庭建筑风格在伊斯兰地区得以立足和发展。

（一）历 史 分 期

前期：公元 4—6 世纪

中期：公元 7—12 世纪

后期：公元 13—15 世纪

（二）建筑造型特征

由于拜占庭所处的地区适合建筑所需的理想木材和石材都较为缺乏，因此，拜占庭人把砖作为建筑的主要物质材料。如用混凝土的墙壁，外面亦贴面砖而不抹灰，仅靠各种砌工来美化，有时候每隔一定高度有一层凿平的石块砌入，形成带状装饰。（图 25-1B）

1. 集中式拱顶

拜占庭建筑最富特色和具历史首创精神的是对大拱顶的处理。拜占庭建筑的拱顶在造型上有诸多方面完全不同于罗马拱顶的处理手法：拜占庭建筑的拱顶是建造在方的平面上而不似罗马拱顶建造在圆的平面上，在视觉上弧线与直线的对比效果构成了拜占庭拱顶生动的艺术魅力（图 25-1）。拜占庭建筑的拱顶往往以一个大拱顶为主，周围配置一些小拱顶，犹如群星拱月，主次分明，错落有致，极大地增强了拱顶的表现力，形成了集中式拱顶的新手法，而没有罗马一幢建筑只用一个拱顶的单调感。

2. 鼓座

拜占庭建筑拱顶上的采光不似罗马拱顶简单粗陋地在中间挖个洞了事，而是

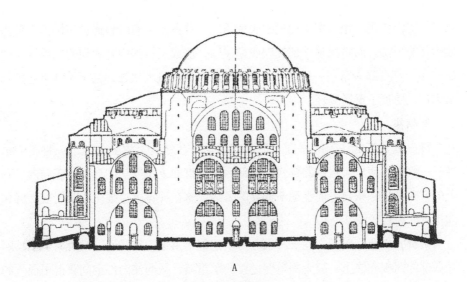

A

图 25-1　B

在拱顶底部加有一圈鼓座，并在鼓座上开一圈连续不断的小窗（图 25-1），这也是历史新手法。鼓座上连续不断的小窗，大大增加了采光量，均衡了室内的亮度。尤其从室内抬头仰望时，拱顶像海市蜃楼般地向上缥缥缈缈，增强了向天国接近的宗教情绪。拜占庭人有时喜欢在拱顶外层再覆盖上波形瓦，这不仅增强了拱顶的防雨作用，也丰富了拱顶的表现语汇。拜占庭人有时也通过在拱顶上覆盖波形瓦的手法，而将拱顶外部处理成攒尖顶，造成了拱顶内外表现的二重性（图25-2）。拜占庭人常用一种矩形的大砖或轻石来砌筑大拱顶，甚至用陶罐连接起来砌筑，使顶子重量减轻。

3. 帆拱

拜占庭建筑能在方的平面上造圆的拱顶，在结构上主要得益于一种新的拱券——帆拱的使用。帆拱的样式在外部四个垂直面上是罗马的券拱，在向内、向上的方向上是一条自下而上逐渐伸展的弧线，这在视觉上也强化了室内宏大感和向上感的表现（图25-4）。

帆拱的创造和应用，使拜占庭人可以把整个拱顶的重量通过帆拱集中于其四角底部的四根立柱上，故无需再要过渡的承重墙，从而使内部空间获得了很大的自由。这种结构形式同样也可以应用于各种多边形集中式平面。

在集中式拱顶笼罩下，拜占庭建筑内部形成了一种节奏急促并向外扩展的空间特征，突破了以往封闭的或静态的空间模式。

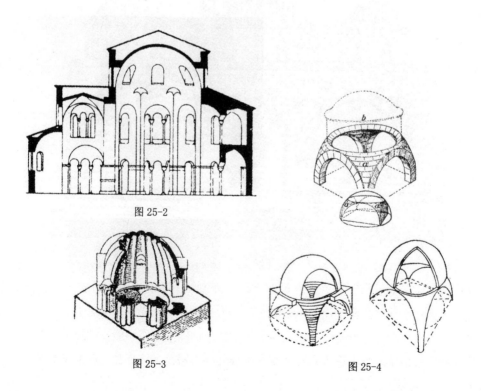

图 25-2

图 25-3

图 25-4

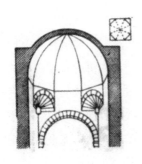

图 25-5

4. 抹角拱

在帆拱的基础上，拜占庭建筑还在转角部位创造性地应用了抹角拱，丰富了建筑的结构手法和视觉语汇（图 25-5）。

5. 方斗式柱帽

为了柱子与帆拱的衔接，拜占庭人放弃了古罗马的五柱式，自行创造了一种方斗式的新柱帽。这种柱帽外轮廓朴实无华，但四个面上的雕刻极其丰富多彩，不拘一格，主题往往是各种动物、植物的纹样（图 25-6）。一般情况下，一根立柱的端部仅用一个方斗式柱帽，但也有少数为两个方斗式柱帽上下叠加使用的，而且两个柱帽上的装饰图案也不一致。也有将柱帽处理成瓜瓣形的（图 25-6A）。

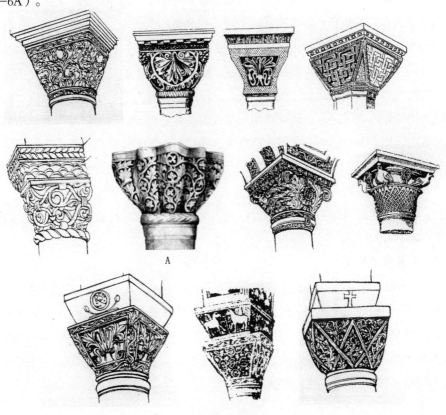

A

图 25-6

6. 外立面特点

基督教的宗教仪式是在室内举行的，而不像古希腊、古罗马那样在室外举行，所以拜占庭人对建筑的立面造型远不如古希腊人和古罗马人讲究。拜占庭的建筑师们首先着眼于内部空间的组织，只有当内部完满之后，建筑物的外观才有独立的意义。除了集中式拱顶外，拜占庭建筑的外观总是缺乏表现力的。它们不用柱式，也不用柱廊，外表只有厚厚的墙和大大小小略显凌乱的窗，完全是当地的民间传统样式（图25-1A）。

7. 内空间特点

与外部立面形象造成强烈对比的是拜占庭建筑的室内装饰极为华丽（尤其是教堂建筑）。拜占庭建筑的特色之一是在建筑内部大量使用彩色云石玻璃马赛克和彩色大理石来进行装饰。马赛克通常是用透明的小块彩色玻璃镶嵌而成的。为了保持大面积画面色调的统一，在玻璃块后面先铺上一层色底子，有的重要建筑选用金箔作底，使彩色斑斓的马赛克统一在金黄的色调中，格外明亮辉煌。拜占庭马赛克镶嵌画面大多不表现三维空间，没有立体层次，人物动态很小，群体人物往往一字排开，很少作前后排重叠状，比较适合建筑的特点，从而保持了建筑空间的明确性和结构逻辑（图25-11）。拜占庭教堂内多用华丽的马赛克镶嵌圣经人物的原因之一是东正教反对用圆雕式的偶像崇拜，以示与起源于西罗马的天主教的区别。各种彩色大理石在建筑内部的广泛而艺术地应用，也使拜占庭建筑的内部装饰不同凡响。一位拜占庭历史学家描述在走进拜占庭教堂时的印象时道："人们觉得自己好像来到了一个可爱的百花盛开的草地，可以欣赏紫色的花、绿色的花，有些是艳红的，有些闪着白光，大自然像画家一样把其余的染成斑驳的色彩。"

8. 多样的平面

拜占庭建筑在平面样式上除了继承罗马的巴西利卡式外，自己还创造了外形多变的集中式平面（图25-8~10）和充满宗教精神的希腊十字平面，十字外延的四个空间轮廓跨度均等距（图25-7）。为了宗教的需要，拜占庭人对罗马的巴西利卡式的建筑作了一些改造，将入口设在西面，使巴西利卡建筑的内空间转成纵长感，以符合宗教仪式的需要。

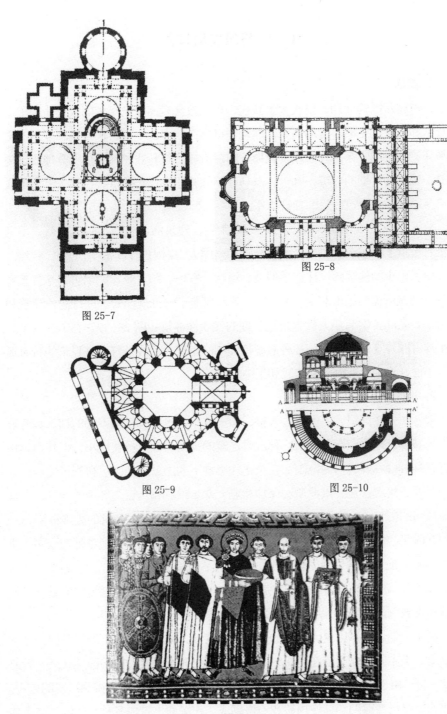

图 25-7

图 25-8

图 25-9

图 25-10

图 25-11

（三）建筑发展过程

1. 前期

拜占庭帝国的前期，皇权大于教权，东正教会只能算是皇帝的奴仆。为了适应皇室和贵族们生活享受的需要，建筑的世俗性较强，不少古代希腊和罗马的文化被保护和继承下来，并吸收了波斯、两河流域、叙利亚和阿美尼亚等地的文化成就，使这一时期的建筑，既含古罗马建筑的某些特色（券拱和拱顶），又形成了自身总结东方建筑经验的独特体系。

公元4—6世纪，是拜占庭帝国的繁荣期，建筑活动也取得较大成就。罗马皇帝君士坦丁在东、西罗马分裂前，动用全国人力财力建设君士坦丁堡，并培养和吸引了不少的建筑师。建造了城墙、道路、宫殿、跑马场、贮水窖、基督教堂和各种功能所需的巴西利卡。4世纪中叶起建造了一批规模宏大的纪念性建筑和教堂，著名的圣索菲亚大教堂是这时期的代表性建筑（图25-12、13）。这个时期是拜占庭建筑的兴盛期。各种造型特征均已出现，构成了拜占庭建筑的特有风范。平面样式主要取巴西利卡式和集中式。

2. 中期

公元7—12世纪，由于外敌入侵，国土缩小，建筑规模远不如前期。其特点是占地减少，建筑向高空发展。拜占庭建筑的规模与数量虽在减小，但其建筑样式却在拜占庭帝国的势力范围和在东正教影响下的国家和地区里得到了发展。如亚美尼亚、格鲁吉亚、俄罗斯、保加利亚、塞尔维亚和乌克兰等地的建筑，在拜占庭风格的影响下，也逐步形成了各自特点，丰富了拜占庭建筑的表现语汇。

此时集中式拱顶的大拱顶体积缩小，远不如前期威风凛凛地统帅着众多小拱顶，中心拱顶和周围拱顶的体积相仿，主次不明确（图25-22、23、24），还喜在拱顶下加高鼓座（图25-14）。威尼斯的圣马可教堂和乌克兰境内的基辅圣索菲亚东正教堂，就是这种风格在西方和北方的反映。

到了中期，支撑中央大拱顶的大柱已经变细，有时由上而下逐渐分出二至三根柱子。集中式平面虽还在使用，但出现了一种前所未有的新平面样式——希腊十字平面，由于这种平面内涵的宗教精神，故在东正教堂建筑中得到广泛的应用。厚重的墙壁仍像前期那样使用砖或石块砌成，在墙面上筑成各种几何纹，或者使

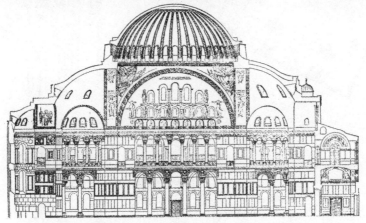

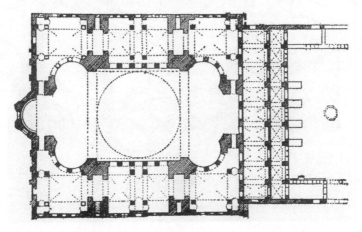

图 25-12

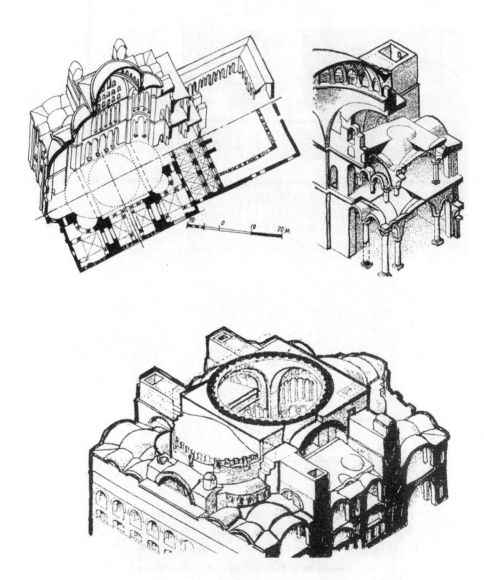

图 25-13

图 25-14

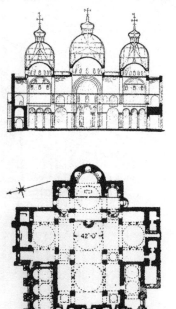

图 25-15

部分砖块凸出壁面，增加它的变化。室内亦沿袭前期之法，使用大理石和马赛克来装饰墙面，只是比前期更精细、更理智。

3. 后期

公元 13 世纪以后，十字军的数次东征，使拜占庭帝国大伤元气。不仅新建筑不多，无所创造，原有建筑的精美壁画也多在土耳其人入主后惨遭破坏。昔日横跨欧、亚、非三洲不可一世的拜占庭帝国，终因国势不振，在 1453 年被马霍梅特苏丹率领的土耳其大军所灭。

后期的拜占庭建筑系将中期的风格再加锤炼，并增加装饰，但难免陷于纤弱之境。圆顶下的鼓座进一步加高，使拜占庭的特征有所弱化，各国的地方色彩却得到强化。此时俄罗斯人对拜占庭的建筑语汇进行了引申与发挥，其成果是洋葱顶（又称火焰式）（图 25-16、18、20）和帐篷顶（25-17、21）的出现，而且还喜好在建筑的外表涂上热烈而火爆的色彩。拜占庭建筑样式此时还在阿拉伯国家里得到了广泛的传播，阿拉伯人喜在建筑的内部和外表大面积地使用马赛克镶嵌，内容仅限植物和文字纹。阿拉伯人还常在拜占庭早期建筑风格的总平面的四角（或两面），加上尖顶的邦克楼，以适应伊斯兰教的需要。

（四）代表性建筑介绍

1. 圣索菲亚大教堂（图 25-12）

建于拜占庭帝国极盛时期，集中体现了拜占庭建筑的成就。

该教堂的平面为集中式，东西长 77 米，南北长 71.7 米，前面有两跨进深的廊子，主要供望道者使用，廊子前为一个用柱廊围成的院子，中央是宗教必备的施洗池。该教堂的主体部分为方形平面上部覆盖圆形拱顶，拱顶直径 32.6 米，顶高离地 54.8 米，有 40 根肋，通过帆拱将拱顶重量传于四角的大柱上。用一组错落排置的小拱顶围于大拱顶的四周，以克服中心大拱顶的向外推力，使建筑形象与结构结合得更加紧密。

圣索菲亚教堂的空间曲折多变，中厅是空间核心，与东西两侧统一，与南北侧明确分开，造成丰富的空间层次和向心性，加强了空间的纵深感，以适应宗教活动的需要。主拱顶的底脚部分开了一圈共 40 个高窗作为室内照明用，在幽幽

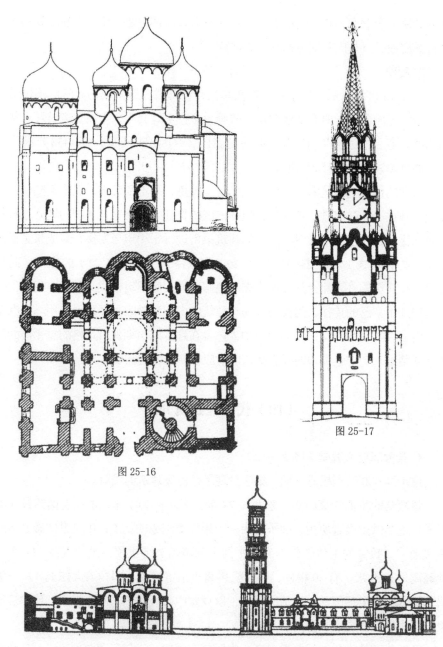

图 25-16

图 25-17

图 25-18

朦胧的气氛中，巨大的拱顶好似飘浮在空中，整个空间更显得迷离神秘。

人们走进圣索菲亚大教堂，犹如进入百花盛开的草地，这应归功于内部丰富

图 25-19

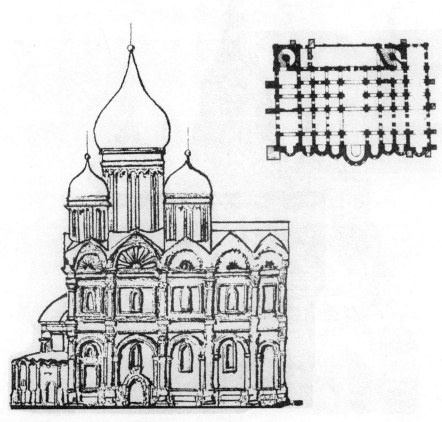

图 25-20

图 25-21

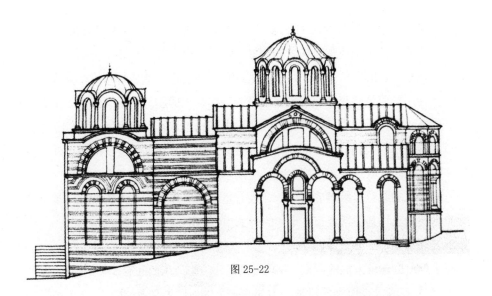

图 25-22

图 25-23

图 25-24

的色彩效果。内壁和柱墩用红、白、绿、黑等大理石做饰面,柱身为深绿和深红色,柱头镶贴金箔,柱子上还加有包金的铜箍;拱顶在金色和蓝色底子上贴饰彩色马赛克以表现基督教的三位一体,地面也用这种手法装饰,造成特殊的视觉效果。四周墙上亦用彩色马赛克镶嵌出许多宗教人物。令人扼腕的是土耳其人入主后,以"非伊斯兰精神"为由,将其铲除。今人也只能在想象中构建其当时的辉煌。

该教堂的外貌宏伟壮观,通体用砖砌成,拱顶外表包贴铅皮。但由于外观直接反映内部空间,故缺少统一感,略显凌乱。

圣索菲亚的原意是天神的智慧,但大教堂建成后体现的是人的智慧。圣索菲亚大教堂现为土耳其伊斯坦布尔市中的一家重要的博物馆。

2. 基辅圣索菲亚教堂(图 25-19)

建于拜占庭建筑发展的中期。建筑平面近乎方形,东西向有 5 个半圆形神坛。它有 13 个立在高高鼓座上的拱顶,中部的一个拱顶代表基督,四周 12 个小拱顶代表 12 个门徒,拱顶高低错落,轮廓非常丰富。外表是厚重的墙和大小不一的许多窗子,高高的鼓座在拱顶下相互拥挤着。建筑内部装饰主要用湿粉壁画和彩色马赛克镶嵌。整个建筑的外立面有浓厚的拜占庭色彩,抑郁而沉重。

3. 圣马可教堂(图 25-15)

在拜占庭建筑发展的中期建于威尼斯,也是拜占庭建筑的典型实例。其平面为希腊十字式,屋顶由 5 个拱顶组成,中央与前面较大,其余较小,中央拱顶的表现力被弱化,又被后人在外貌上添油加醋过;整个教堂的外装修也被后人加上歌德风格而变得十分华丽。立面造型由 5 个三层高的半圆形的券拱构成,底层开有 5 个深凹的透视门。内部空间以中央拱顶为中心,拱顶之间用罗马筒拱连接,相互穿插,融为一体,内墙贴有彩色大理石,拱顶内均饰有金底彩色马赛克镶嵌画。

4. 柏拉仁诺教堂(图 25-21)

拜占庭建筑的晚期产物,这是沙皇伊凡雷帝为纪念战胜蒙古人而建,民族的审美趣味有较多的表现。在集中式拱顶的外部立面造型上处理成葱头形与帐篷形的结合体,中央主塔为帐篷顶,高 47 米,周围是 8 个形状、色彩、装饰各不相同的葱头式顶,其底部的鼓座还被强化拉高,高低错落,非常富有变化。内部空间狭小,着重外形。用红砖砌墙,并以白色石构件装饰。集中式顶的用色大胆而火爆,整个建筑较像一座童话世界中的产物。

二十六、早期基督教建筑

流行于公元一、二世纪的基督教是古罗马的镇压对象，其信徒的宗教活动和仪式均在隐蔽场所甚至在墓道中进行，并无特定的教堂建筑。

但自成国教后，充满了复仇和自以为是心理的教会，从狭隘的教义出发，彻底否定和消灭了古代的文化和文明，而一切从头做起。

罗马帝国分裂后，西部教会的罗马主教自称教皇，导致东、西部教会于1054年正式分裂，成为水火不容的敌对状。西部教会自称"公教"或"普世性教会"，即天主教。

天主教信徒自公元4世纪迅速增加后，需要教堂是自然的事。当东部教会创造出拜占庭建筑风格时而西部教会由于文明的缺失和区域的贫困、混乱，一开始只能是采用古罗马遗留的一些公共建筑物，稍加改造后作教堂用。新盖的教堂都粗陋不堪，建筑技术和艺术均大步倒退，这也是教会自食恶果。

建筑造型特征及建筑发展过程

由于地理位置和历史传统的影响，早期基督教教堂主要是承袭古罗马的公共建筑巴西利卡发展而来（图26-1、3）。巴西利卡平面简单，根据需要长向可以延长，非常适合群体性集会之需。由于它容量大、构造简单、施工方便，所以被早期教会选为基督教堂的典型平面。

教会规定，在举行宗教仪式时，教徒必须面朝耶路撒冷圣墓的方向，由于当时信仰基督教的地理区域基本都在耶路撒冷的西部，故教堂的圣坛均设于东端，教堂的入口自然也就在西端了。圣坛上陈设的是耶稣被钉死在十字架上的雕塑或绘画作品。

随着宗教的发展，宗教仪式日趋复杂，教堂执事及唱诗班的人员不断增多，于是将歌坛的位置发展为与正厅等宽的横厅，使整座教堂的平面呈十字形，由于竖道长横道短，又被人称为"拉丁十字平面"。这是一种新的建筑平面形式，其中明显的宗教含义和空间上的便利，使得教会把它当作最正统的教堂型制，代代相承，基本未变。随着教徒增多，有些较大型的教堂前又设一个三面有围墙的前庭，庭院中央设洗礼池。洗礼池是教堂建筑中一个很重要的部分。因为只有经神职人员施洗礼后的人才能被承认是入教的信徒。为了召集和告知信徒，早期教堂即盖有钟塔。早期基督教的钟塔都位于教堂的一侧（图26-2），但在平面和空间组合上还能与主体建筑形成整体。

由于中世纪的黑暗，战事多发，以及对古代文明的破坏与否定。因此许多早期的基督教堂建造得非常粗陋，为了怕墙面不坚固而导致建筑倒塌，所以窗子少而小，室内光线昏暗、空气浑浊。由于使用烛光照明，常导致木结构的屋顶甚至整个建筑烧毁。此时教堂建筑的外部装修都比较简单，外墙一般都仅刷以灰浆或用砖贴面，无特殊装饰。有部分教堂的内部使用大理石或马赛克镶嵌，装饰的重点是圣坛的拱顶及其附近。但许多教堂还是内外一致，均无装饰。这种建筑技术与艺术的倒退，反与当时教会提倡的苦行与禁欲相一致。当然，将一部分古罗马建筑改建成教堂的又另当别论。这些改建成教堂的内部也充满了宏伟与豪华的古罗马气息，与苦行、禁欲相去甚远。

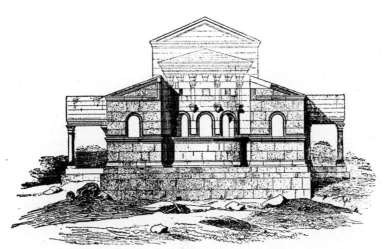

图 26-1

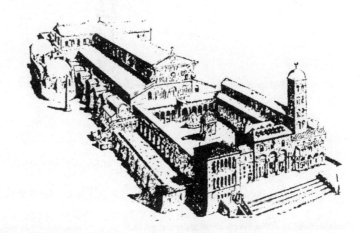

图 26-2

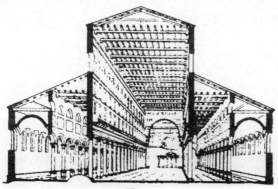

图 26-3

二十七、罗马风建筑

公元 10 世纪左右，多数天主教地区开始进入封建社会，经济逐步复苏，社会趋向稳定，建筑活动的规模开始扩大，建筑技术也迅速提高了。除了建造教堂仍是主要的建筑活动以外，各种类型的城市公共建筑也开始出现。在建筑活动中，不仅重新发掘使用了部分古罗马高超的技术与手法，而且许多建筑构件和材料也直接取自于古罗马的废墟。因此这些建筑物均带有许多古罗马的造型元素。史家称其为罗马风建筑。

罗马风的建筑师们在实践中也逐步创造了一些前所未有的建筑造型新语汇，在神权横行的桎梏中，推动了建筑艺术的向前发展。

（一）历史分期

公元 10 — 12 世纪

（二）建筑造型特征

罗马风建筑的创造精神，主要体现在尖锥顶、透视门、束柱与异形柱、肋骨拱、扶壁等部分。

1. 尖锥顶

尖锥顶的出现是罗马风建筑的创举，此类顶的使用能使建筑更显高峻挺拔，用在天主教堂上，更富接近天国的象征意义。罗马风的尖锥顶有圆形、椭圆形、多棱形等，亦有高低错落的诸多变化。尖锥顶其实也是古希腊攒尖顶的一种变异与发展（图27-1）。

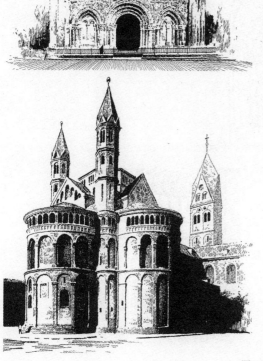

图 27-1

2. 透视门

罗马风建筑的券形门洞上采用逐层向内凹入的带状装饰，强化了门洞的深度感，故被后人称为透视门（图27-2）。

3. 束柱与异形柱

罗马风建筑对柱式一类的古代要素并不重视，就是有点罗马柱式出现，也不过是把古罗马建筑相应构件拆移过来，享用现成的结果而已。罗马风晚期有时在建筑内把一根柱子在形象上处理成一捆细细的柱子束在一起，束柱名称亦由此而来（图27-3）。虽然束柱最早出现在古埃及时期，但其时束柱是与柱帽部的花卉造型相适并在底端还要收分，而罗马风时将束柱独立出来，整体作垂直性处理，这也为以后建筑师任性发挥束柱的表现力提供了平台。但罗马风建筑中的立柱造型多数较显粗壮，柱身上也不刻槽线（图27-4）。一些柱身也有雕刻精美的多变纹样（图27-6~9），这为以前所不见。罗马风的建筑师们常在一排立柱的柱

图27-2

肋骨拱

束柱

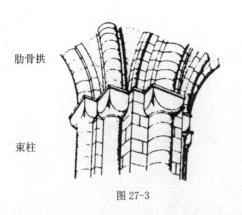

图 27-3

图 27-4

身上采用不同的纹样作装饰，而其上的柱帽造型纹样也各不相同，他们比较在意艺术上的多变性，而不太在意艺术上的统一性（图 27-6、8）。另有少数非直上直下的异形柱出现，也使人耳目一新（图 27-7、9）。罗马风建筑的典型柱帽为上方下圆的立方体，其四面多数刻有植物纹，但动物纹和人物纹常给人以宗教幻想感（图 27-11）。罗马风建筑的此类柱帽造型显然受到了拜占庭建筑的影响，但罗马风的方斗式柱帽的下部比拜占庭的下部更显丰满。

4. 肋骨拱

肋骨拱的位置在两个筒形拱直角交叉时的交接边缘上，罗马风建筑师把这交接边缘线给凸显出来，沿着线的走向裹上一层带状装饰，这不仅强化了建筑结构，而且在视觉上也更具美感和冲击力（图 27-3）。肋骨拱常和束柱造型相互连接，同时增强了动态表现力。以后在非交接处也使用肋骨拱，这仅是为了装饰和风格。

5. 扶壁

扶壁的使用是为了坚固墙面的承重力，在视觉上也富有造型意义，帮助了建筑垂直感和多层面的体观（图 27-5）。

将石建筑的外立面模仿成木结构建筑样式与结构状，也是一部分罗马风建筑的时代特征（图27-10）。

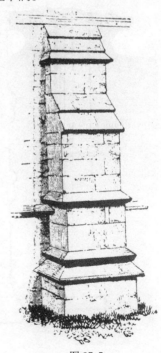

图 27-5

罗
马
风
建
筑

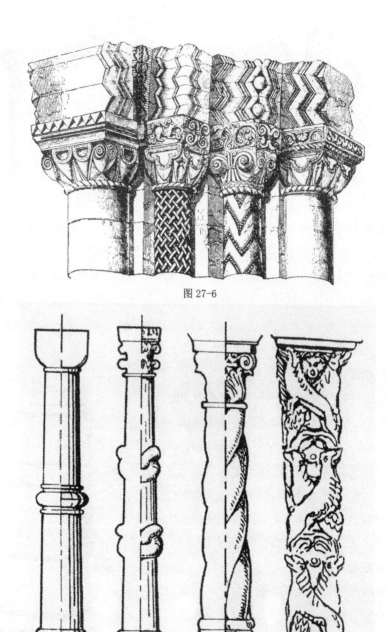

图 27-6

图 27-7

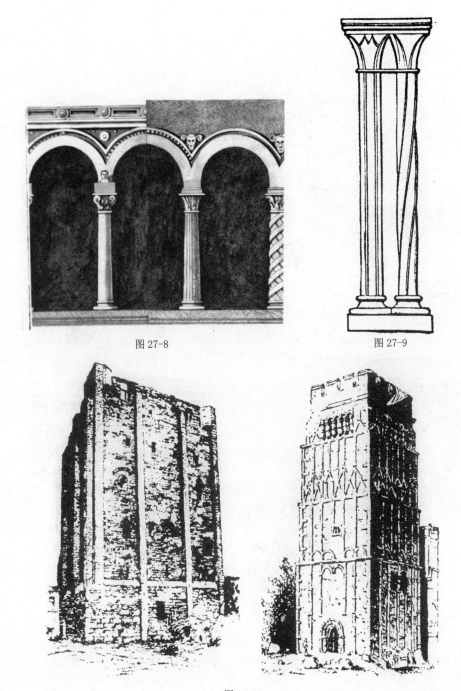

图 27-8

图 27-9

图 27-10

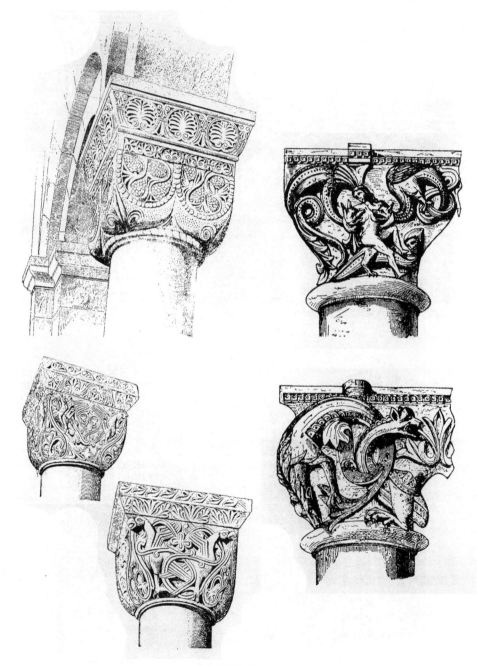

图 27-11

这些罗马风建筑的特有语汇，以后又在哥特式建筑中进一步得到强化性发展与应用。

（三）建筑发展过程

早期罗马风教堂的形体比较简单，厚重而粗糙，后来逐渐向精细和轻巧的方向发展，教堂入口的西立面渐渐成了造型设计的重点（图27-1）。在法国和德国，常在西立面上造一对钟塔，有些还在横厅和正厅的转角建起塔楼，塔楼的形式也日趋丰富，这样就打破了早期基督教教堂与钟塔分离的局面。将钟塔与教堂合为一体也是罗马风建筑所开创。随着罗马风教堂中厅的升高，窗户的比例日益狭长，数量也较少，这与柱子间距减小、柱子表面变为细长的束柱相配合，使教堂的室内空间充满神秘气氛，进一步满足了宗教的精神需要。以后外墙上出现了扶壁，并开始用浮雕式的连续小券来装饰檐下和腰线，同时也开始用雕刻来装饰门窗洞等处，使罗马风建筑的立面造型更富表现力。由于各地区民族和地方因素的影响，罗马风建筑也各有不同，意大利罗马风建筑更接近古罗马的建筑风格，而法兰西、日耳曼和英格兰等西欧国家的罗马风建筑更强调竖向构图，建筑物高耸挺拔。早期罗马风教堂在外立面上喜用白色石头砌筑或将其他颜色的石头刷成白色。

罗马风时期曾建有不少城堡。这种为军事目的而建的城堡具有很强的防御性，不仅建在地势险峻的高山和战略要冲处，而且整个城堡建筑群外还围有高大的城墙。城墙顶端密布御敌用的雉堞，城墙外侧尤其是城墙四角常建有圆柱状的碉楼（图27-12、13）。中世纪的城堡也是古希腊城邦中卫城的翻版。罗马风时的教堂用方整石，而城堡用毛石砌筑，这在视觉上强化城堡的坚固感。

（四）代表性建筑介绍

比萨大教堂（图27-14）

是为纪念1062年打败阿拉伯人并攻占巴勒摩而建造的，为意大利罗马风建筑的主要代表。大教堂平面为"拉丁十字"式，全长95米，纵向有四排柱子，中厅用木屋架，平面十字交叉处上方为椭圆形拱顶。正立面高约32米，有四层

罗
马
风
建
筑

图 27-12

图 27-13

连续券柱廊作装饰。入口处有三个大铜门，上面布满浮雕，描绘了圣母和耶稣的一生。

大教堂前是洗礼堂，始建于1153年。洗礼堂与大教堂在同一条轴线上，两正门相对。洗礼堂平面为圆形，直径35.4米，立面分为三层，上二层为连续券柱廊，后经改造，增添了一些哥特式细部。圆顶上矗立着3.3米高的施洗者圣约翰铜像（图27-15）。

在大教堂圣坛东南20多米处，就斜立着世界著名的比萨斜塔（图27-16）。钟塔平面呈圆形，直径约16米，高56米，分为八层。底层只在墙上做浮雕式连续券柱，顶上一层向内收缩，中间六层均围以同样的连续券柱廊。现塔顶部已南倾5.3米。钟塔在建造时已开始倾斜，故每个楼层并不平行。钟塔建成后，伽利略曾在上面做过自由落体的实验，弘扬了科学，动摇了教会的权威，遂使该塔声名远播。该钟塔与主教堂分离，是早期基督教的手法。

这组被习惯称为比萨大教堂的建筑群体，几幢建筑物形体各异，对比强烈，变化丰富，但它们的构图手法又甚为统一，均用连续券柱廊为饰，并以深红色和白色大理石相间砌成，色彩非常明快。整组建筑的石作技巧亦十分高超。

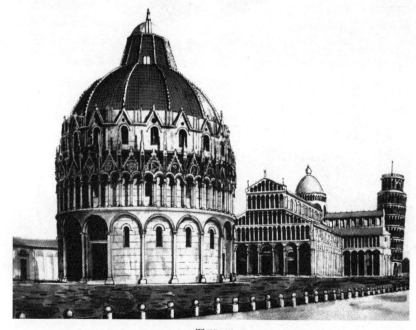

图 27-14

图 27-15

图 27-16

二十八、哥特式建筑

从12世纪起在天主教地区出现了一种被后人称作歌特式的崭新的建筑风格，这种歌特式建筑在诸多方面均给人带来了新的视觉经验。

"歌特式"一词，最早是蔑称，为文艺复兴时艺术评论家瓦萨里所起。文艺复兴时的人文主义者们对古代哥特民族非常仇视，认为是这个民族毁灭了古代罗马及其文明，导致了黑暗中世纪的降临。所以他们常把粗卑、野蛮或不顺眼的事物称作"哥特"。

其实歌特式建筑既不粗卑也不野蛮。这是在黑暗的中世纪里闪耀着人类创造智慧的一朵奇葩。它许多特有的建筑语汇，极大地丰富了建筑艺术的表现力。

歌特式建筑的母体是罗马风建筑，不过它将罗马风的种种创新引向极端，又作了富有创意的应用与发展。歌特式教堂也是世上功能与形式结合得很成功的范例。

当时被称作尖顶风格的歌特式建筑，发展于12世纪法国的诺曼底地区。它的出现即被天主教会认为这是有助于人掏空灵魂进行内省的建筑形式，是他们所需要的最合适的教堂式样。所以迅即在天主教区域中加以大力推广，并在民居中也扎下了根。

（一）建筑造型特征

哥特式建筑，尤其是哥特式教堂，在造型上最显著的特征就是尖：尖塔、尖形券拱、尖锐的人字墙等，其次是垂直感。还有给人带来光怪陆离视觉效果的彩色镶嵌玻璃窗，也是哥特式的创造。另外，罗马风时期的透视门、扶壁、肋骨拱、束柱等建筑语汇也被哥特时期的建筑师们悉数拿来，并作了富有创意性的应用与发展。

1. 丰富的平面

哥特式建筑自产生起，就被天主教会选作天主教堂的形制，故哥特式教堂的平面形式必然是拉丁十字平面。虽然拉丁十字平面为早期基督教堂所创，但在哥特式时期，该平面形式又被作了种种眼花缭乱的变化（图28-1）。

2. 尖塔

在天主教教堂平面十字相交处，往往是祭坛所在的位置，故十字形的交点也是艺术处理的重点，在外立面上，这个部位往往会建一个高高的尖塔，傲然挺立，在视觉上非常醒目，这手法无非是提示这个建筑部位在宗教上的重要性，但在建筑的构图上显然也十分重要（图28-2）。以后这个尖塔的造型又被人们搬到入口处的两个钟塔上使用，向仰头注目的信徒指出入堂所在的位置（图28-3）。

3. 尖形拱券（图28-4、5、7）

这种拱券与尖塔一起展现出向上的动势。此外，尖形拱券在高度和宽度两个方面都可以改变，因此可以在不同跨度里做出尖端同高的券来，使建筑的造型处理变得非常自由（28-6），这也是哥特式建筑非常富有表现力的部分。

4. 叶形拱券

富有变化的叶型拱券是尖型拱券的一种发展，亦是前无古人的新建筑语汇（图28-9）。叶形拱券有三叶形的，也有五叶形的（28-8）。

5. 尖锐的人字墙

这在哥特式建筑中常用于门上、窗上及檐口部分作装饰用，在视觉上更能

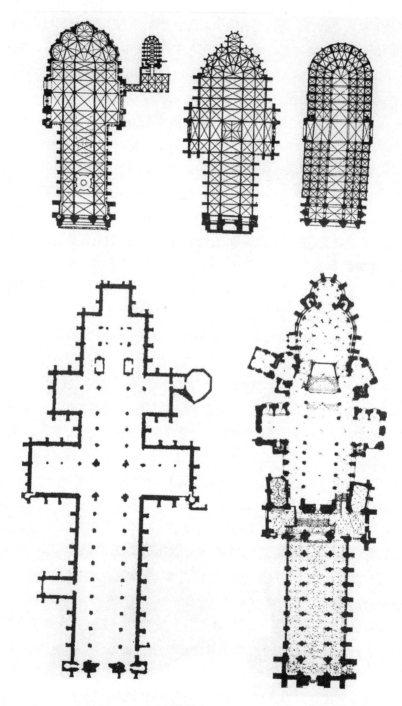

图 28-1

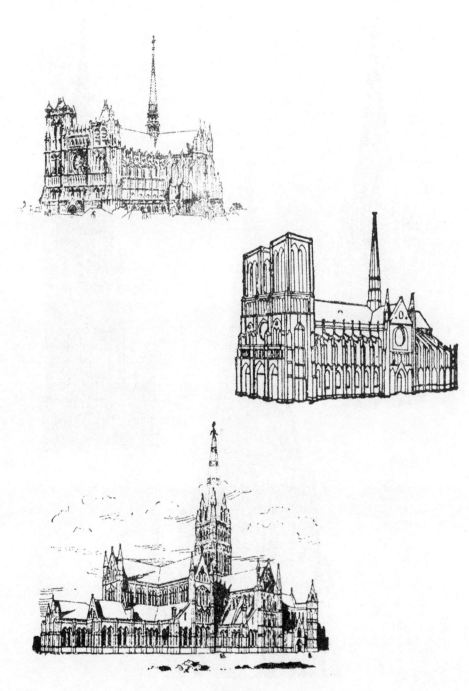

图 28-2

图 28-3

图 28-4

图 28-5

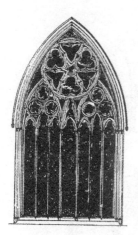

图 28-6

图 28-7

图 28-8

图 28-9

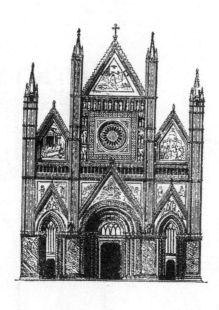

图 28-10

表现高耸向上的效果，故哥特式建筑越到晚期对这种人字墙的使用也就越多（图 28-10）。

6. 尖拱透视门

哥特式教堂的透视门与罗马风的透视门在造型上有两点不同，哥特式的上部为尖拱而罗马风的为圆拱。哥特式层层凹入的带状装饰多数用的是圣徒像，而罗马风经常用几何图案或用植物作母题。哥特式透视门上的圣徒像，有些处理成下大上小的具有向上透视感的造型变化，更强调了尖拱向上的动态（图 28-11、12）。

7. 飞扶壁

由于墙面窗户增多，墙面承重性减弱，故须用扶壁结构加固墙面，但哥特式的扶壁脱离墙面，并用斜拱使扶壁与墙面相连，变成了飞扶壁来加固墙面。由于扶壁脱离了墙面使其本身的造型更趋自由，其顶部的小尖塔也有丰富多采的表现，而且也强化了教堂的垂直向上感。哥特式教堂上的飞扶壁，有一层的也有二层的，形式有很多变化，它们像伸向空中的飘带，很具美感。哥特式与罗马风的扶壁，主要区别在这个"飞"字上（图 28-13、14）。

8. 肋骨拱

在罗马风肋骨拱的基础上，哥特式也出现了带有强化性倾向的表现，尖券六分肋骨拱、尖券星形肋骨拱等手法是哥特式教堂的常用语汇（图 28-5）。越到晚期肋骨的数量也就越多，像伞骨又像喷泉，放射状地向上腾起它的线条（图 28-15）。晚期肋骨拱有些变得非常繁琐花哨，与结构已有所游离，强化了装饰性（图 28-16）。肋骨拱的交接点亦有花饰处理，有些还成了垂花柱，令人眼花缭乱（图 28-17、18）。

9. 束柱

肋骨拱数量的增加，也导致了束柱数量的增多，以保持上下造型的一致性。因此哥特式束柱每捆柱子的数量比罗马风的要多，而且在视觉上也比罗马风的显得更细长，更具垂直感（图 28-7、8、9）。它与肋骨拱一起构成了哥特式教堂室内空间向上腾越的视觉效果。哥特式建筑上是绝不使用古典柱帽的，哥特式柱帽除了有上方下圆的形式外，还有与圆柱一致的圆形柱帽，柱帽上的雕饰以植物纹样为主（图 28-20），亦有怪兽出现。哥特式束柱的柱础也有许多丰富的变化，同样体现了宗教热情所唤出的想入非非（图 28-21）。

10. 圆窗

除了上述的哥特式特有的建筑语汇外，在哥特式教堂大门上方的圆窗也是富有造型特征的部分（图 28-22）。这个圆窗的造型处理早期为车轮式（图 28-23），中期为玫瑰式（图 28-24）。晚期为火焰式（图 28-25），这个圆窗习惯上称为玫瑰窗，隐喻天使们在上帝身边不断地抛洒玫瑰花瓣。

11. 彩色镶嵌玻璃窗

哥特式教堂的窗子往往开得又多又大，（图 28-26）这样室内原来可供装饰的墙面就所剩无几了，所以窗子反成了可供装饰的部位。为了扩大基督教的传播，克服语言和文化上的障碍，将圣经故事用彩色玻璃做成连环画镶在窗子上，这不

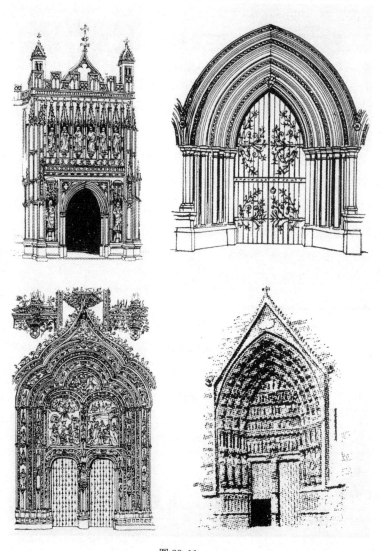

图 28-11

图 28-12

图 28-13

图 28-14

图 28-15

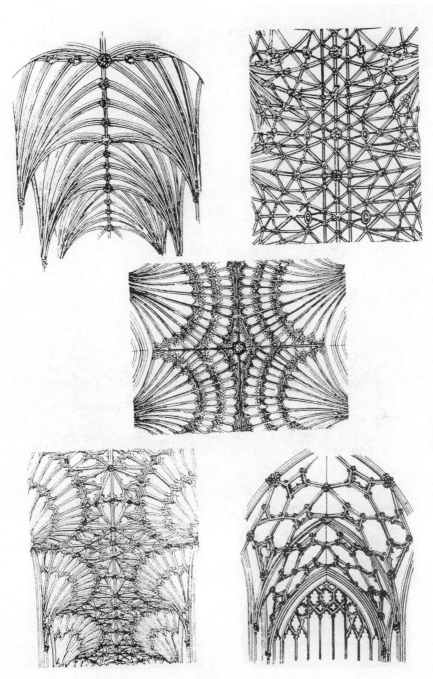

图 28-16

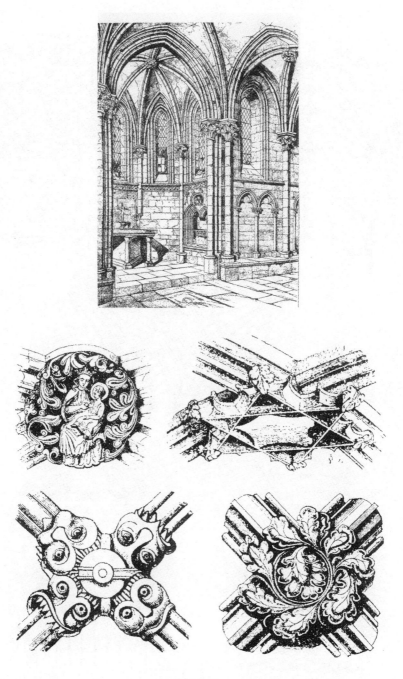

图 28-17

图 28-18

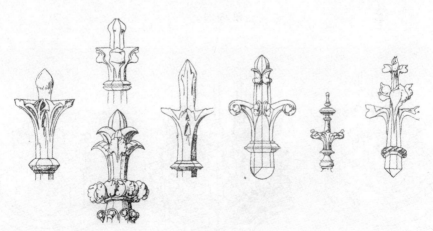

图 28-19

图 28-20

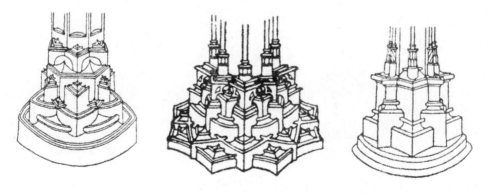

图 28-21

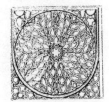

图 28-23

图 28-24　　　　　　　图 28-25　　　　　　　图 28-22

哥
特
式
建
筑

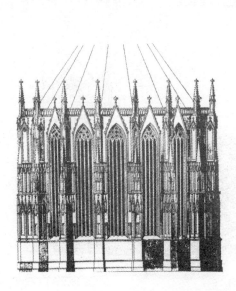

图 28-26

失为一种有效手段，但被时人讥为"傻子的圣经"（图 28-27）。当阳光透过彩色玻璃时，教堂内充满了五颜六色的光柱，造成了天国的神秘色彩和欢乐情绪。此种视觉感受在以前的建筑中是无法见到的。早期的用以镶嵌的窗格比较小，彩色玻璃的基本调子为蓝色调。到 13 世纪初，彩色窗子的基本色调变成深红，后来又变成紫色调。到 13 世纪中，彩色玻璃窗镶嵌铅条越来越细，甚至都难以看出来，而且分格都很疏，每幅画的画面增大，但画的内容却简化了，用一二个圣徒像代替了圣经故事，因而人物形象也变大了。大块的彩色玻璃代替了小的。以后连铅条的构图也低劣了，最后用在大玻璃片上绘画来代替彩色玻璃镶嵌。

12. 老虎窗

许多哥特式住宅建筑的屋顶高大陡峭，为了充分利用这部分建筑空间，人们就在这类屋顶上开筑窗户，以利通风、采光、住人，此类窗户被称为老虎窗。屋顶窗是这类窗的另一种称谓（图 28-28）。

13. 突窗

这种凸出于墙面的窗户，丰富了建筑立面和室内空间的表现力。突窗也是歌德时期所创的新的建筑语汇（图 28-29）。

14. 繁杂的雕刻

在哥特式教堂的内外常可看到数量众多的繁杂的雕刻（图 28-30），这不仅与教堂庞大的体积形成对比，也给教堂的整体造成了一定的疏密变化和统一感。有些看似装饰的构件，其实也是建筑的结构部分，雕刻与建筑浑然一体。雕刻内容除耶稣、圣母、使徒等，还有怪兽。当时连一些非宗教的公共建筑也受影响而大搞繁杂的雕饰。哥特式教堂内的洗礼池也是工匠们卖弄技艺之处（图 28-31）。众多小尖塔的顶端花饰也极尽变化之能事（图 28-19）

哥特式教堂的室内空间处理亦有前无古人的特征。由于内部层层的柱子序列和向上的束柱与肋骨拱的结合，因此在哥特式建筑中，有两个相反的方向，即垂直的与纵深的同时存在于无声却又尖锐的对立之中，向前的与向上的动感结合似乎给人们带来了升向天国的希望。

哥特式建筑的风格与以往的建筑风格相比较，即可发现它的成就并不仅局限于宫殿、寺庙、公共建筑等这类高等级建筑中。哥特式风格的建筑成就还体现在对任何时代来说数量最多的民居建筑的渗透之中。

图 28-27

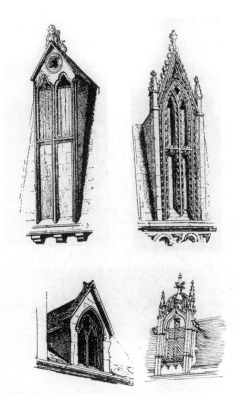

图 28-28

图 28-29

哥
特
式
建
筑

图 28-30

图 28-31

图 28-32

图 28-33

图 28-34

图 28-35

哥特式的民居建筑也具有尖与垂直这两个哥特式的最基本的特质。由于许多民居是木结构的，各地区的这些木构民居均把木结构大胆地暴露于外，还作了不同的变化，其特有的美观也是哥特式建筑的另一种风范（图 28-32~34、37、38）。哥特式的有些民居在建造时缺乏计划，有很大的自发性，整体造型有些凌乱，但由于尖与垂直感的造型要素在起作用，故凌乱中还有一定的统一感（图 28-35）。由于高耸的人字顶民居有很大的空间面积，非常醒目，故一部分哥特式建筑的屋顶坡面上，被用各种不用颜色、不同灰度的瓦片镶拼出丰富的图案变化，令人赏心悦目（图 28-36）。这也是一种历史创新。这些人字顶的内部木构架也很有特点（图 28-39）。

中世纪市镇人口集中，街道均较狭窄，好一点的街面铺有石块。街道两边房屋拥挤，房高多数为三至五层，为了争取建筑面积，楼上逐层挑出，使街道采光大受影响。在一些下水道系统较差或没有的市镇里，污水横流亦是常态。市镇中最高的建筑必定是教堂，在市镇中许多角度都能望见教堂高高的尖塔。在这道风景线里显示的是神权的至高无上。在有些市镇里还能望见远处山上封建领主的高大城堡（图 28-46）。这些均是中世纪市镇的普遍面貌。

（二）建筑发展过程

哥特式建筑发源于法兰西，一般将 1144 年火灾后重建的法国圣丹尼斯教堂视作第一个哥特式建筑，在向上耸起的钟塔下，还存在许多罗马式的拱券，因此这也是一幢罗马风向哥特式转化的典型建筑。

哥特式第一个成熟的建筑作品，即是被雨果称为"巨大的石头交响乐"的巴黎圣母院（图 28-40）。此后法国建筑工匠被欧洲各国争相聘请，哥特式建筑之风也就很快蔓延于欧洲各国，以后随着欧洲一些强国的殖民扩张，这种建筑样式随着天主教的扩散又被传到世界许多地方。在长期的发展中，欧洲各国的哥特式建筑都形成了一些自己的造型风范。

法国哥特式教堂的正立面一般为一对高耸的方形钟塔夹持着正门，垂直粗壮的墙墩把立面纵分为三段，一至二条水平向的雕饰又把三段垂直立面造型联系起来。正中的玫瑰窗底下就是富有表现力的透视门，门正中有石柱分割（图 28-40、41）。

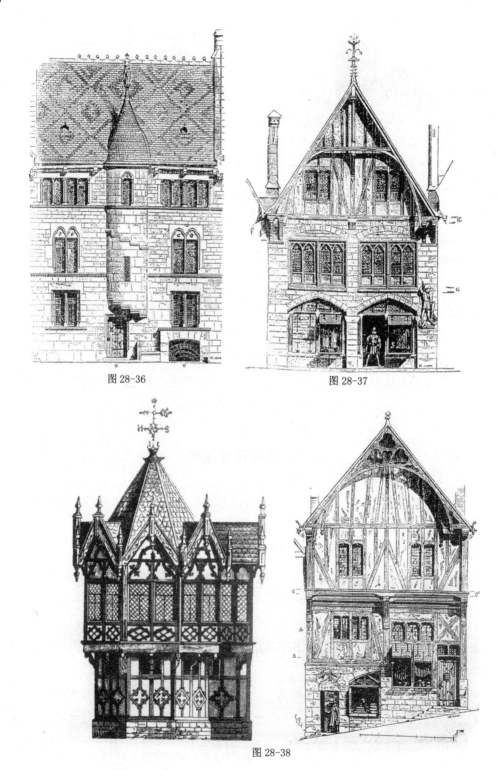

图 28-36

图 28-37

图 28-38

图 28-39

哥
特
式
建
筑

图 28-40

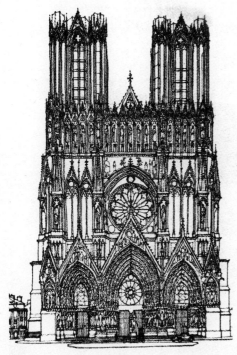

图 28-41

图 28-42

图 28-43

图 28-44

图 28-45

图 28-47

图 28-46

在平面十字相交处的屋顶部分上造高大的尖塔。内部中廊（又称中厅或中殿）为单层，侧廊（又称通廊）是双层的。

英国哥特式教堂常建在郊野的绿荫中，很富诗意。比较重视垂直划分，立面构图显得舒缓、稳定，显出宗教的庄重肃穆。十字相交处的方塔的重要性往往超过了西面的双塔（图28-43）。外立面朴素，而室内处理手法多样，尤其是肋骨拱常有别出心裁的处理（图28-15下）。

德国哥特式教堂不讲究立面上的水平划分，垂直划分更密更突出，每一部分的独立性较强。内部也满是垂直线，装饰比法国的少，一般只用一个尖尖的钟塔，显得森冷而急欲飞升（图28-45、49）。

西班牙人造哥特式教堂喜请阿拉伯工匠，这些工匠把他们的爱好和手法大量掺入到哥特式建筑中去，形成了特殊的穆旦迦风格。其特点是马蹄形券拱（图28-47），镂空的石窗棂，墙面比法国式的多，集中覆盖着几何图案或其他花纹，水平划分比较显著。

哥特式风格对意大利的北方有一定的影响，但对古罗马传统深厚的南方影响较小，其时在意大利南方造的基督教堂往往是古罗马式与哥特式的混合物。

当然，上述仅为欧洲主要国家的一些主要哥特式教堂的基本造型手法和倾向性，游离于规律外的特殊性终会存在，并非绝对。如德国科隆大教堂即用双塔（图28-44）。

哥特式建筑发展到晚期时，对建筑关注的重点主要放在装饰的繁琐和石作技巧的精雕细刻的卖弄上。窗格分格细而密，还充满动态性锯齿状的小细节，尖顶和人字墙的边缘往往还生出一些瘤状形态，很多细节被处理成火焰纹，故有人将这种晚期哥特式建筑称作"火焰式"。也有人将这种把石头当作象牙来雕刻的建筑讥为"神经质的花边领子"。

（三）代表性建筑介绍

1. 巴黎圣母院（图28-40）

巴黎圣母院是中世纪第一个成熟的哥特式建筑。教堂位于巴黎的塞纳河畔，正立面朝西，门前有一广场，也是市民集市和节日活动的场所。教堂于1163年由教皇亚历山大三世和法国国王路易七世奠基，至 1245 年基本建成。它的平面宽 48 米、深 130 米，可容近万人。四排纵向柱子将空间分为宽阔的中厅和较狭的两侧通廊，中厅高约 32 米；两侧和东端外墙建飞扶壁，以平衡屋顶重压下的侧推力；整个结构体系近乎框架式，合理而轻盈。巴黎圣母院的西立面体现了早期哥特式教堂的典型构图：粗壮的墩柱将立面纵分为三段，两端各有一高 68 米的塔楼；两排横贯的水平雕饰又将三段统一起来，下面一排为犹太历代帝王像，上面一排是华丽透空的尖券券廊，整个立面构图完整和谐。底层并列三个尖券门洞，雕刻精美，作层层凹进的"透视门"；立面正中有一用石料镂空镌雕直径达 12.6 米的大"玫瑰窗"。券柱结构使南北侧尖券形窗户开得很大，上面用彩色玻璃拼镶成一幅幅圣经故事的图画。圣母院屋顶中部十字相交处矗立着纤细华美的尖塔直指上苍，塔高 90 米。轻盈向上的尖券肋骨拱，高峻的柱子，空灵的飞扶壁，阔大的窗户，削弱了传统建筑的敦实重量感，造成向上的动势；尖券的门窗、人字墙，进一步强化了这种动势。峻峭的尖塔尖顶将人的目光引向苍穹，令人产生向往天国、脱俗超凡的精神升腾，达到与上帝身心交融的境界。

巴黎圣母院作为哥特式教堂的杰出典范，表达了中世纪宗教情绪和世界观，体现了空间艺术的感染力量。

2. 夏尔特尔教堂（图 28-48）

法国夏尔特尔的主教堂也是早期绽放的哥特式建筑艺术之花。主教堂位于夏尔特尔城中心，于 1194 年前后耗时 400 余年建成。教堂是虔诚的信徒们捐资修建的。教堂平面为拉丁十字形，它的中厅长 130.2 米、宽 16.4 米。教堂的彩色玻璃窗十分出色。尤其在早晨日出时，东端圣坛处霞光灿烂、五色缤纷，傍晚日落时，西面入口处的玫瑰窗又让人满目生辉、流光溢彩，令人目不暇接，如临幻境，充分展示了彩色镶嵌玻璃窗的不能替代的艺术魅力。教堂的雕像也

图 28-48

图 28-49

很有特色，西立面透视门廊两侧的人物雕像同建筑构图关系妥帖，人物虽经拉长变形，但与教堂的垂直感相一致。圣母玛丽亚温和可亲，耶稣基督慈祥和蔼，富于人性和同情心，体现了普通人心目中理想的天国和美好情怀，一反罗马风艺术中上帝严峻冷漠、令人敬畏的神情和凌驾一切的威势，反映了雕塑风格向世俗化的演变。夏尔特尔教堂最引人注目的是西立面一对尖塔。两个尖塔的高度不一，形状各异，南塔高 107 米，简洁挺拔，是 13 世纪的产物；北塔略低，雕饰繁多，完成于 16 世纪。早期哥特式与晚期哥特式并存，并无不和谐感觉，体现了建筑风格几百年的演化过程和中世纪匠人不拘一格的创造精神。由于哥特式教堂建造周期均较长,故二塔造型不一致也非个案(图 28-42）。

3. 乌尔姆教堂（图 28-49）

乌尔姆教堂位于德国南部的乌尔姆市，始建于 1377 年。此教堂由当时新兴的市民阶层发起并捐资建造，大有与教会统辖的主教堂一争高下之气概，以显示市民的财富、力量和上升的社会地位。但 83 年后，因热情减退，财力殆耗，宏大工程一度搁浅，直至 1880 年才最后施工完成。

乌尔姆教堂的西立面是一座高达 161.6 米的尖顶单体的哥特式钟塔，其直插云霄的伟岸雄姿，至今保持着世界教堂建筑的高度之最。巨大的塔身成三段并逐段收缩至塔尖。教堂拉丁十字形平面上的主厅两侧众多飞扶壁上的峻峭小尖塔与钟塔一起相互呼应向上争锋。钟塔身上布满了繁密的垂直线条与尖拱以及晚期哥特式的过度繁琐的细节，精雕细刻的石作技巧已达极致，令人惊叹，而钟塔的高度也几乎达到了石结构建筑高度的极限。

图 28-50

乌尔姆教堂的立面造型是典型的德国风格的哥特式建筑，该教堂所取得的建筑成就，当年热情的市民如地下有知，一定会引以为豪。

4. 米兰大教堂（图 28-50）

哥特风格很迟才传入古罗马文化的发源地意大利，最初仅影响于意大利北部。因古罗马文化传统的根深蒂固，意大利人对哥特风格十分保守，只接受了哥特式建筑表面的垂直性处理手法，而对其先进的结构技术与造型的有机性未能充分吸取。

意大利北部伦巴底地区首府米兰在中世纪时手工业十分发达，盛产丝绒和武器，同时又是意大利的艺术名城，以荟萃众多优秀建筑和艺术珍品而著称于世。米兰城内的大教堂至今仍旧是最令人感叹的建筑，大教堂于 1385 年奠基，1418年主体结构矗立起来后，竟拖沓了 500 年，至 19 世纪才全部完工。教堂立面和内部空间保留了巴西利卡的特点，标准的拉丁十字平面，高敞宽阔，可容 4 万人。中厅高 45 米、宽 59 米、长 100 米，两侧通廊也高达 37.5 米，形成了"三重中厅"，强化了哥特风格向上飞升的空间形象。52 根柱子每根都高约 24 米、直径约 3 米，顶部柱帽雕以壁龛安放雕像。东端有三个高大的花格饰窗，玲珑剔透，华丽极致，堪称哥特风格石作的精品。教堂整个外表面布满白色大理石镂空雕饰，这种装饰风格来自北部德意志的影响。墙面强调垂直线条表现，壁柱如林，突破水平檐部竖起一个个小尖塔，尖塔顶端饰以镀金人像雕塑，在阳光下熠熠生辉，内外各种

图 28-51

雕像多达 3615 个。屋面上数以百计的尖顶、塔尖同屋脊上花边状的小尖顶脊饰犹如一片铿亮耀眼、刺向苍天的剑矛。

5. 威尼斯总督府（图 28-51）

总督府为当地的市政建筑，最初建于 814 年，屡经火灾，现行建筑建于 1390—1424 年，是威尼斯繁盛年代的象征。它的平面采用围绕内院排列房间的古老布局，新颖出色之处在于立面造型的别开生面，不同一般。

总督府南面朝向繁华热闹的海湾码头，西面朝向著名的圣马可广场，南立面和西立面均有着最好的观赏视域。两个立面构图相同，删繁就简，线条明快。立面分三层，轮廓简洁：底层是白色大理石的哥特式尖券柱廊，开间宽阔，柱子粗壮有力，支承着第二层也是由白色大理石做成的尖券柱廊和栏杆，但开间变小，用料轻巧，尖券上有一排雕刻精致的圆形图案连接着顶层的大片实墙面。墙面装饰着用白色和玫瑰色大理石镶成的斜纹织物图案，细腻精巧，光洁平整，犹如一片轻薄挺滑的丝绸。整个建筑下虚上实，并无头重脚轻之感，相反，比例匀称，处理精当，显得均衡而稳定。建筑内部装饰华美，雕塑壁画皆出自威尼斯名艺术家之手。

总督府庄严、典雅的造型，表现了建筑艺术的感人魅力，它的造型设计手法是中世纪珍贵的建筑遗产，丰富了世界建筑艺术的宝库。

二十九、文艺复兴建筑

15 世纪，拜占庭灭亡时被抢救出来的古代手抄本和在古罗马废墟中挖掘出来的古代雕像，在惊讶的天主教世界面前展示了一个千余年前的新世界——罗马的古代。在它的光辉闪耀中，中世纪的幽灵消逝了，意大利出现了前所未有的艺术繁荣，古典文化得到了"再生"与"复兴"。

文艺复兴运动以诗人但丁的《神曲》为进军号，以美术界三巨匠（达·芬奇、拉斐尔、米开朗琪罗）为代表，宣告了黑暗中世纪的终结，摧枯拉朽般地动摇了教会的神权统治，使人性得到复苏，人权重又得到尊重。

在文艺复兴运动中，古代的著作和艺术品成了典范，引起了各行各业的知识分子和艺术家们的崇拜。在建筑上，维特鲁威的《建筑十书》又成了神圣的权威指南。文艺复兴的建筑师们依靠古典遗产，重又让拱顶和柱式成为建筑立面构图的主要手段；他们精心推敲建筑物的比例，关心局部与整体间以及局部相互间的协调和风格的统一并有节制地处理细部装饰；还善于综合采用古罗马、拜占庭、哥特式和阿拉伯建筑的各种结构技术。在高举古典旗帜的同时，天才们的激情还创造了许多新的建筑语汇，给那个时代的建筑打下了鲜明的烙印。

（一）历 史 分 期

早期：15 世纪

盛期：15 世纪末—16 世纪初

晚期：16 世纪中叶

（二）建筑造型特征

文艺复兴建筑的明显特征是扬弃中世纪的哥特式建筑风格。为表示同"哥特风格"一刀两断，建筑师们在研究古罗马建筑著作和考察古罗马遗迹的基础上，主张在宗教和世俗建筑上重新采用古希腊、古罗马时期的柱式。文艺复兴建筑都以古典柱式为建筑构图的主题。为了追求合乎理性的稳定感，半圆形券拱、厚石墙、圆形大拱顶、水平向的大挑檐和楼层线脚划分等被用来与哥特风格中的尖券、尖塔、垂直向上的束柱、飞扶壁等建筑语汇对抗。在建筑的总体轮廓上，文艺复兴批判哥特式的参差不齐，善于用建材的肌理效果来构成建筑层次的明确性，一般强调横向三段式，在此基础上还有纵向三段式的表现，因此文艺复兴建筑的整体造型层次分明、条理性强。

文艺复兴运动中出现了许多巨匠级的天才人物，他们是时代之子，他们的智慧给后人留下了许多珍贵的文化遗产，创造了许多文艺复兴时期特有的建筑符号。

1. 文艺复兴式拱顶

文艺复兴早期的建筑大师布鲁列涅斯基将古罗马、拜占庭和哥特式的一些建筑手法糅合在一起，创造了一种新的拱顶样式。这种拱顶一改古罗马和拜占庭的拱顶扁扁地趴在那儿的一副缺乏表现力的模样，而是拉高了拱顶外轮廓的弧线，并在顶部造了一个精致的小亭，还在拱顶外侧加上肋线，这些手法极大地增强了拱顶的表现力，使拱顶成了立面造型上的重点。布鲁列涅斯基以这种拱顶样式成了建筑领域里的文艺复兴运动的标杆，他的这一拱顶处理手法也为文艺复兴的其他建筑师所接受（图29-1）。

2. 大檐口

　　檐口的使用在文艺复兴以前的建筑上早已有之，阿尔伯蒂的贡献在于将这个檐口向外大幅度挑出，比例为整个建筑高度的十分之一，这个比例的灵感源自古代柱式的比例，显示了当时人们对古代文化的崇敬。大檐口的使用强化了建筑横向稳定感的体现，这也是对抗哥特式垂直纵向的建筑样式的表现。阿尔伯蒂还善于利用建材肌理效果来突出建筑的层次划分，显示了富有条理的理性精神，开创了一代建筑新风（图29-2）。

图 29-1　　　　　　　　　　　　　　　　图 29-2

3. 巨柱式

这为文艺复兴运动中三杰之一的米开朗琪罗所创，贯穿二层以上的巨大柱子的运用充分体现了大师的力量性艺术魅力（图 29-3）。

4. 梯形广场

身为大画家、大雕塑家的建筑大师米开朗琪罗具有丰富的空间想象力。在他建造的平面为梯形的广场建筑中给人以耳目一新的视觉错感；站在广场窄边向前看，给人以广场的开阔感；站在广场宽边向前看，给人以广场的深度感（图 29-4）。米

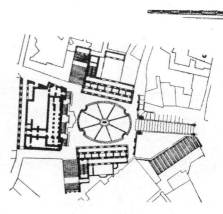

图 29-3

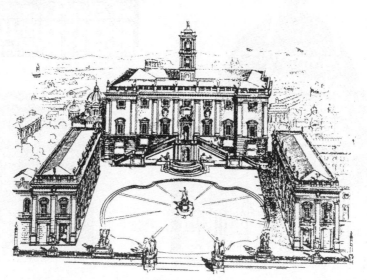

图 29-4

开朗琪罗还将梯形手法用于圣彼得大教堂内的楼梯设计上（图 29-17）。

5. 隅石手法

原来是英国农村中为使建筑四角不被硬物擦碰损坏而采取的保护性措施，被大画家、大建筑师拉斐尔以结构化和艺术化地利用来作为贵族府邸立面造型的形象语汇使用，不仅在建筑的转角，而且在门框上亦有隅石，形成了一些坚实有力的轮廓线，增强了建筑的表现力（图 29-5）。

6. 帕拉弟奥券柱式

帕拉弟奥是文艺复兴晚期的一位建筑大师，他在一根大柱的两侧再立两根小柱，并在小柱上方的拱壁上开一圆洞，这一改良性的创造，丰富了柱式构图的表现语汇（图 29-6）。

图 29-5

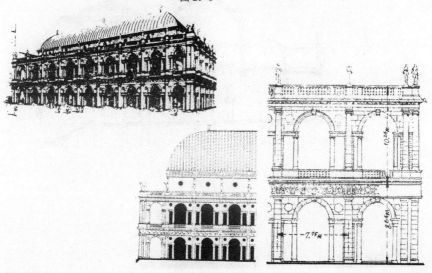

图 29-6

7. 帕拉弟奥母题

帕拉弟奥在建筑创作中很注意门窗的表现力，他喜欢将一排门窗的上部用方和圆等的造型变化及互相错开使用的方法，造成了富有韵味的节奏感，此手法之前已有，但帕氏用得更好，故后人称其为帕拉弟奥母题。手法虽简单，影响却深远，曾引来当时及以后不少追随者的模仿（图 29-7）。

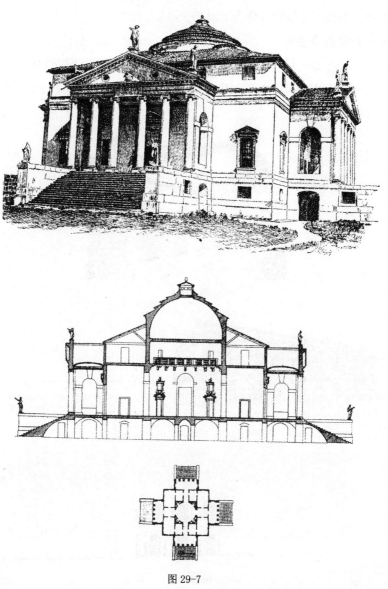

图 29-7

（三）建筑发展过程

1. 早期

整个 15 世纪，佛罗伦萨比较安定而繁荣，又不受教皇的管制，在这种环境中培育了文艺复兴许多杰出的人才。当时的佛罗伦萨受美第奇家族的统治，由于其致力于发展经济、减轻捐税、保护文艺的政策使资产阶级人文主义思想首先在佛罗伦萨得到了发展。这时期的建筑物沿袭中世纪市民建筑的特点，着重在正立面的设计，不重视体积的表现，形成了"屏风式"的立面（图 29-8）。这时期广场中的雕塑作品也是放在边沿而不放到中央。由于布鲁列涅斯基的努力使拱顶成为整个建筑物最突出的部分，打破了尖塔顶在当时宗教建筑中的垄断和教会的禁忌，这手法以后在文艺复兴建筑中被广泛使用。

文艺复兴建筑主要在府邸建筑中得到了发挥，并创造了一些新手法。当时府邸大都是临街而建的封闭式四合院，一般为三层，建筑物有很强的防御性。其立面大都用各种肌理的石块砌筑，按楼层水平地划分为三层。当时这类建筑往往还有一个挑出很大的檐口，强化了建筑的水平向造型。府邸内院用柱廊环绕，比较

图 29-8

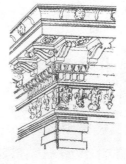

图 29-9

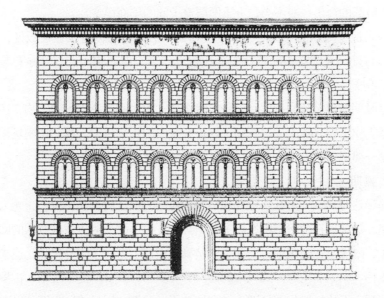

图 29-10

轻快华丽，楼梯间是封闭性的。结构多用券拱。屋顶的坡度较平缓，在正面不易看到。府邸的窗子一般不大，上下两层窗子间的墙面很宽。

为了视觉的均衡与稳定感，建筑师使分层线脚的位置不在楼板处，而在每层的窗台处。装饰集中在檐口的承托部分，第二层的转角处有时亦有装饰（图29-9、10）。

这时期的建筑师和画家由于受当时刚建立的中心点透视学的影响，还喜欢在室内墙上作透视非常深远的壁画，以扩大室内的视觉性空间感。连剧场里的舞台布景都一律画作此类中心点透视感很强的城市街景。

2. 盛期

由于这时期意大利受西班牙和法国的侵略，而且内部又不统一，无力抵御外来侵略，这反倒在各阶层中燃起了爱国热情。关于强大的古罗马帝国的回忆流行起来了，故导致在建筑中，出现了更精确地模仿古罗马帝国的作品，追求帝国建筑的雄伟、刚劲、纪念碑式风格的倾向。古罗马柱式被广泛地应用，古罗马建筑的平面和立面的轴线构图处理也被到处仿用。早期"屏风式"立面被抛弃，建筑物的体积性构图受到了重视。虽然这时期的府邸还是封闭式的四合院，由于外立面大量地使用了古罗马的列柱，打破了早期的沉闷感，和古罗马的建筑趣味更一致了（图29-11、12）。

这时期的建筑活动的范围是很窄的，主要服务于罗马地区的教会和贵族。当时所造的教堂多数采用了集中式的构图，使建筑物更具纪念碑的性格。教堂内部放弃了一千年来列柱和连续券的纵深构图，代之以古罗马式的宏大宽敞的单一空间。因此，宗教的神秘感被削落了，气势反显恢宏。当时所造的最有影响的建筑物是圣彼得大教堂，这也是迄今为止世界上最大的教堂（图29-13~17）。

3. 晚期

文艺复兴时的建筑师、艺术评论家瓦萨里在1550年出版了一部《著名的雕塑家、画家和建筑师的传记》，书中认为：文艺复兴三杰（达·芬奇、拉斐尔、米开朗琪罗）的艺术水平是文艺复兴时代的最高点，以后的人们根本不可能超过他们。因此，要保持艺术水平，只要去模仿他们的手法就可以了。在这种观点的影响下，出现了两种倾向不同的手法主义作用于建筑创作中：一类"手法主义"的表现主要是模仿维特鲁威所介绍的各种柱式规则，把它们当作神圣的金科玉律，

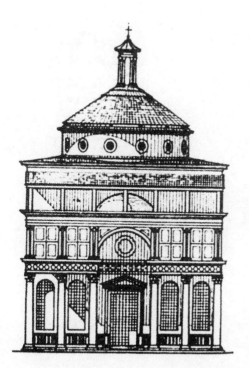

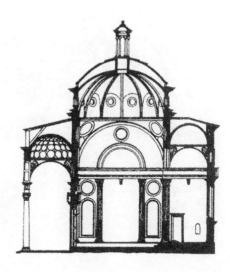

图 29-11

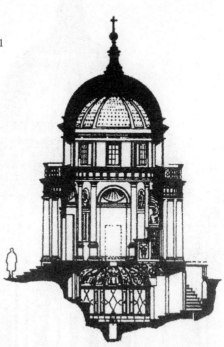

图 29-12

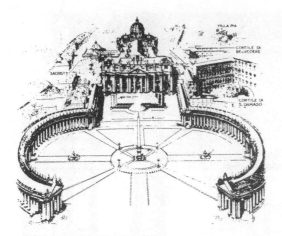

图 29-13

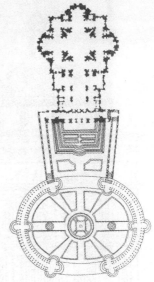

图 29-15

图 29-14

图 29-16

图 29-17

在测绘古罗马建筑的基础上，为柱式又制定了严格的数据规范；另一类手法主义者的观点则认为，已经有过的艺术手法在三杰的创作中达到了顶点，以后要在艺术中有所成就，只能另寻出路，抛弃过去的手法，寻找一种崭新的手法。米开朗琪罗的艺术实践和勇于打破旧陋习的精神，给了该派很大的动力。该派的建筑师喜用各种新手法，故其建筑创作没有一定的风格趋向，有点五花八门；但在他们大胆实践、敢于创新的过程中，也孕育了巴洛克风格的出现。

文艺复兴晚期的府邸建筑有怀旧倾向，喜作城堡状。还有一些府邸趋向繁琐的装饰，把立面分成几部分，在各部分用一种手法堆砌一种装饰物。

16 世纪下半叶时，文艺复兴的影响从意大利开始波及到法、英、德等国。在17 世纪前，这些国家的建筑师所做的不过是把文艺复兴的一些局部手法作为标签贴在哥特式建筑上而已，以后才造了一些文艺复兴式的建筑，有时也并不纯粹。

（四）代表性建筑介绍

1. 佛罗伦萨圣玛利亚大教堂（图 29-1）

15 世纪初，佛罗伦萨经济文化十分发达，这里孕育了意大利早期的文艺复兴建筑。圣玛利亚大教堂是 13 世纪末为纪念行会对贵族的胜利而建，由于技术困难，工程历尽坎坷，遗留下一个八角形平面的大屋顶未完成，直到 1420 年，市政当局通过设计竞赛，选定了意大利建筑师布鲁涅立斯基方案。布氏出身行会工匠，精通机械工程，擅长雕刻，研究过数学、透视学，多才多艺。他潜心研究了古罗马的券拱和哥特的肋骨拱技术，进行精确计算，决定造一个前所未有的八角带肋的集中式拱顶。工程顺利进行着：仅拱顶和鼓座部分就高达 60 米，拱顶内径 42 米，内表面绘满壁画。最后在拱顶上建了一个精致的八角小亭，小亭顶距地面 115 米，完成了整个构图。大顶高耸挺拔，成为全城的标志。工程于 1434年结束。

圣玛利亚大教堂的拱顶是意大利早期文艺复兴建筑的代表，它突破了中世纪天主教堂不允许以拱顶作为教会建筑构图的禁忌，显示了新世界观的胜利。拱顶的造型、技术吸取了古罗马、拜占庭和哥特建筑的成果，但又是大胆创新，表现了独创与进取精神，因而被认为开创了建筑史上的一个新时代——文艺复兴建筑，拱顶本身则被喻为告示着新时代到来的第一朵报春花。

2. 美第奇—吕卡第府邸（图 29-9）

15 世纪城市的建筑活动更多地转向世俗建筑，其中新兴资产阶级、贵族的府邸成为建筑创作的主要对象。美第奇—吕卡第府邸是意大利早期文艺复兴风格的著名府邸之一，由文艺复兴建筑师米开罗佐设计。1430—1444 年为佛罗伦萨的望族、艺术庇护人柯西莫·美第奇所建，1659 年府邸卖给吕卡第家族。

府邸平面为长方形，内院底层围绕有券柱柱廊式，为传统的古罗马布局手法。沿街的两个立面整齐匀整。中世纪佛罗伦萨的住宅一般用粗面石块砌造，凹凸不平的表面，仿佛从岩层直接开采下来，给人粗犷有力和粗糙的印象。美第奇府邸的立面处理全然不同，有着均衡细腻的比例构图。立面总高 24.75 米，门窗排列规则，分横三段处理：第一层约 10 米高，用传统粗面石块砌筑，作为整个建筑的基座，显得稳重庄严；第二层选用表面平整的石块，砌缝宽且深；第三层用光滑的方石严丝密缝砌成，三层间用水平雕饰线脚分割。顶部出檐，檐宽为总高度的十分之一，形成檐部与整个立面的柱式比例关系。檐下作重点装饰，采用了古典雕饰、线脚。这种立面以后发展成为有影响的、程式化的处理手法。

3. 圣彼得大教堂（图 29-13~17）

圣彼得大教堂是意大利文艺复兴最宏伟的纪念碑，也是世界上最大的天主教堂，可容 6 万人。它的建造集中了当时许多优秀的建筑师、画家的智慧，体现了16 世纪意大利文艺复兴盛期建筑的成就。教堂建于 1506—1626 年，其间充满着教会与人义主义者的对立和斗争。

16 世纪初，教皇尤利叶斯二世为宣扬教廷统一国家的雄图，为表彰他自己的丰功伟业，决定在建于中世纪早期的圣彼得老教堂的原址上新建一个大教堂。1506 年为新教堂举行了奠基礼。新教堂采用了意大利著名的文艺复兴建筑大师伯拉孟特在设计竞赛中胜出的方案。伯拉孟特出身平民，早先是画家，曾到意大利各地研究古罗马建筑，追求和谐比例和宏伟庄严的风格。新教堂抛弃了巴西利卡的形制，采取了正方形与希腊十字叠合的集中式平面，并在中央建一高大的半圆拱顶、四角建以对称的小拱顶的集中式拱顶造型，力求内外部空间的宏大明朗。

伯拉孟特死后，教皇利奥十世先后任命名画家拉斐尔等人负责教堂设计，并要求将原设计改为正统天主教会的拉丁十字平面。当时的罗马还发生了两件大事，因反对教会借口建造圣彼得大教堂而发售赎罪券掀起的宗教改革运动和西班牙军队占领罗马,使工程延宕 30 年。

　　1547 年教皇保罗三世任命杰出的画家、雕塑家、建筑师米开朗琪罗主持教堂建造。米开朗琪罗抱着使古罗马所有建筑黯然失色的雄心,凭借着他的地位、声望,将修改成的拉丁十字平面重新恢复到最初的集中式平面,设计了比半圆稍稍拉长的饱含弹性张力的中央大拱顶。工程进展顺利,至 1590 年基本建成。大拱顶直径 42 米,离地面 137.8 米,是罗马城中最高的建筑物。然而,命途多舛,16 世纪末,教皇保罗五世又命令建筑师玛丹纳将米开朗琪罗设计的立面拆去,在它前面加了一个巴西利卡式的大厅,重回到天主教正统的拉丁十字平面,这样在近处就无法看到大拱顶的完整轮廓,大大削弱和损害了原设计的雄伟、庄严、纪念性的风貌。最终,教堂呈拉丁十字平面,纵轴 212 米,横轴 137 米,体量巨大;内墙面装饰着各色大理石,教堂内安置的雕像与壁画作品多出自名家大师之手。

4. 卡比多广场（图 29-4）

　　卡比多广场位于罗马七丘之一的卡比多山上,原址是古罗马的一处废墟,在文艺复兴时期被改造成广场。

　　广场在城市中不仅具有集市、交通、休闲等功能,而且具有装饰性,能丰富城市景观,加强建筑物的表现力。城市广场一般由建筑物围合,以作空间界定,广场内常装饰着雕塑、水池等小品。其平面形式多为规则几何形——长方形、圆形、椭圆或若干几何形组合等。

　　卡比多广场由文艺复兴三杰之一的米开朗琪罗设计。身为画家、雕塑家和建筑师的米开朗琪罗具有极强的创造性和空间处理能力。他因地制宜、因势利导,创造性地设计了一个梯形平面的广场,三边由建筑围合。梯形广场可通过加强或减弱透视变形,达到特殊的视觉艺术效果,是文艺复兴时期广场设计的又一崭新的建筑艺术成果。

　　卡比多广场尺度不大,强调中轴对称的布置,一面设阶梯通往山下。站在位于广场窄边的入口处看过去,由于透视的减弱,增加了广场的开阔感,使主体建筑更加宏伟突出。站在广场的低端,回望入口处,两边建筑的急速围合,结合入口处透出的山下开阔的城中远景,强化出了广场实际达不到的透视性与深度感。广场地面用彩色大理石铺装,呈现充满活力的椭圆放射型图案,正中立着古罗马皇帝马卡斯·奥里欧斯的青铜骑马雕像。

广场两侧的建筑分别是博物馆和档案馆，博物馆由教皇西克斯图斯四世提议而建，1536 年设计，1603 年完成，专门陈列古代古典雕塑作品，是世界上第一个向公众开放的雕塑博物馆；档案馆建于 1546-1568 年。广场底端是主体建筑元老院，两侧建筑底层作空廊，整组建筑风格接近文艺复兴晚期。元老院底层设一露天大阶梯，从两边上去可直达二层入口。元老院、档案馆、博物馆的立面均为柱式构图，因柱子通贯二层直抵檐部，故称作巨柱式。巨柱廊在这里是第一次出现，以后成为巴洛克建筑常见特色，米开朗琪罗的巨柱式因其不拘一格的手法，使他获得了"巴洛克之父"的称号。

5. 维琴察圆厅别墅（图 29-7）

意大利北部城市维琴察的许多建筑皆出自帕拉弟奥之手，其中最著名的作品有维琴察郊外的圆厅别墅。该建筑建于 1550—1551 年，位于一高地上，其平面为集中式，中央是一圆形大厅，四周呈对称布置房间；四个立面为同一构图，底层设一宽大阶梯通向二层的古典神庙式柱廊，柱廊依循柱式比例，采用了爱奥尼柱式式样，檐部上方以山花结顶。圆厅造型简洁凝练，为简单几何形组合，各部比例匀称，既包含着方、圆、三角等形体对比关系，又存在着彼此大小尺寸的和谐；立面构图严谨，完整统一，上下左右前后摆布有致，主次分明，强调纵向中心轴线。

圆厅别墅体现的构图手法及原则成为后来古典主义建筑构图仿效的典型范例，它过分追求形体对称、构图完美而忽视功能的弊病也同样影响到后世。

三十、巴洛克建筑

　　受美第奇家族的影响，文艺复兴晚期教皇和欧洲各国的君主及诸侯们喜欢搜罗艺术人才，以文艺保护者自居。此时教会文化与各国宫廷文化开始融合，形成了相当一致的珠光宝气的贵族文化。这种文化培育了巴洛克的文学艺术和建筑。

　　巴洛克一词源于西班牙文，原意是畸形的珍珠，后又引申为"拙劣、奇特、文理不通、逻辑混乱"等贬义。这是其后的古典主义者和启蒙运动者们的看法。透过这多少有点感情用事的看法表层，反而告知我们这是一种能打破传统、情感大于理性的文艺新形式。

　　巴洛克建筑的源头在文艺复兴晚期那批标新立异的手法主义者们的建筑探索中，他们追求立面造型的新颖和不安定的体积组合，以及出其不意的转折起伏等，从中孕育出了巴洛克建筑风格。意大利是巴洛克建筑的故乡。

（一）历史分期

早期：16 世纪末—17 世纪初

中期：17 世纪初—17 世纪 30 年代

晚期：17 世纪 30 年代以后

（二）建筑造型特征

巴洛克建筑师们最有创造性的是有意将强烈的动感和光影效果引入建筑创作之中，充满了戏剧性的激情，开创了一代新的建筑符号的运用，很富创造性。豪华的装饰是巴洛克建筑的另一个特征，这也是巴洛克建筑常受贤人们抨击的原因之一。

1. 动感效应

巴洛克建筑师们为了追求建筑的动感，喜欢用椭圆形的平面（图 30-1）。因椭圆形有两个中心，弧线变化的节奏不同，使眼睛难以匀速，老是令眼睛移动，不得安宁，从心理上给人造成不稳定感即动感，所以椭圆形成了巴洛克建筑的经典性语汇。典型的巴洛克广场均是椭圆形的。在椭圆形的基础上，还在立面造型上大量使用有动态性质的 S 形、卷涡形和波浪形的建筑符号（图 30-2）。

巴洛克建筑的立面往往为上下两层（图 30-2~6），有时还造两幢完全一模一样的双胞胎式的建筑物对峙着（图 30-7）。这样处理的目的是因为两座同样的房屋相邻着，层高相等的两层楼一上一下叠置着，都不能构成统一性，而是竞争性。这就像在生活中看到两个长得一模一样而且穿着打扮、表情举止也一模一样的双胞胎，会使眼睛一时有种无所适从之感。这也是巴洛克建筑师们造成建筑动感的另一种手段。巴洛克建筑的楼梯在室内外都不予封闭表现，而是想方设法暴露出来，将其作为动感极强的带状曲线的有力媒介（图 30-11）。

2. 光影效果

原主要使用于室内的壁龛，被巴洛克建筑师们广泛地应用于外立面上，凹陷的壁龛对形成生动的光影效果有着明显的作用（图30-8）。为了同样的目的，壁柱也被大量地应用于外立面上，一般是成对使用（又是一种双胞胎式的手法），而且柱与柱之间的距离也无以前等距性的处理，往往无规律可循，这样在光影效果中又夹带着动感。波形墙和扭曲柱的使用也都是以此为目的的（图30-3、4）。

巴洛克时期出现了许多造型精致而生动的水池和喷泉，其中的动感和光影虚幻感是不言自明的（图30-12）。这些水池和喷泉往往也是巴洛克建筑立面构图的组成部分，相互衬托，相得益彰。

为了新奇的视觉效果，巴洛克建筑上还有不少前人没用过的手法，如将各种山花套叠在一起，还插入富有动感的装饰物（图30-2、3）；把强调横向水平状的各类檐部都一段段地予以折断，模糊了水平状与垂直感的界限。把顶部也常常搞成圆不圆、方不方、尖不尖的层层叠叠、不伦不类的模样，这也模糊了形态的明确性，给人带来新的视觉感受（图30-17）。

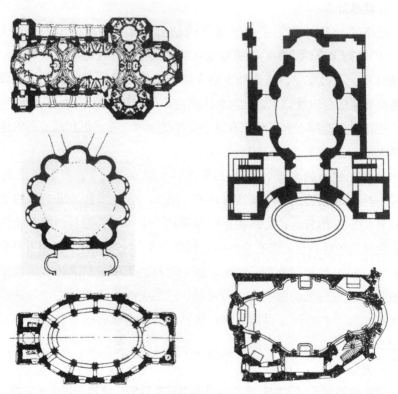

图 30-1

图 30-2

图 30-3

巴洛克建筑

图 30-4

图 30-5

图 30-6

图 30-7

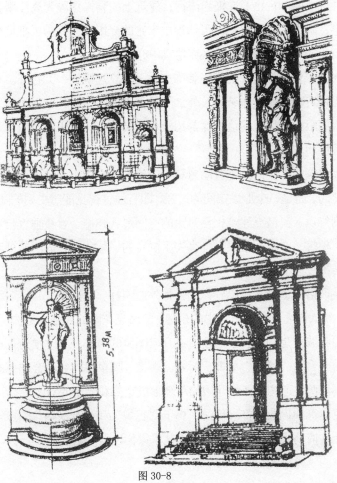

图 30-8

为了立面的动感和光影效果，巴洛克建筑的内部平面与外立面的平面有时不完全一致。

为了造成幻想的、远离现实与理性的效果，巴洛克教堂中空前广泛地应用了绘画和雕塑，打破建筑与绘画、雕塑的界限，使它们互相渗透、相辅相成，成了巴洛克艺术的综合体，绘画被广泛地应用在巴洛克建筑的墙上和天花上。其第一个特点是在视觉上作为建筑空间的延续，大量使用成角透视来表现室内外景致及群体性人物，力求造成虚假的空间效果；第二个特点是构图骚动不安，一切均处于运动之中；第三个特点是色彩非常鲜艳明快，表达一种欢乐的情绪，并吸引视线注意。雕塑与建筑构件相互渗透，人像柱、半身像柱、人像托拱以及富有旋转动感的扭曲柱（图30-16）等极为流行；建筑上的装饰浮雕为高浮雕，喜好深远的透视效果；圆雕的轮廓复杂，可体现出丰富的光影效果。为了把墙面留给装饰物，不开窗子或开很少的窗在巴洛克建筑中亦是常事。

大量使用贵重材料造成的豪华装饰也是巴洛克建筑的一大特征。在巴洛克建筑中，不惜用黄金、珠宝作装饰，外加水晶吊灯的使用，让室内闪闪发光，珠光宝气得令人耀眼。巴洛克建筑整体都用壮观的装饰打扮起来，又借光线的奇幻变化使之活泼生动。

巴洛克建筑的内空间是富有动感和渗透感的：巴洛克的动感不是已经形成的空间所表现的，而是一个形成空间的过程，即有通过视觉能感受到的随意的起点，而无法找到终点。巴洛克建筑相互对比的空间形式并排，且在垂直与水平方向上互相渗透，使每一个空间形式上均丧失了确定的柱体或体积的明确外观，使面与面之间的转折突然消失。

巴洛克风格的倡导者还引导人们去郊外造园林、建别墅，并将各种花草图案施于建筑，给人以生活在大自然中的乐趣。巴洛克花园的规划总是按照几何形的，即使是上山爬坡也是如此。别墅建造在几何图案的中心，有时候建在地段的最高点上。坪台、台阶、绿丛、草地、树木、雕像、喷泉等都经过合理而有特点的组织，常常用浓荫夹道的小径和开阔的草地形成空间和光影的对比。

巴洛克建筑师们敢于打破传统，勇于"犯规"和"走极端"的探索精神，尤其在艺术上以情动人的激情，给以后的艺术家们以很大启迪。

图 30-9

图 30-10

图 30-11

图 30-12

（三）建筑发展过程

　　早期巴洛克式教堂的立面上喜欢用凸出四分之三的方或圆壁柱，相应地檐部的折断手法出现了，外墙面基本上还处于一个垂直面的状态。

　　17 世纪 30 年代，方壁柱没人用了，时髦的趋向是不仅用四分之三圆柱，而且还用独立性的圆柱贴墙而站。在立面上，上下两层柱子因分层檐部和戴冠檐部随着壁柱一起凹进凸出，不断造成横向折断状而连成强劲的垂直线。尽量打破出

图 30-13　　　　　　图 30-14　　　　　　图 30-15

檐和分层檐的水平联系，不仅檐部不断折断，连山花也成折断状，甚至在双柱之间很小的空间跨度处都折断。立面的起伏很大，没有什么完整的形体，开间的组织没有规律，因而在视觉感受上给人以不安定的动感。

17世纪30年代之后，另一种倾向是大量使用曲线和曲面。这种曲面建筑也就成了意大利晚期巴洛克建筑的主要特色之一。

17世纪后半叶，在罗马出现了许多平面为椭圆形、放射六角星形、圆头十字形、梅花形等的小教堂。这种平面形式也造成了立面上起伏不停的曲面，但有时外立面波动的墙面，不一定与内空间平面轮廓相一致。这些小教堂的内外部周围都有很深的壁龛，内部的构件都随着平面轮廓而流动，连山花都成曲面。

德国巴洛克建筑，外观比意大利的简洁雅致，造型柔和，附加装饰较少（图30-11），同自然环境比较协调。作为教堂，内部装修却异常华丽，对比强烈。

与德国毗邻的奥地利，从德国引入了巴洛克建筑风格，兼之许多大建筑都由德国建筑师设计，因此与德国的巴洛克风格极为相似。

17世纪末，巴洛克风格传入西班牙，当地建筑师将它和一些阿拉伯风格结合，使西班牙的巴洛克风格更呈异彩。18世纪起，西班牙人在南美殖民地为显豪富，建造的教堂都追求金碧辉煌的装饰效果，巴洛克风格的符号被大量采用并加以发挥，故有"超巴洛克"之称（图30-20）。

（四）代表性建筑介绍

1. 耶稣会教堂（图30-2）

这是巴洛克风格的第一座建筑作品，建于1568—1602年，设计者是维尼奥拉与泡达。

维尼奥拉此前是一名文艺复兴建筑师，但他为教皇尤利亚三世设计的别墅已打破了文艺复兴建筑的方正感，大胆采用了弧面墙，这也成了以后巴洛克建筑的一种重要手法。

耶稣会教堂的立面为巴西利卡式，使用双柱并立的科林斯方壁柱来划分墙面，两侧的大卷涡和中央大门上方套叠的山花及外墙面上壁龛的使用，均是巴洛克建筑的经典性语汇。

2. 圣卡罗教堂（图 30-3）

　　罗马城内的圣卡罗教堂建于 1638—1667 年，是巴洛克教堂的典型范例。这种教区小教堂因规模较小，在当时很少采用拉丁十字平面，多为集中式平面，形状有圆形、椭圆、梅花形及各种不规则曲线形。圣卡罗教堂的设计人波罗米尼来自意大利北部，是一位富有独创性的建筑师。他从空间构成手法中提炼出新的语汇，来丰富他的建筑创作，作品常用流动的凹凸曲面与曲线构成，喜用不规则的椭圆、八角、六角形等组成错综复杂的几何形体。圣卡罗教堂的平面与空间就是这种不规则的曲线几何形状，它的大厅尽管难于把握形体，可还保持着大体的轴对称，周围的小祈祷室形状各异，天花图案也成相应曲线状；立面表现了强烈的凹凸起伏，檐部山花等部位成流动的曲面。建筑构图匀整，雕饰繁复，令人感到极度丰富，目不暇接。

图 30-16

图 30-17

巴洛克建筑

图 30-18

图 30-19

图 30-20

由于波罗米尼的建筑设计不拘一格、充满激情，且死于脑病，故后人称他为建筑师中的凡·高。

3. 西班牙大阶梯（图 30-21）

大阶梯是罗马的西班牙广场最出色的组成部分，也是运用巴洛克自由灵活的手法进行城市设计的优秀范例，1721—1725 年建成。广场和阶梯因 17 世纪西班牙使馆迁到此处而得名，大阶梯西临广场，东面是三位一体教堂及过往街道，它在城市中的功能是将西面的广场与东面的街道联系起来。广场与街道不仅位于不同的标高，而且在平面上彼此缺乏必要的呼应关系。为此，大阶梯采用了曲线设计，平面呈凹颈凸肚花瓶状。它的成功之处在于通过曲线给人不确定的几何形体印象，遮蔽了教堂正立面与广场中央水池轴线之间的落差，达到视觉空间上的对称而完整统一。大阶梯平面轮廓曲线流畅，极富动感。踏步设置有分有合，向上看是高矗着一对钟塔的教堂，往下看是广场的喷水池，赏心悦目的景致令人流连忘返，忘却了攀登阶梯的单调乏味。

西班牙大阶梯是罗马最吸引人的去处，它的上下两端都是罗马最时髦的商业街，英国诗人济慈 1821 年逝世的居所位于广场边，后被辟为一所博物馆，旁边还有众多的画室和小旅店。这里从早到晚汇聚着熙熙攘攘的来自世界各地的游人和寻找模特儿的画家。

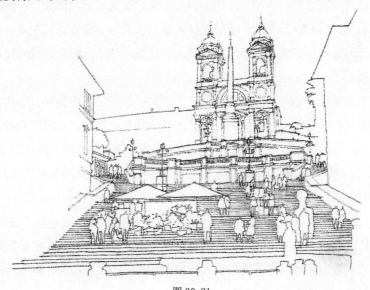

图 30-21

三十一、古典主义建筑

　　继巴洛克建筑之后，兴起于法国的古典主义建筑是影响力很大、时间跨度亦较长的一股建筑思潮。其实从一定的范畴来看，古典主义建筑是文艺复兴建筑在意大利以外的发展与延续。能被称作古典主义建筑当然不是对文艺复兴建筑的克隆，它亦有自己的美学定位和艺术追求。

　　古典主义建筑受当时法国大哲学家笛卡尔的唯理主义影响较深。他们认为艺术创作必须要有牢靠的、系统的，能够严格确定的艺术准则。反对依赖经验、感觉和习惯的艺术，甚至反对艺术创作中的想象力，也不承认自然是艺术创作的对象。所以建筑成了纯艺术，建筑师们的主要任务是构图，而建筑构图的基础是古典柱式。此理论至少在艺术领域显得很偏颇，对艺术家的创造力也作了很大的限定。

　　虽然古典主义建筑师们的创造力不如巴洛克的建筑师们，但造型严谨、端庄、稳重且气势宏大的古典主义建筑仍有值得可圈可点之处。古典主义的建筑师们用其不懈努力建造出的建筑作品告诉世人：伟大的不一定是创造的，把一件事做到尽善尽美也是一种创造。

（一）历 史 分 期

早期：16 世纪

古典时期：17 世纪

洛可可时期：18 世纪上半叶与中叶

古典复兴时期：18 世纪下半叶—19 世纪上半叶

（二）建筑造型特征

法国古典主义建筑的源泉虽来自古罗马、文艺复兴和巴洛克等建筑风格，但这些建筑风格被移植到法国土地上后，为了适者生存而进行了相应的变革，创造出了一些新的建筑符号，并被积淀成法则。

1. 小圆帽顶

作为一种小心谨慎的学习和过渡，早期曾在尖顶的端部戴上顶小圆帽，虽有点不伦不类，却也是一种新形式和改革的信号（图 31-1）。

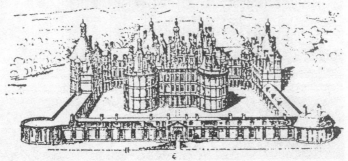

图 31-1

2. 孟莎式顶

当法国人开始接受文艺复兴式的大拱顶时，也对自己家乡的哥特式建筑的尖顶拦腰砍了一刀，成了被后人称为孟莎式的新屋顶样式（图31-2）。孟莎式顶上部有一个平面和下部四周围以四块坡面构成，四块坡面常开有数量不等的很有表现力的老虎窗（图31-5、25），另有一些花哨的变式（图31-4）。

图 31-2

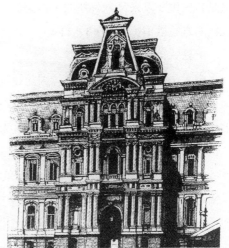

图 31-4

图 31-3

图 31-5

这是自古埃及以来又一种新的平顶语汇。一部分拱顶也被处理成有棱有角的孟莎式状的方底拱顶（图31-3、11）。

3. 法式落地窗

由于法国人对阳光的热爱，因此建筑上的门窗一般都开得很大，常将地板到天花板的高度作为门窗的高度，这在古典主义建筑中屡见不鲜。这类大门窗与伸出室外的阳台相结合而成了法国人引以为荣的法式"落地窗"（图31-6）。

4. 双柱并列的巨柱式（图31-12、13）

对巨柱式的偏爱也是古典主义建筑立面造型的一个特点，而且常用巴洛克风格的双柱并用巨柱式来构成立面造型横三段或竖三段的秩序感（图31-6）。为了追求横向水平线带来的稳定感，在古典主义建筑上不仅有许多檐口和水平向线脚的运用，而且在多数情况下还将门窗的上部处理为水平的方额（图31-6、7、25）。

图 31-6

图 31-7

5. 四分之一圆拱

罗马式的拱券仍被应用,不过法国人有时在窗的上部不用罗马人用过的二分之一圆拱,而用四分之一圆拱,成了法国古典主义建筑的另一符号(图31-12)。

6. 室内风格

巴洛克建筑风格在古典主义建筑的外立面上几乎没找到立足之地,但在室内找到了生存空间,所以在法国和欧洲其他国家的古典主义建筑的内空间里到处可发现巴洛克的装饰符号,因此法国古典主义建筑在外立面上严谨而庄重,但内部却豪华而富丽(图31-9、10)。

7. 洛可可风格

与文艺复兴晚期孕育了巴洛克风格一样,古典主义晚期也出现了洛可可风格。建筑上的洛可可风格主要是室内的一种装饰风格,由于其出现于路易十五时期,故又被人称为路易十五风格。洛可可风格有很多独特的表现手法,展现了那个时代权贵们的审美趣味。洛可可风格往往将室内空间各个面的交接处都用柔软的曲面掩饰棱角。壁柱常用镶板或镜子贴面而将它掩盖。巴洛克时期的门头山花形装饰,在洛可可时期均以圆形线脚和柔软的涡卷状予以取代。所有线脚和雕饰都是薄薄的,追求与底面的融合而不求体量的对比。装修材料大多用木材替代过去常用的大理石,使人能在室内感到温情和柔美。洛可可风格装饰题材有自然主义倾向,多采用植物图形,千变万化的舒卷草叶,众多植物藤蔓纠缠的带状形图案,蔷薇和棕榈等是最常见的装饰纹样。除了植物以外,蚌壳、波动的绸子也是常用的装饰形象。流转变幻,繁冗堆砌,不求对称,不拘一格。洛可可风格在室内尽量避免较长的横向水平线条,连直角也属避免之例,转角处往往用C形、S形或涡卷形替代。洛可可风格还喜欢闪烁的光泽和娇艳的色彩。大面积的镜子,闪光绸缎嵌心的护壁,晶体玻璃大吊灯,柔和而富有韵律的金色装饰线等随处可见。特别喜好在镜面周围布置灯光,让人感受烛光摇曳、令人神迷的柔情蜜意。室内基调主要有金、白、粉绿、湖蓝、粉红、浅玫瑰色等,娇艳、轻盈、淡柔和的色彩充满了女性的脂粉气。洛可可风格从某种视角可看作是巴洛克风格的秀丽化(图31-14)。

8. 园林

与古典主义建筑作整个环境配合的古典主义园林艺术也达到了一个相应的历

图 31-8

图 31-9

图 31-10

史新高峰。古典主义园林艺术有两个特征：其一是大，从以前几公顷的庄园式园林发展为包括整片森林在内的大花园；其二是规则式，古典主义园林虽然大，但大而不乱，原因是强调了几何轴线在整体规划中的作用，反映着"有组织、有秩序"的古典主义法则。法国园林中的园艺手法也体现了对"有组织、有秩序"的古典主义理想的追求；凡是植物都得经过园艺家的修剪，使它们或成一堵墙、一座塔或一个圆球等等。将种种自然状态的东西都统一到井然有序、均衡匀称的人工理性状态中去，显示人工美高于自然美的"人定胜天"的豪情（图31-15、16）。

法国古典主义时期建造的广场也是有组织、有秩序精神的体现（图31-17）。

在法国，依循法则才算是高雅的趣味，才具有法国式的优雅。法则是对创造的总结，也是对创造的凝固；以前人成果为自己学习典范的古典主义，难免与模仿、做作、呆滞相连，但伟大的也并不总是创新的，古典主义中许多追求完美的优秀作品证明了古典主义的精神内涵和存在价值。

（三）建筑发展过程

1. 早期

这个时期是法国哥特式建筑发展为文艺复兴风格的过渡阶段。建筑特征表现为传统的法国哥特式和文艺复兴形式的结合，往往是把文艺复兴建筑的细部装饰在哥特式建筑上面。后又逐步将建筑主体立面处理成横向三段式的文艺复兴建筑造型，但在细部上却保留哥特式的装饰语汇（图31-1）。这时期法国的主要建筑活动是建造宫殿、府邸和市政用房等世俗性的建筑物，教堂则退到很次要的地位。城市里市民的房屋，外形还是中世纪的样式，房屋的每一部分有一个独立的很陡的屋顶，轮廓因而比较复杂，门窗等都不对称安置，而且大小也不一致，它们的位置和尺寸都是按需要而定的，体现了民居建筑以实用性为主的倾向。

2. 古典时期

路易十三和路易十四是法国专制王权的极盛时期，各方面都有了飞速发展。建筑为了适应封建王权的需要，极力崇尚庄严的古典风格。在建筑造型上表现为严谨、端庄、规模巨大，特别是古典柱式应用得更普遍了。为了适应宫廷生活的需要，在内部装饰上丰富多彩，广泛应用了巴洛克手法。规模巨大而雄伟的宫殿

图 31-11

图 31-12

图 31-13

图 31-14

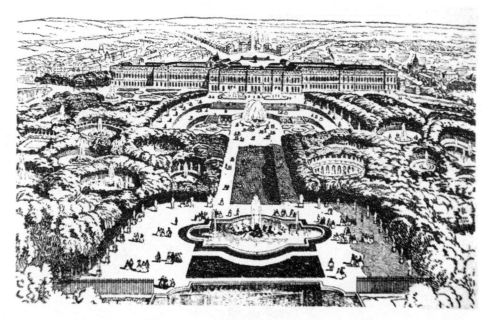

图 31-15

图 31-16

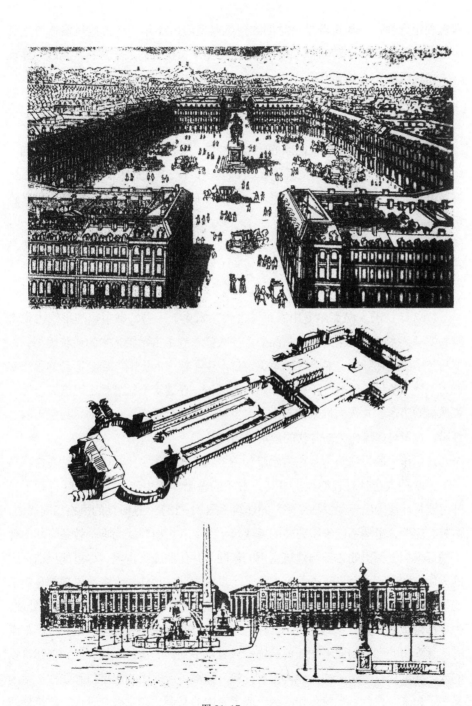

图 31-17

建筑和纪念性广场建筑群是这时期的建筑典型。1671 年，在古典风格盛行之时成立了官办的皇家建筑学院，该学院成了古典主义建筑的大本营，其实践的建筑样式和教育体系一直延续至 19 世纪。此时期出现了孟莎式屋顶样式。

园林艺术在路易十四时，也登上了一个新的历史高峰。

3. 洛可可时期

腐朽的路易十五王朝使法国的政治、经济、文化等都走向衰落。国家性的、纪念性的大型建筑物的建造显著地比 17 世纪少了，代之而起的是大量舒适安乐的城市住宅和小巧精致的乡村别墅。这时虽没有突出的、有代表性的古典主义建筑出现，但在 18 世纪 20 年代起产生了一种新的室内装饰艺术风格，即风靡一时的洛可可风格，但洛可可风劲吹的时间不长，这是由于它和时代发展的大趋势及与日常生活的差距太大的必然结果。

4. 古典复兴时期

1763 年德国人温克尔曼出版了《古代艺术史》一书，书中热烈推崇古代希腊和罗马艺术的简洁精练的高贵品质，使人们看到了古希腊艺术的典雅优美，古罗马艺术的宏伟壮丽，对当时的审美定位产生了极大的影响。启蒙运动的思想家们为了资产阶级最终战胜王权，开始大造舆论，在建筑上猛烈抨击巴洛克与洛可可风格的堕落，并极力推崇古希腊、古罗马艺术的合理性，肯定地认为应当以古希腊、古罗马建筑作为新时代的建筑风格的基础。

几百年来的习惯势力，在古希腊和古罗马艺术的优劣比较中，总站在古罗马一边；欧洲人这时对长期被土耳其人占领的希腊非常生疏。因此，18 世纪下半叶主要是在法国出现"罗马复兴"的建筑（图 31-22）。这时期的风格趋向简洁、古朴、庄严，虽然不以维特鲁威的《建筑十书》和古典柱式为唯一教条，却出现了精确模拟发掘出的古罗马建筑实例的倾向。并仿照庞贝古宅，尽可能只造一层的大住宅和府邸，而且还不开窗。除了少量的孟莎式顶外，大多数屋顶都是简单的平顶。当时还出现了一些简化倾向，如：无论立面、平面都尽量避免曲线处理，一切都得服从方棱方角的大轮廓。柱子通常没有凹槽线，有时连柱帽和柱础都没有。大面积的砌筑墙面不加任何装饰，只有水平划分的檐口和线脚。大型建筑物的内外部都用石头做装饰，显得很有分量。被洛可可取消的内檐口和壁柱在室内又多了起来。白色、米黄色和深绿色成了室内的基调。在拿破仑时代，建筑外部是古典式的，内部却是洛可可式或东方情调的，形成了"帝国式"风格。由于启蒙运动的杰出人物卢梭认为文明是一切罪恶的源泉，号召回到自然中去，因而中国式庭园被认为最有助于"人性自由"的觉醒。因此这时期出现了不少模拟性的中国古典园林，不仅有小桥流水、草亭，还有人造废墟和坟墓。

到 18 世纪末，才有了"希腊复兴"建筑。在 19 世纪上半叶，由于希腊人英勇的独立斗争，引起欧洲先进阶层的注意和同情，希腊复兴建筑才在西欧流行起来，特别是在英国和德国。但不是彻底地模仿希腊建筑，而是采用古希腊的陶立克柱式和爱奥尼柱式，在大多数场合，古罗马的柱式也掺杂进去；往往在底层用陶立克柱式，上几层用爱奥尼柱式。美国独立战争以后，古典主义建筑曾在美国盛极一时，古希腊和古罗马式建筑在美国都得到大力复兴。

（四）代表性建筑介绍

1. 桑堡宫堡（图 31-1）

16 世纪初，法王法兰西斯一世率军队占领米兰达四分之一世纪之久，王室贵族们对意大利文艺复兴艺术很为赞赏，由他们推崇、倡议，法国出现了最早的文艺复兴建筑。新建筑集中于风景秀丽的卢亚尔河谷，大多是离宫、别墅及法国式的城堡与意大利的庄园府邸结合的产物，其中规模最大也最著名的是法兰西斯一世的猎庄兼离宫宫堡。宫堡建于 1519—1547 年，聘请意大利建筑师设计，法国工匠建造。

宫堡平面呈长方形，由三面平房围起一个大院落，前方视野非常开阔。周围有大片浓密森林，四面设壕沟。院落中央是一座三层的主体建筑，为王室成员居住。建筑呈中轴对称布置，每一层分隔成四个相同单元，内有起居室、卧室等。三层以上设宽阔的平台，供宫廷女眷观看狩猎、远眺风景。主立面朝北，长 150 米，墙面依分层作水平划分，装饰着文艺复兴式壁柱。四角建成凸出的圆形碉楼，碉楼上矗立着锥形屋顶，室内楼梯顶部相连于屋顶上的采光亭，屋顶顶部还有数量众多的老虎窗和装饰漂亮的烟囱及高低错落的小尖塔。所有锥形屋顶和小尖塔的端部均被罩上一顶小圆帽式的拱顶，显得别致而奇异。这些出自法国工匠之手、来自民间的哥特式手法构成了宫堡极其丰富多变、玲珑错杂的整体轮廓。宫堡对称整齐的平、立面构图与中世纪城堡自由式、不规整的布局大相异趣，碉楼窗户开敞明亮，失去往昔的防御功能，意大利布局方式产生的新形象更有利于表现法国王权统一的新秩序；同时宫堡保留着醇厚的中世纪遗风，这些特征正是法国早期文艺复兴建筑风格的典型体现。

2. 卢浮宫（图 31-3、5、11~13）

卢浮宫是中世纪时期法国国王菲利普·奥古斯都为加强巴黎防卫所建的一处城堡，位于现在巴黎市中心。1546 年法兰西斯一世决定将其改建为文艺复兴风格的宫殿，以后经历了 11 个君主不断改建扩建，直到 19 世纪。卢浮宫从最初的 55 米见方院落内的两翼建筑，逐渐扩建为东西长 500 米、占地 18.3 公顷的宏大建筑群，成为欧洲最壮丽的宫殿之一。这里收藏着从公元前 7 世纪到 19 世纪的世界上最丰富的艺术珍品，宫殿建筑本身就是建筑艺术的长廊，展示着自文艺复兴以来三百余年的法国建筑艺术的卓越成就。

1624 年，建筑师勒麦西尔应路易十三要求设计了卢浮宫东部四合院，新建筑是在 1546 年早期文艺复兴风格基础上扩建的，保留了意大利式的壁柱、檐部和一些雕刻装饰。正立面水平划分为三段，由下至上逐渐丰富，窗间作柱式装饰，第一层为科林斯柱式，第二层是混合柱式，两层檐壁上及窗子上方山花内都刻有精致的高浮雕，顶层窗间墙上也布满雕饰，皆出自名家之手。中央塔楼向前凸出并高出一层，屋顶为具有法国传统特色的方底拱顶。

卢浮宫另一个著名的设计是东柱廊的改建（图 31-12、13），东柱廊拟加在原建筑东立面外面，面向城市，作为王室象征，体现路易十四时代专制王权的强盛。建筑师勒沃等人运用了严谨简洁的古典手法设计了这个规模宏大的建筑。东柱廊总长 172 米、高 29 米，立面采取柱式构图，横分三层，纵分五段，中央及两端突出，强调中轴对称。第一层作基座处理，敦实厚重，12.2 米高的圆柱呈双柱排列，为通贯二、三层的科林斯巨柱式，托起檐部山花。立面构图比例严谨，水平与垂直的划分依据一定的法则关系，具有明晰精确的几何性。东柱廊的设计古朴清新、庄严雄伟、雍容大气，具有强烈的纪念性效果，体现了古典主义建筑"理性美"的至崇至高的境界。

3. 凡尔赛宫（图 31-6~10、15）

凡尔赛宫距巴黎西南 22 千米，为路易十三的一处旧猎庄。1681 年始，路易十四开始在这里建造庞大的宫殿花园——驰名世界的凡尔赛宫。路易十四先后召集了建筑师勒伏、孟莎，室内设计师勒勃朗，园林设计师勒诺特瑞共同承担凡尔赛宫的设计，按照路易十四的旨意，保留了旧猎庄的一个向东敞开的三合院（后称为"大理石"院）（图31-7），以此作为新宫的中心，向四面延伸扩建，形成一个南北两翼长达 575 米的巨大建筑物。新宫布局十分复杂，南翼是王子、亲王的寝宫，北翼为宫廷王公大臣的办事机构及教堂、剧院等，中央大理石院是路易十四的起居活动区域，国王的卧室正对着宫殿前的练兵广场和通向巴黎的爱丽舍大道。新宫布局忠实体现了维护君王尊严的严格秩序。建筑全部用石材砌造，立面使用古典柱式，强化水平线脚，体现了古典风格的均衡匀称法则。内部装修十分富丽，是巴洛克装饰风格的代表。中央部分布置了宽阔的连列厅和富丽堂皇的大理石阶梯，最著名的是"镜廊"，为举行重大仪典之用。镜廊长 76 米，一侧开法式落地窗，一侧墙上对应大窗安装了 17 面大镜子，用各色大理石贴面，装饰着科林斯壁柱、绿色大理石柱身、铸铜镀金柱头与柱础，柱头雕饰为带双翼的太阳。拱顶上的壁画为国王史迹图。整个镜廊金碧辉煌，令人叹为观止。宫殿西立面对着著名的凡尔赛花园，花园面积 6.7 平方千米，是世界上最大的皇家园林，也是欧洲古典式园林的杰出典范。花园和宫殿一体设计，轴线长达 3 千米，是建筑中轴线的延伸。花园中央掘有一似河般的十字形水渠，周围布置着草坪、道路、花坛，两侧有大片密林。园内设有大量雕像喷泉，其中许多题材表现太阳神阿波罗，象征着自诩为太阳王的路易十四。凡尔赛宫，这个欧洲最著名的宫殿，是法国国家强盛的象征，专制君权统治制度的具体体现。它的出现和所用的设计手法对欧洲各国在宫殿、园林、城市规划诸方面产生了重要影响。工程于 1756 年结束，历时近百年，它的建造集中了 17—18 世纪法国国家财富和建筑艺术及技术的成就。

4. 残废军人新教堂（图31-18）

残废军人新教堂是路易十四军队的纪念碑，为纪念那些"为君主流血牺牲"的将士。教堂建于 1675—1706 年，位于残废军人收容院的南面，建筑师是于·阿·孟莎。孟莎的设计极为大胆，为突出其纪念性，以供人瞻仰，将新教堂接在老教堂巴西利卡大厅的南端，以正面对着城市广场和林荫道。教堂中央大厅是一希腊十字平面，四个角上各有一圆形祈祷室。大厅的上方覆盖有文艺复兴式拱顶，拱顶分两层，构思巧妙：第一层拱顶正中开有一直径 16 米的大圆洞，透过圆洞可看到第二层顶上绘的天顶画，第二层拱顶在底部周边开窗，将画面照亮。教堂立面造型严谨有力，整个建筑的上部拱顶为构图重点，下部方正敦实犹如基座。立面突出柱式垂直表现，产生向上动势，与拱顶的肋线相呼应。立面拱顶高100余米，外覆以铅皮，表面贴金。残废军人新教堂是17世纪下半叶法国最优秀的建筑设计之一，它强调体积，避免了繁琐装饰，体现了文艺复兴建筑大师帕拉第奥风格的庄严、明朗、和谐。

5. 星形广场凯旋门（图31-26）

凯旋门建于1806—1836年，建筑师让·查尔格林设计。凯旋门高49.4米、宽44.8米、厚22.3米，巨大的体量却采用了最简单的单券式的构图，显得十分敦实厚重。券门高36.6米、宽14.6米，除檐部、墙身、基座外，没有通常的柱式、线脚等装饰，简洁方整；券门前后两侧共有四组高浮雕，主题为颂扬拿破仑军队的胜利，其中《马赛曲》为浪漫主义雕塑的代表作，由弗朗索瓦·吕德创作。凯旋门建成后，围绕星形广场呈放射状开辟了12条宽阔的大道，凯旋门立于广场中心，显得分外雄伟、壮美。广场东接绿树成荫的爱丽舍大道，通向2700米外的谐和广场与卢浮宫前的小凯旋门东西遥遥相望，奠定了19世纪巴黎城市的中心轴线。

6. 圣保罗教堂（图31-21）

圣保罗教堂是英国国家教会的中心教堂，17世纪后半叶英国最重要的古典主义建筑，由英王室建筑师克里斯托弗·雷恩设计，以取代焚于1666年伦敦大火的哥特式的原教堂。圣保罗教堂建于1675—1710年，其间经历了英国资产阶级革命后复辟与反复辟的斗争，教堂的设计和建造也留下了时代的印记。雷恩1675年的原设计为一八角形集中式平面，由于国王、教会的干预，改成了拉丁十字，西立面则被强加了罗马耶稣会指定的样式。1688年君主立宪后，雷恩重新设计了立面，由于工程进展很快，不得不保留了拉丁十字平面。圣保罗教堂是英国最大的教堂，它的纵轴156.9米、横轴69.3米，教堂的西立面采用了古典柱式构图，简单精确的几何关系是立面造型的基础。正门为双柱双层柱廊，尺度适宜，简洁庄重。十字交叉的上方矗起两层圆形柱廊构成的高鼓座，其上是巨大的文艺复兴拱顶，拱顶直径34米，离地面111米，规模上仅次于罗马的圣彼得教堂。由于其平面有严格的几何比例，结构合理，拱顶鼓座立柱做得很精致，体现了18世纪建筑工程和技术的进步。教堂内部空间宏大开阔，装饰简约，不事奢华，反映了帕拉弟奥的庄严、纯净的古典精神。西立面两侧立有一对巴洛克式尖塔。圣保罗教堂庄严宏伟、富有纪念性的形象使其成为英国古典主义建筑的代表作；它所经历的动荡遭际和带有的时代烙印，又使它成为英国资产阶级革命的写照。

图 31-18

图 31-19

图 31-20

图 31-21

图 31-22

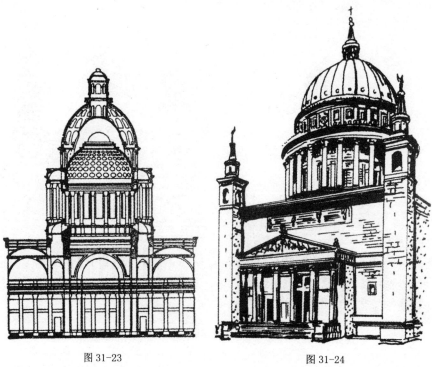

图 31-23

图 31-24

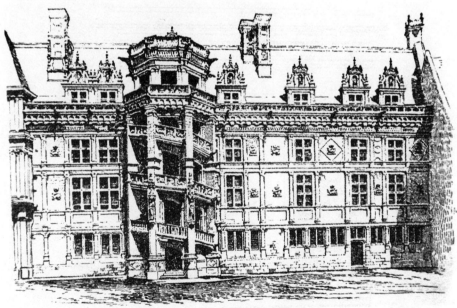

图 31-25

图 31-26

图 31-27

三十二、浪漫主义建筑

浪漫主义是对抗古典主义的一股强大的文艺思潮，影响巨大，人才辈出。

浪漫主义的艺术家们追求个性自由，用现实主义的手法创造与现实保持一定距离并超越现实的作品。作品中充满了瑰丽奔放的想象和对理想热烈追求的激情。同时他们在政治上是反封建主义的，史称积极浪漫主义。

建筑上的浪漫主义起源于当时的英国，其活动也主要局限于英国。

拿破仑在滑铁卢败北于英国威灵顿将军所率的联军后，英国知识分子的民族沙文主义热情高涨。英国的建筑师们认为他们的中世纪歌特式建筑别具一格，非常富有他们民族的特点，要继续步其后尘，并以此来排斥法国的古典主义。虽然建筑上的浪漫主义在艺术上也反古典主义，但在政治上却要维护封建主义，他们要求复活中世纪的世界观，提倡中世纪的歌特式艺术的"自然形式"，充满了行将就木的贵族们的黄昏伤感情绪，史学上称其为消极浪漫主义。

建筑上的浪漫主义也得到了教会与维多利亚女王的鼎力支持，故其前后也维持了一百余年。

（一）历史分期

第一阶段：18 世纪中叶—19 世纪 30 年代

第二阶段：19 世纪 30—70 年代

（二）建筑造型特征

由于浪漫主义建筑的内核是中世纪英国哥特式建筑的还魂（图 32-1、2、3、4、7），所以有的史家也称其为"哥特复兴"。穿新鞋走老路，当时英国民族的保守性可见一斑。

在复兴中世纪的英国哥特式建筑的潮流中，还挤塞着多姿多彩的东方情调，这些东方情调主要来自中国、印度和阿拉伯等国的园林及建筑样式（图 32-5、6）。在一些立面造型为哥特式的建筑中，平面形式却有古典主义的痕迹（图 32-1）。

（三）建筑发展过程

18 世纪中叶至 19 世纪 30 年代为第一阶段，又称先浪漫主义时期，先浪漫主义建筑追求中世纪的田园情趣和超凡脱俗的修道院氛围及丰富多彩的异国情调，采用哥特式建筑风格建造的堡寨到处皆是，东方建筑小品和仿伊斯兰礼拜堂形式的建筑也常常出现。19 世纪 30—70 年代是浪漫主义建筑的第二阶段或称之为浪漫主义的成熟期，由于它常常以哥特式建筑的面貌出现，所以也称它为哥特复兴建筑。在欧洲，德国与奥地利也受到了浪漫主义的影响，但又常常滑到折中主义的方向上去。浪漫主义建筑在法国几乎没有市场。由于英国的殖民政策和教会在世界范围内的活动，因此在当时受奴役和压迫的国家里，也留有浪漫主义的建筑，如在上海等处也都能见到这类哥特式建筑的存在。

（四）代表性建筑介绍

英国国会大厦（图 32-1）

英国国会大厦最初设计是古典主义风格，设计人是查尔斯·巴瑞及其助手普金。在英王室的干预下，最终被改为哥特复兴式的立面，以表示同当时在法国革命鼓动下的进步运动相对抗，而且采用的是亨利五世时期的哥特垂直式，原因是亨利五世曾一度征服法国。国会大厦建于 1840—1852 年。国会大厦的平面是古典主义的，平面按功能布置，条理分明；面对河流的立面构图匀整，以哥特式的细部不断重复形成统一韵律，两侧的尖塔和表面垂直线条充分体现了哥特风格的典型特征。

图 32-1

图 32-2

浪漫主义建筑

图 32-3

图 32-4

图 32-5

图 32-6

图 32-7

三十三、折中主义建筑

折中主义建筑是十九世纪兴起于法国的一种建筑创作思潮，曾风廉欧美各国及他们的殖民地。

法国哲学家库辛断言：一切哲学上的真理已为过去的哲学家们表述无遗。因此，哲学不可能发现新的真理，其任务只在于从过去的哲学体系中批判地选择真理。库辛的论断得到了不少法国建筑师们的共鸣。此时以法国为首的欧洲学术界正兴起对欧洲建筑史的研究，而刚发明的照相术也大大推动了这种研究的普及与深化。这均为折中主义建筑的形成提供了学术基础和丰富的视觉资料。

此时也是资本主义经原始积累后高速发展的时期，城市开始迅速膨胀，对建筑物的大量迫切需求，也没时间可让建筑师们"十年磨一剑"，急中无法生智，也只能参照历史样式了。另受资本规律支配，建筑形式的选择是由投资人的喜好与文化修养及经济实力所决定的。这也是形成折中主义建筑的历史原因之一。

折中主义建筑将历史样式进行混搭，其实就是建筑学加考古学而已。

折中主义建筑是对传统的继承也是对传统的否定，显现了欧洲传统的以形式为重的建筑发展已到了江郎才尽的历史阶段，也预示了适合工业文明的新建筑即将诞生。

（一）历 史 分 期

第一阶段：19世纪上半叶—19世纪中叶
第二阶段：19世纪末—20世纪初

（二）建筑造型特征

折中主义建筑创作思潮的主题是要弥补"古典主义与浪漫主义在建筑上的局限性"，这种思潮认为，只要实现美感，可以不受风格的约束，自由组合各种建筑式样或拼凑不同风格的装饰纹样。由于这种建筑的倡导者只重建筑自身比例均衡，不受某种固有法则的限制，往往在一座建筑上既有古希腊的山花，又有古罗马的柱式，还有拜占庭的拱顶，因而又有"集仿主义"之称。

（三）建筑发展过程

折中主义建筑除了对各种历史样式"集仿"之外，还有对各种历史样式进行简化处理的手法。无论是集仿还是简化，都是对没完没了的历史样式之争和刻意模仿的否定，尤其是敢于简化或净化各种传统的建筑样式，对以后的新建筑有着一定的启迪意义。折中主义建筑流行了将近一个世纪，19世纪中叶以法国最为典型，19世纪末到20世纪初却以欧洲其他国家，尤以美国流行较广。

（四）代表性建筑介绍

巴黎歌剧院（图33-1）
巴黎歌剧院是折中主义建筑的重要代表作，也是法兰西第二帝国的纪念物，

图 33-1

图 33-2

图 33-3

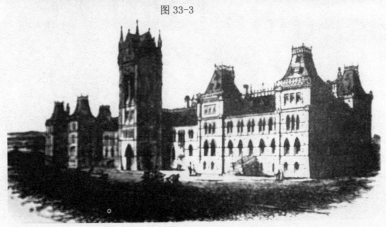

图 33-4

图 33-5

图 33-6

建于 1861—1874 年。歌剧院的正立面是意大利晚期巴洛克风格的翻版，也含有卢浮宫东立面的影子。观众厅上部建有扁平的拱顶，外部造型像一顶皇冠。剧场内部装饰富丽堂皇，门厅、休息厅到处布置着雕塑、绘画、水晶灯具等饰物，珠光宝气，极富豪华感。通到观众厅的大阶梯亦十分堂皇大气，设计得非常出色。观众厅是一马蹄形多层包厢式剧院，共有 2150 座位，分布在池座和周边四层包厢内。巨大的舞台空间也促进了戏剧艺术的探索。观众厅外侧是一马蹄形休息廊。剧院的平面功能、视听效果、舞台设备都处理得合理、完美，反映了 19 世纪剧场设计水平的成熟。巴黎歌剧院的形式对欧洲各国折中主义建筑有很大影响。

附录：有关建筑的基本概念

（一）建筑的三要素

世间万物，大至无边无际的宇宙，小至肉眼无法看到的原子，都是由多种要素构成的。作为物质性的建筑，其构成也有三个方面的要素，即功能、材料、形象。

1. 功能

建筑的功能作用是建筑产生和发展的最基本的原因。从我们的祖先栖身山洞至现今的摩天大楼为我们的居所，历程悠长，变化巨大；但万变不离其宗，建筑完全是产生和发展于人类的实用性要求之中的。人们对建筑功能的要求即是其能被合理地使用，这也是建筑设计中神圣的宗旨。

人类对建筑的功能要求完全来源于人类个体的生理性需求和群体的社会性需求这两个方面。个体的生理性需求导致了住宅建筑在任何时代的建筑中都占有极大的篇幅，因为这是人类最基本的生存需求。国家和民族的存在表明了人类适合结成群体形式一起互助生存。以后国家和民族随着历史的进程将会逐渐淡化直至消失，但人类群体互助的生存方式不会消失。人类群体中相互间各种关系的调整与演变会产生许多社会性的需求，学校、博物馆、公共图书馆、法庭、超级市场等就是人类从群体的角度对建筑提出的社会性需求的直接结果。人类群体对建筑的社会性需求是与历史进程相联系的。人的欲望的多样性，生活和生产实践的丰富性决定了建筑类型和风格的多样性，不仅给建筑科学，而且也给建筑艺术的发明创造提供了无限的活动领域。适应人类的生活和生产的多种实用要求是建筑功能的逻辑起点。

2. 材料

材料是构成建筑物的物质要素。如果没有适当的材料，并以科学的方法构架起来，那么人对建筑的种种要求只能是想入非非的空中楼阁，而不会成为能供人使用的物质性的琼楼玉宇。在长期实践中，人类已经将许多自然性物质作为建筑材料来使用了，但人类并不满足造化的安排，还发明创造了许多优于自然性物质的建筑材料，大大推动了建筑文明的发展。使用各种不同的物质材料还必须与各种相适合的结构方法联系在一起方能造出满足人类不同功能要求的建筑物，但由于各种材料受其本身物理性能的局限，以及人们对科学结构方法的掌握并非一步登天，这些因素又会反过来限止人类对建筑功能要求的膨胀。生产力的发展、科学技术的进步能使同一种材料产生不同的结构方式以满足不同的功能要求。一种材料在产生不同的结构方式的同时也赋予建筑以不同的形体特征，因此材料结构既能帮助也能制约建筑形象多样化的体现。

3. 形象

人们在使用物质材料构架成能满足功能要求的建筑物时，会自觉或不自觉地给建筑带来特有的造型特征。通观人类的建筑文明史，可发现人们始终在追求被认为美观的建筑形象，这完全产生于人的精神审美需求。人们对建筑形象的塑造是按各民族、各地区、各历史阶段的各种美学法则来把握的。人们对建筑形象的千变万化的探索，其目的是为了使建筑物具有非凡的艺术性。这不仅可使人丰富的想象力和创造力得以发挥，而且这还是人区别于动物之处。如果光以合适的材料以最合理的结构达到坚固而实用的目的作为建筑物优劣的评判标准，那么蜜蜂、蜘蛛等小昆虫绝不会逊色于人类。人类在几千年中将建筑形象进行了千变万化，但几百万年来蜂房还是一个样式。人与动物的区别点虽然很多，但人类的艺术感悟力无疑是区别于动物的极重要的因素。建筑是人类在三度空间中改造自然的积极成果，因此对建筑形象的把握不仅是建筑的立面造型，而且也包括建筑的平面布置、内外空间组合、材质肌理及色调等。

由于建筑形象能给人以一定的感染力，以及建筑本身内涵和外延的包容范畴，因而建筑往往被认为是一个时代文化的记录。

建筑的三个基本构成要素是缺一不可而相互共存的。建筑的功能要求在三个要素中无疑是处于主导地位的，因为这是人类建造能"避风雨"与"避群害"的建筑物的目的所在。建筑的材料结构对另外两个要素来说是处于中阶的地位，其作用往往是很关键的。不同功能的建筑物要求不同的材料结构和不同的形式。材料结构在满足建筑功能的同时也在造成建筑形象，材料结构是体现另两个要素的物质手段。在同样条件下，使用同样材料，可以建造各种不同结构，以满足不同功能要求及造成不同形状的建筑物，并赋予不同形状的建筑物以不同的艺术性。建筑形象在三要素中虽看来处于从属地位，但在实际生活中建筑形象最能引起人们的兴趣。在中外建筑史上，可以发现许多为了形象而弱化功能要求的例子。有些类型的建筑，如纪念性建筑、宗教性建筑等，为了精神审美的需要，在三要素中是非常突出建筑形象的表现力和象征意义的；为了形象不仅忽视功能，也无视材料结构的可能性；虽然有些偏颇，却使建筑形象多姿多彩，令人目不暇接。建筑形象也是建筑功能、建筑技术（材料结构）的综合表现。凡是具有实用、坚固、经济而美观诸因素的建筑，应视其为优秀的建筑。

（二）建筑的属性

由于建筑本身的特殊性，其对人和社会的作用力是多侧面多层次的，故其属性是多维多向而非线性单向。纵观建筑文明史，可发现建筑虽是人创造的，但人对建筑的认识却始终处在一个复杂的动态系统中，对建筑本质力量的把握，各个历史阶段和各种风格体系都各有侧重或新的发现，造成了丰富多彩的建筑文化。

自从 18 世纪的德国启蒙运动的思想家、文艺评论家、剧作家莱辛提出造型艺术这一概念以来，人们都认为绘画、雕塑、建筑这三种艺术形式是造型艺术的三大支柱。美术史的著述就是以这三大支柱的发展史为基础；从古至今有难以计数的专家、学者毕其智力和精力，写下了洋洋洒洒的同样难以计数的著作来阐述这三大支柱在造型艺术中的重要性及辉煌成就。

由于人们对绘画、雕塑、建筑这三种艺术形式要通过眼睛来进行审美活动，故在习惯上将上述这三种艺术形式加上其他通过眼睛来进行审美活动的艺术形式统称为视觉艺术。将绘画、雕塑、建筑称作造型艺术或视觉艺术都是大纲式、粗线条的，是为便于人们认知而进行分类的需要，强调的是它们的相似性。但在以前相当长的一段历史时期中，人们对建筑的造型因素或视觉因素过于重视。以致一部分有才华的人陷入对某种样式的偏爱而不能自拔，穷毕生精力来精确重复古代早已出现过的建筑样式，使建筑史的发展进进退退，非常疲倦。

将绘画、雕塑与建筑相比较，我们很容易发现建筑艺术在尺度上是无可匹敌的。任何一幅长卷的绘画作品都无法超过中国万里长城的长度，也没有一个雕塑作品在体积上能与埃及的金字塔相比。由于建筑艺术在尺度上令人刮目，所以古代所定的人类文明的几大奇迹，大部分都与建筑有关。因此德国哲学家黑格尔将建筑定为人类的"第一艺术"。

从美术史的角度，我们可以发现西方美术以前有个明显特点是客观性强。绘画、雕塑以写实、摹仿为能事，并用解剖学、透视学指导绘画、雕塑的艺术实践，这在文艺复兴时尤其如此。建筑造型从古至今因受其自身某些特点的局限，从未企图走一条写实的路。虽然在建筑物中我们常可见以写实的壁画作装饰，或以写实的雕塑充作建筑构件，还有不少建筑师以人体比例为范本来增进建筑比例的美感，但整体上来看，建筑给我们的美感是抽象性的。建筑形象只能体现出某个时代的一般精神面貌，而完全无法在时间的跨度上和空间的广度上，具体地向人叙述娓娓动听的生活故事，提供某种现实事件的详尽细节，如实描绘现实生活中人的音容笑貌，反映具体入微的人的思想感情。建筑实体给人的总体感受是一些几何形体在三度空间中的围拢、切割与组合，这些具体可感的几何形体在三度空间中所造成的建筑形象却能暗示出人类具有高度概括性的抽象观念情绪，比如崇高或卑琐、亢奋或压抑、欢愉或安详、活泼或宁静、富贵或寒碜，甚至一定的人生哲理等等。建筑形象对某种社会人生的反映是表现而不是再现，建筑造型始终在抽象艺术的道路上发展着。抽象非无象，建筑之形象有着丰富的内涵和变化手段。

建筑艺术到了学院派的手里成了僵死的教条，成了纯视觉的载体，他们将古代的一些建筑造型方法视作金科玉律，不能越雷池一步，给建筑艺术带上了沉重的枷锁。近代许多建筑师通过科学的和艺术的实践，已破除了以学院派为代表的对建筑传统与片面的看法，对建筑艺术的认识更深化了，就像布鲁诺·赛维教授所指出的："建筑的特性——使它与所有其他艺术区别开来的特征——就在于它所使用的是一种将人包围在三度空间内的'语汇'。绘画所使用的是两度空间语汇，尽管所表现的是三度或四度的空间。雕刻是三度空间的，但却与人分离，人是从它外面来观看它的。而建筑则像一座巨大的空心雕刻品，人可以进入其中并在行进中来感受它的效果。"因此，赛维教授断言：空间是建筑的"主角"。中国古代的伟大哲人老子也曾在他的名著《道德经》中说过："凿户牖以为室，当其无，有室之用。故有之以为利，无之以为用。"虽然老子与赛维时隔2000多年，但他们对建筑本质的把握是完全一致的。故当今许多人据此将建筑艺术看作是一门"空间艺术"。

建筑是利用自然空间造成有意味的"人为空间"，因此对建筑的审美观照不仅要看其立面造型以及与周围环境的配合关系，还要"进入其中并在行进中来感受它的效果"，就像欣赏一首音乐作品一样，需要一个时间的流程。从上述角度我们也可看出建筑艺术在一定的范畴内也是一门时间艺术。

在近现代令人眼花缭乱的美术史中，绘画、雕塑的艺术实践在一定的程度上已达到了随心所欲的地步，建筑由于受功能要求、材料结构的制约，在整体形象的把握上并不能想入非非。谁也不希望自己的住宅是一幢只能看不能用，而且是摇摇欲坠、险象环生的建筑物，虽然建筑艺术从没受到写实主义的束缚，但与绘画、雕塑相比，建筑的形象处理从来没有获得过真正的自由。丰子恺先生在他的《绘画概说》中，将建筑艺术很客观地称为羁绊艺术，即受约束的、不自由的艺术。建筑艺术本身内涵的多重性，对人与社会的作用力是多侧面、多层次的，绘画与雕塑经常被作为建筑的装饰部分使用着，因此也有人非常宽泛地将建筑艺术界定为综合艺术。

上述是从美学的角度来探寻建筑艺术的触角所伸向艺术领域的各层面的实际状况。由于美学自古希腊至今，只有各种理论而无统一的结论，因此美学的发展还有非常宽广的天地。美学的发展势必对建筑艺术带来极深刻的影响，在符号学的基础上形成的后现代主义建筑便是很好的证明。在可以预期的将来，建筑的功能会深化，材料结构会优化，形象会更艺术化、多样化、个性化。建筑艺术给人带来崭新的视觉冲击时，建筑的信码也将被更多的人解读。

建筑这一词不仅可作名词，也可作动词使用：严格地讲，建筑不仅是建筑物的简称，而且还表示建筑物从设计到施工的全部过程，建筑物是一个工程技术和艺术的综合体。如果从哲学的角度去分析建筑的属性，可以发现建筑的属性有两个层面，首先是建筑的实用性，而建造建筑时必需的建筑科学与建筑技术显然构成了建筑隶属于物质性的形而下的经济基础的范畴。再是建筑形象（物质形象、空间形象）的可审美性，完善建筑形象审美观照所需的艺术技巧这又构成了建筑隶属于精神性的形而上的意识形态的疆域。因此，建筑具有双重属性。建筑既是物质产品供人们使用，又是一种艺术创作给人以精神享受，它既是实用和审美的统一，又是科学技术和艺术技巧的统一。总之，建筑具有双重作用。

（三）形成建筑样式与风格的诸因素

1. 建筑形象的历史性与民族性

除功能要求和材料结构能影响于建筑的形象外，建筑形象又是一个国家和民族的经济和文化发展的产物，它反映着一个国家和民族的历史特点与文化传统。各历史阶段所造成的建筑样式的特殊性反映了人类文明演进的审美走向，建筑样式的历史特征具有一定的断代性，相对地呈不稳定的液态状。文化传统是一个国家和民族的一种历史积淀，在这种历史积淀中产生的建筑文化会具有特定的气质和与众不同的样式，即民族样式。这种民族样式有顽强的延续性，相对地呈稳定的固态状，并培养了该民族的审美惰性，民族性在惰性中得到保存。

2. 建筑形象与社会的生产关系及生产力相联系

作为人类改造客观世界最有效、最醒目、规模最大、使用最多的手段——建筑，其明显是与社会生产关系的演进与生产力的发展相联系、相适应的。生产关系越先进、生产力越发达，建筑对人类功能要求的满足也越大。建筑材料越多样、越先进，结构方式越多样、越先进，也使建筑造型更丰富新颖，而这一切无疑与社会生产关系的演进及生产力的发展是紧密相连的。建筑造型的质变往往要依赖生产关系及生产力的飞跃。

3. 建筑形象与就地取材、因地制宜相适应

作为物质形态的建筑，人们使用的主要是其内空间，观赏的是其有意味的整体，构成这空间和有意味的整体，当然需要大量的物质性的建筑材料。一个建筑作品不可能像绘画、雕塑作品一样，可以与周围环境很少发生联系或完全不发生联系；作为人为空间的建筑是构筑在自然空间之中且与周围的自然环境紧密相连的。因此，人们在把头脑中观念形态的建筑转化成物质形态的建筑时，对"选址"和"选材"的问题是无法忽视的。在以前科学不甚发达、生产力亦较低下的历史时期，人们在长期的建筑实践中，总结出了"就地取材"与"因地制宜"这两条经济而合理的原则。例如古代中国的大部分地区处于温带区域，森林资源丰富，自然而然地以木材作为建筑的主要建材，发展了木构技术，造成了中国古代建筑的特有面貌。中国古建筑上的斗栱技术绝不会发生在以砖石为主要建材的欧洲建筑上。虽然都用木材为主要建材，但四川等山区出现的吊脚楼与江南地区的建筑

外貌又有很大区别，这是因地制宜的结果。黄土高原上木材与石料都缺乏，因此开凿冬暖夏凉的窑洞就成了就地取材、因地制宜的最佳选择。中国古代建筑屋顶样式以各种坡形屋顶为主，在北方由于风大，屋顶就较平缓；而南方雨多，屋顶则较陡峭，这是因气候而制宜的。久而久之，这些在就地取材、因地制宜的制约下所造成的建筑样式又成了民族特征和地方语汇了。

因此，建筑样式与风格的形成，并不像绘画和雕塑那样天才人物的匠心往往能起决定性的作用，建筑样式与风格的确立往往是受许多羁绊因素直接影响的结果，这或许也是建筑艺术的魅力所在。

————摘自作者为上海戏剧学院而写的教材

参 考 文 献

[1] 营造法式，（宋）李诚，商务印书馆，1953.1.

[2] 中国建筑艺术图集，梁思成，百花文艺出版社，1999.8.

[3] 中国建筑史，梁思成，百花文艺出版社，1998.2.

[4] 凝动的音乐，梁思成，百花文艺出版社 2006.6.

[5] 中国古代建筑史，刘敦桢，中国建筑工业出版社，1980.10.

[6] 中国建筑类型及结构，刘致平，中国建筑工业出版社，1957.11.

[7] 中国居住建筑简史，刘致平，中国建筑工业出版社，1990.10.

[8] 中国建筑简史，沈福煦，上海人民美术出版社，2007.4.

[9] 中国建筑史，《中国建筑史》编写组，中国建筑工业出版社，1986.7.

[10] 中国建筑史，（日）伊东忠，太原商务印书馆.

[11] 中国古代建筑，清华大学建筑系，清华大学出版社，1985.12.

[12] 中国古代建筑——楼，庆西，商务印书馆，1997.4.

[13] 雕塑之艺楼，庆西，三联书店，2006.7.

[14] 庙宇，李秋香、陈志华，三联书店，2006.7.

[15] 怎样鉴定古建筑，祁英涛，文物出版社，1981.6.

[16] 中国古建筑构造答疑，田永复，广东科技出版社，1997.9.

[17] 中国木构建筑营造技术，喻唯国、王鲁民，中国建筑工业出版社，1993.5.

[18] 戏剧电影美术资料，马强、于巧兰、马葵、马宽，人民美术出版社，
     1985.4.

[19] 中国古代建筑构件图典，郑培光、王志英，福建美术出版社，1989.8.

[20] 中国居住文化，陈平，中华书局，1992.8.

[21] 风水与建筑，程建军、孔尚林，江西科学技术出版社，1992.10.

[22] 理性与浪漫的交织，王世仁，中国建筑工业出版社，1987.12.

[23] 中国建筑名作欣赏，何宝民，海燕出版社，2006.1.

［24］古建春秋，庄裕光，百花文艺出版社，2007.1.

［25］中国狮子艺术，徐华铛、杨古城，轻工业出版社，1991.6.

［26］中华石狮雕刻艺术，李芝岗，百花文艺出版社，2004.1.

［27］东方佛教文化，罗照辉、江亦丽，山西人民出版社，1986.10.

［28］中国建筑与装饰艺术，朱小平、朱丹，天津人民美术出版社，2003.8.

［29］中国室内设计史，霍维国、霍光，中国建筑工业出版社，2007.2.

［30］彭一刚.中国古典园林分析［M］.北京：中国建筑工业出版社，1986年.

［31］陈志华.外国建筑史［M］.北京：中国建筑工业出版社，2004年.

［32］罗小末，蔡琬英.外国建筑历史图说［M］.上海：同济大学出版社，1986年.

［33］（英）帕瑞克·纽金斯.世界建筑艺术史［M］.合肥：安徽科学技术出版
社，1990年.

［34］（美）R.斯特吉斯.国外古典建筑图谱［M］.北京：世界图书出版社，
1995年.

［35］（美）欧内斯特·伯登.世界典型建筑细部设计［M］.北京：中国建筑工业
出版社，1997年.

［36］王文卿.西方古典柱式［M］.南京：东南大学出版社，1999年.

［37］杨仁敏.四海精绘［M］.成都：西南师范大学出版社，2009年.

［38］梁曼，胡筱蕾.外国建筑简史［M］.上海：上海人民美术出版社，2007年.

［39］王英健.外国建筑史实例集I［M］.北京：中国电力出版社，2006年.

［40］傅朝卿.西洋建筑发展史话［M］.北京：中国建筑工业出版社，2005年.

［41］（英）克里斯·奥克雷德.顶天立地的建筑［M］.长春：长春出版社，1998年.

［42］（瑞士）雅各布·布克哈特.意大利文艺复兴时期的文化［M］.北京：商
务印书馆，1979年.

［43］（古罗马）维特鲁威.建筑十书［M］.北京：中国建筑工业出版社，1986年.

［44］（法）罗丹.法国大教堂［M］.上海：上海人民美术出版社，1993年.

［45］（法）路易斯·格罗德茨基.歌德建筑［M］.北京：中国建筑工业出版社，
2000年.

［46］（挪）克里斯蒂安·诺伯格－舒尔茨.巴洛克建筑［M］.北京：中国建筑
工业出版社，2000年.

［47］褚瑞基.建筑历程［M］.天津：百花文艺出版社，2005 年.

［48］赵鑫珊.建筑是首哲理诗［M］.天津：百花文艺出版社，1998 年.

［49］陆建初.智巧与美的形观［M］.上海：学林出版社，1991 年.

［50］王立山.建筑艺术的隐喻［M］.广州：广东人民出版社，1998 年.

［51］林福厚.中外建筑与家具风格［M］.北京：中国建筑工业出版社，2007 年.

［52］张锡昌.西洋优秀建筑图集［M］.上海：上海书店出版社，2000 年.

［53］刘晓惠，卢颂江.外国古代建筑名作百例［M］.南京：江苏美术出版社，
　　　1987 年.

［54］（美）托伯特·哈姆林.建筑形式美的原则［M］.北京：中国建筑工业出版社，
　　　1982 年.

［55］蔡强，石铁矛.建筑装饰图案［M］.沈阳：辽宁科学技术出版社，1992 年.

［56］邓炎.建筑艺术论［M］.合肥：安徽教育出版社，1991 年.

［57］（意）布鲁诺·赛维.建筑空间论［M］.北京：中国建筑工业出版社，1985 年.

［58］（英）罗术·斯克鲁登.建筑美学［M］.北京：中国建筑工业出版社，1992 年.

［59］沈福煦.建筑艺术文化经纬录［M］.上海：同济大学出版社，1989 年.

［60］庄裕光.风格与流派［M］.北京：中国建筑工业出版社，1993 年.

［61］陈志华.北窗集［M］.北京：中国建筑工业出版社，1993 年.

［62］陈志华.外国古建筑二十讲［M］.北京：生活·读书·新知三联书店，2002 年.

［63］程大锦.形式、空间和秩序［M］.天津：天津大学出版社，2008 年.

［64］王其钧，郭宏峰.图解西方古代建筑史［M］.北京：中国电力出版社，2008 年.

［65］段智均，赵娜冬.西方历史建筑图说［M］.北京：化学工业出版社，2014 年.

后　记

多年前上海书店出版社曾出版发行了我的拙作《识别中国古建筑》，市场反响不错。在一次和上海书店出版社许仲毅社长的交流中，许社长希望我在书中能增加有关识别外国古建筑的内容。同时我的学生、同事和友人也曾建议我能出一本识别中、西方古建筑的书。因此我将我的另一本拙作《外国古建筑图释》一书进行了修改、调整，并充实到这本重新修订的书中，故此书更名为《识别中外古建筑》。

外国古建筑部分，我主要截取对人类建筑文明发展作出过重大贡献的欧洲古建筑来进行阐述。无论是中国或外国之古建筑，我均以建筑的可视性造型为基础，来分析其从各个局部到整体的历史原貌，以及承前启后的变化与发展规律。

无论中国或欧洲，古建筑在功能上的要求均无不同，都要求建筑以供人居住使用，但中国古建筑的材质是以木材为主，而外国古建筑的材质是以砖石为主，不同的材质在建房时的构架方式亦不同，这也势必造成东西方建筑在立面造型和内部空间上的不同。而不同的文化背景、生活习惯和审美倾向也会稳定或加剧这种不同，两者无对应的可比性。故将中、外古建筑的历史样式分成二大部分予以分门别类的分析介绍。尽可能地以客观性解析为主，主观性评议为辅。

我国曾是世界上封建制历史最长的一个农业大国，社会结构和人的价值取向及思维方式等都有极强的稳定性。虽有许多次朝代更叠、外族入侵和分裂局面的出现，但文明传承从没被阻断并一直延续着。这在中国古建筑的发展上也打下了烙印。数千年来，中国古建筑的立体面造型均在台基上立梁柱构架，其上加以人字顶为基础的屋顶样式而构成。中国古建筑成熟早，但发展却缓慢，在形式上没有十分明显的断代性。其中相对突出的断代性多数体现在一些局部构造的处理和小的形式变化的把握上，其基本是处于渐变状态而又被以后的朝代所延续，故这些断代性的细微差别往往显得含蓄而模糊。

为了让读者更易把握中国古建筑形式的时代特征和历史演变规律，我以建筑技术和艺术中具有代表性的各朝代的高等级建筑为线索，依次由下而上，由大到小，由外及里的将古建筑进行解构，并将分解开的各个建筑的局部，从各个历史阶段进行单一性和纵向性的对照比较。在同一性的基础上，找出它们的差异及在历史坐标上的起源点，以此表现出各朝各代的时代特征。从眼睛可观测到的角度，从平面到立面多方位地来认识和鉴别中国各朝各代古建筑的历史面貌。通过这些古建筑的局部和时代的特征，由读者能动地在脑中浮现出一幢幢历史建筑。

外国古建筑，尤其是欧洲古建筑的发展，在建筑造型上的显著特征是断代性非常强，各种风格流派此起彼伏。故此部分的内容以断代的视角来解析各建筑流派造型的时代特征，并了解各建筑流派中前无古人的创造性，发掘各个建筑造型语汇和承前启后的演变规律及结出的历史硕果。

外国古建筑部分每章均由导言、历史分期、造型特征、建筑发展过程和优秀建筑介绍几部分组成（其中古埃及、古希腊、古罗马建筑这三章，将建筑发展过程与优秀建筑介绍融为一体）。每章都以造型特征和建筑发展过程为重点，前者强调的是时代性，后者阐述的是演变规律。

本书所有内容均以图文对照的方式来表达，目的是为了让读者能直观地认知和识别中外古建筑的时代特征和审美差异及趣味。有些图没文字说明，是为了让读者根据相应的建筑造形特征，自行能动地对图上建筑作出时代和流派的判断。由于建筑是门三度空间的造型艺术，有条件和机会能到古建筑所在的实地进行考察并与其"对话"一定是件极有兴味之事。

本书最后以有关建筑的基本概念作结尾，以助读者从理性上加深对中、外古建筑的理解，提高对中、外古建筑历史样式多方位的判读能力和审美能力。

虽然本人也曾到全国和世界各地去实地考察了许多优秀古建筑，但相比五千余年来浩如烟海的古建筑遗存，我所见到的也只是沧海一粟罢了。而且任何一幢优秀古建筑都绝不亚于一部优秀的长篇巨著，必须反复研读才能领会其中的真谛。建筑是门大学问，涵盖了人类知识的大部分，由于本人的见识和知识结构有限，因此本书的选材不经典，解析不全面，主观认识有误也在所难免，恳请专家、学者和有识之士不吝斧正。不误导我的读者是我最大的幸事。

本书的基本框架来自我为母校所写的教材，因此希望本书能给舞台美术、影视美术、游戏动漫的设计人员和建筑设计相关人士的工作带来实用性的方便，也希望能对旅游者和建筑艺术爱好者有所帮助。

　　本书的出版得到了艺术家那泽民先生和陈关鸿先生的大力支持和帮助，也得到了我的同事陈晔老师，我的老学生孙雅星、娄朋庆的多方帮助，在此深表谢意。

李金龙

图书在版编目（CIP）数据

识别中外古建筑 / 李金龙著 -- 上海：上海书店出版社，2016.8
ISBN 978-7-5458-1140-7

I. ①识… II. ①李… III. ①古建筑—建筑史—世界—图集
IV. ① TU-091

中国版本图书馆 CIP 数据核字（2015）第 177205 号

识别中外古建筑

著　　者　李金龙
责任编辑　汪　昊
特约编辑　高　昱
特约审校　杨宝林
装帧设计　汪　昊
技术编辑　吴　放
出　　版　上海世纪出版股份有限公司上海书店出版社
发　　行　上海世纪出版股份有限公司发行中心
地　　址　200001　上海福建中路 193 号
　　　　　www.ewen.co
印　　刷　上海商务联西印刷有限公司
开　　本　710×1000　1/16
印　　张　30.25
版　　次　2016 年 8 月第一版
印　　次　2016 年 8 月第一次印刷
书　　号　ISBN 978-7-5458-1140-7/TU.14
定　　价　68.00 元